선박검사

아는 만큼 볼 수 있다

계현승 저

Ship Survey

도서출판 구미서관

머리말 PREFACE

오랫동안 선박검사원으로서 수많은 선박을 직접 보고 검사를 하면서 느낀 경험들을 필요한 사람들에게 알려 주면 조금이라도 도움이 되지 않을까 라는 한가지 마음으로 이 글을 시작하였습니다.

선박을 운항하기 위하여는 선급이나 정부로부터 선박의 안전 및 인명의 보호와 해양오염방지에 관한 선박검사를 받아야 합니다.

선박검사는 선박의 종류, 톤수, 크기, 항행구역 등 선박의 특성에 따라 검사 규정들을 각기 달리 정하고 있기 때문에 해당 선박에만 적용하는 규정을 파악하기가 어렵고 특히, 노후된 선박의 경우 적용되는 규정을 알고 있어도 모든 규정에 적합하도록 유지하기에는 시간적, 금전적 제약 때문에 달리 손을 쓸 수 없는 상황들이 발생할 수 있습니다.

선박의 상태에 따른 적절한 비용과 시간을 운용하기 위하여는 선박을 이해하고 또한 각각의 항목들에 대한 중요성을 파악하여 가장 중요한 것부터 하나씩 해결해 나가는 것이 좋은 방법 중에 하나라고 생각하며 이를 위하여는 선박검사에 대한 이론과 현장 실무경험 또는 이 책을 통한 간접경험이 많은 도움을 줄 수 있을 것으로 생각합니다.

선박검사의 근본적인 목적은 선박의 안전한 운항 및 해양오염방지를 통하여 예기치 않은 피해를 방지하기 위함입니다.

선박검사를 위하여는 다양한 종류의 검사를 받아야 하며 이러한 검사에서 문제가 발생하였을 경우 운항에 지장을 초래하거나 인명 피해 및 막대한 재산상 손실을 감당해야 할 수 있기 때문에 이를 사전에 방지하기 위하여는 선박검사에 관한 많은 관심과 이해가 필요합니다.

본서는 필자가 오랜 시간동안 수행해 온 선박검사에 대한 필자의 경험을 함께 공유하고자 하는 마음으로 준비하였으며 처음으로 새롭게 시작하는 초보자들도 이해할 수 있고 중급, 고급자들에게도 참고가 될 수 있도록 하였으니 조금이나마 도움이 되었으면 하는 바램입니다.

본서의 제1파트에서는 선박검사에 관한 전반적인 내용을 이해할 수 있도록 구성 하였으며 제2파트에서는 선박검사에 필요한 핵심적인 내용들을 보다 자세히 이해할 수 있도록 구성하였습니다.

본서의 내용은 필자가 습득한 이론적 기술과 실제적인 현장 검사경험을 바탕으로, 선급규칙, 국제협약, 관련서적, 관련표준, 인터넷자료 등 다양한 자료를 인용하였습니다. 따라서, 본 서적에서 부족한 부분이나 더 자세한 내용에 대하여는 본서의 참고문헌을 참고 하시기 바랍니다.

필자는 전혀 새로운 분야에 관한 책을 집필하는 것이 생각보다 많이 어렵다는 것을 새삼 알게된 계기가 되었으며 보다 중요하고 많은 정보를 공유하고자 하는 마음에 여러 참고자료를 인용함에 있어 참고문헌의 저자분들께 정중히 양해를 구하고 인용하는 것이 필요함에도 불구하고 그리하지 못한 참고문헌의 저자분들께 이 지면을 빌어 진심으로 양해를 구합니다.

그리고 본서가 출판되기까지 기꺼이 아낌없는 도움을 주신 분들께 깊은 감사를 드리며, 특히 물심양면으로 모든 도움을 주시고 본서가 출판되는 마지막까지 곁에서 함께 해 주신 영원한 저의 박 형님께도 진심으로 감사드리며 선박 분야의 기술발전을 위하여 출판에 적극적으로 협조해 주신 구미서관에 심심한 감사를 드립니다.

끝으로 오랫동안 묵묵히 저의 지필작업을 격려해 주고 넘치는 지원을 해준 아내 김경조님과 가족들에게 진심어린 고마움과 사랑을 전합니다.

2024년 1월

조선설계기술사/선박건조기술사

계 현 승

목 차 CONTENTS

PART 1 선박검사의 이해

PART

2 선박검사 배경 및 주요설비의 이해

CONTENTS

PART

1 선박검사의 이해

CHAPTER

1 선박검사의 종류

선박은 건조되어 오랜 시간동안 항해를 한 후 폐선되면서 선박의 수명을 마치게 되는데 건조 시작 순간부터 폐선 될 때까지 많은 검사를 받아야 하며. 이러한 검사에는 기국 법령 및 국제협약에 의한 검사(정부대행검사), 화물검사, 보험부보를 위한 검사(선급검사), 화주가 요구하는 검사, 입항국가의 법령에 따른 검사(PSC 검사) 등이 대표적인 검사들이다.

여기서는 선박이 받아야 하는 많은 검사들 중에서 가장 중요한 검사인 선급검사, 정부대행검사(협약검사) 및 기국검사에 대하여 기술한다.

선급검사는 건조되는 선박 또는 이미 선급에 등록되어 있는 선박이 선급에서 자체적으로 정하여 시행하고 있는 선급규칙에 따라서 적합하게 유지 및 관리되고 있는지를 선급검사원에 의하여 확인하는 검사이다.

즉, 선급에 등록된 선박이 계속 해당 선급의 등록을 유지하기 위하여는 해당 선급이 정하고 있는 선급규칙에 따른 선체구조 및 의장, 기관장치, 전기설비 및 제어시스템, 방화 및 소화, 하역장치 등이 적합하게 유지되어야 하는데 이에 대한 확인을 위한 검사를 말한다.

선급은 독자적으로 정한 규칙에 만족하여 등록된 선박이 계속 선급규칙에 적합한지에 대한 여부를 여러가지 검사를 통하여 확인하고 있으며 그 검사 결과에 따라 선급등록 유지 여부에 대한 결정을 한다.

선급 등록의 유지 여부를 결정하기 위한 선급검사를 수검하기 위하여는 선급에서 정하고 있는 규칙의 내용을 충분히 파악하고 있어야 하며 또한, 이러한 선급들의 국제적인 연합회인 국제선급연합회(IACS: International Association of Classification Societies)에 대하여도 알아둘 필요가 있다.

선급 및 국제선급연합회(IACS)에 관한 자세한 내용은 PART 2. CHAPTER 1에 기술하였다.

전 세계 항만을 입·출항하면서 운항해야 하는 선박의 특성상 자국 영해에 입항한 선박에서 안전에 문제가 발생하거나 환경오염이 발생하였을 때 관련 국가는 막대한 피해를 볼 수 있기 때문에 선박이 입항하는 항만국에서는 이러한 피해를 미연에 방지하기 위하여 각 국가마다 자국에 입항하는 선박이 지켜야 하는 규정을 정하여 입항한 선박이 이러한 규정에 적합한지를 확인하는 검사를 시행하고 있다.

이때 모든 항만 국가들이 서로 다른 규정을 정하고 이에 따른 검사를 시행하는 경우, 많은 국가를 입.출항 해야하는 선박이 모든 국가의 서로 다른 규정을 적용하고 만족하여야 한다는 것은 매우 어려운 일이다.

따라서, 각 국가들이 정하고 있는 규정들을 통일하여 관련 국가들이 통일된 규정들을 공통적으로 적용할 수 있도록 국제협약으로 정하고 있다. 통일된 공통규정인 국제협약에 따라 입항하는 선박에 대하여 수행하는 검사를 협약검사라고 하며 협약검사는 주로 해당 정부의 검사권을 위임받은 선급에서 수행하고 있기 때문에 협약검사를 정부대행검사라고도 한다.

또한, 각국 정부는 자국에 등록된 선박에 대하여 기국에서 정한 법령에 따른 검사를 시행하고 있는데 이러한 검사를 기국검사라고 한다.

기국검사는 자국의 상황을 반영하여 제정된 선박 검사에 관련된 법령들을 적용하기 때문에 대부분 기국에서 자체적으로 시행되고 있지만 선급에 검사권을 위임하여 검사를 시행하기도 한다.

상기에서 언급한 바와 같이 선박이 수검 받아야 하는 검사는 선급검사, 정부대행검사(협약검사) 및 기국검사로 대별할 수 있으며 선급검사 및 정부대행검사(협약검사)는 주로 선급에서 검사업무를 수행하고 있다.

이들 선급검사, 정부대행검사(협약검사) 및 기국검사에 대한 보다 자세한 내용은 각각 Chapter 2, Chapter 3 및 Chapter 4와 같다.

CHAPTER

2 선급검사(Class Survey)

2.1 선급 기술규칙

선급검사는 해당 선급에서 자체적으로 정한 선급규칙에 따라 선체구조, 선체의장, 기관장치, 전기설비 및 제어시스템, 방화 및 소화, 하역장치 등의 선박구조 및 설비 등에 관한 현상 확인 또는 작동상태의 시험을 통하여 해당 선박이 선급규칙에 적합한지 여부를 확인하는 검사를 말한다.

선급은 선박의 안전에 관한 독자적인 규칙을 가지고 있으며 새롭게 발전하는 기술에 맞추어 규칙을 제정 또는 개정 하고 있다. 국제선급연합회(IACS)에서는 IACS 회원국간의 상호 인정을 바탕으로 특정분야에 대하여는 통일규칙을 개발하고 있으며 이러한 통일규칙들은 회원국 선급에서 공통적으로 사용한다.

현장에서 수행하는 선급검사는 선박에 해당되는 규칙들의 내용이 적합하게 지켜지고 있는지를 확인하는 검사이다. 따라서 선급검사의 수검뿐만 아니라 선박의 안전한 운항을 위하여는 선급규칙에서 정하고 있는 내용들을 알고 있어야 하지만 많은 선급규칙들의 모든 내용들을 숙지하고 있기에는 현실적인 어려움이 있는 것도 사실이다. 그러나 선박검사 수검을 위하여는 해당하는 선급규칙의 중요한 내용들에 대하여 파악을 하고 있어야 선급검사에 대한 능동적인 대처가 가능할 것이다. 여기서는 선급 규칙의 내용 중 중요한 사항들에 대하여 한국선급의 규칙을 예로 살펴보기로 한다.

선급 기술규칙의 구성은 각 선급마다 다르겠지만 대부분 대동소이하며 한국선급의 경우 선급 및 강선규칙/적용지침, 해양 구조물 규칙/적용지침, 기타 기술규칙 적용지침 및 기준으로 구성되어 있으며 각각에 대한 주요 내용은 다음과 같다.

선급 및 강선규칙/적용지침

제1편 선급등록 및 검사
제2편 재료 및 용접
제3편 선체구조
제4편 선체의장
제5편 기관장치
제6편 전기설비 및 제어시스템
제7편 전용선박
제8편 방화 및 소화
제9편 추가설비
제10편 소형강선의 선체구조 및 의장
제11편 산적화물선 공통구조규칙
제12편 이중선체 유조선 공통구조규칙
제13편 산적화물선 및 유조선 공통구조규칙
제14편 컨테이너선 구조규칙
PART 15 Structural Rules for Membrane Type Liquefied Natural Gas Carriers

해양 구조물규칙/적용지침

- 이동식 해양구조물규칙/적용지침
- 고정식 해양구조물규칙
- 이동식 해양굴착구조물규칙/적용지침
- 부유식 액화가스 생산구조물 지침
- 부유식 생산구조물 지침
- 부유식 액화가스 재기화구조물 지침
- 해양작업지원선(OSV) 지침

기타 기술규칙/적용지침 및 기준

- 강재부선 규칙/적용지침
- 준설선 규칙
- 잠수선 규칙/적용지침
- FRP선 규칙/적용지침
- 플로팅독 규칙/적용지침
- 고속경구조선 규칙/적용지침
- 부선예항검사 규칙
- 저인화점연료선박 규칙/적용지침
- 제조법 및 형식승인등에 관한 지침
- 부유식 해상구조물 기준
- 해상컨테이너 지침
- 일점계류장치 지침
- CNG산적운반선 지침
- 해양레저선박 지침
- WIG선 기준
- 대형요트 지침

등이 있으며 추가의 지침 또는 기준들은 한국선급 홈페이지에서 찾아볼 수 있다.

선급 기술규칙/적용지침 및 기준들은 해당되는 선박 또는 구조물에 적용할 수 있도록 개발된 규칙이며 한 선박에 모든 규칙을 적용해야 하는 것은 아니고 선박에 해당되는 규정들만 적용하고 만족시키면 된다. 따라서 선박별로 적용해야 할 규칙들과 그 내용들을 파악하는 것은 매우 중요하다.

각각의 규칙들에서 기술하고 있는 모든 내용들을 파악하는 것은 많은 시간과 노력을 필요로 하기 때문에 모든 사람들이 모든 내용들을 숙지하기 보다는 먼저 각 규칙마다 정하고 있는 중요한 내용이 무엇인지를 우선 파악하고 필요시 이에 추가하여 더 자세한 내용을 적용하는 것이 더 효과적이다.

상기 규칙들에 대한 보다 자세한 내용은 PART 2. CHAPTER 7에 기술하였다.

2.2 선급검사의 종류

선급은 해당 선급의 규칙 및 관련 규정에 따라 선박을 검사하게 되며 검사에 합격한 선박은 선급에 등록되거나 이미 등록된 선박은 정해진 기간동안 선급을 유지하게 된다.

선급에서 시행하고 있는 검사는 선박을 선급에 최초로 등록하기 위하여 시행하는 등록검사, 등록되어 있는 선박의 선급등록을 계속 유지하기 위하여 정기적으로 시행하는 정기적 검사 및 선주의 요청에 따라 임시로 시행하는 임시검사로 크게 분류할 수 있다.

2.2.1 등록검사

선박을 선급에 등록하기 위한 검사이며 선박건조의 착수 시부터 완성 시까지 시행하는 제조중 등록검사와 이미 건조되어 운항중인 선박을 선급에 등록하고자 할 때 시행하는 제조후 등록검사로 구분한다. 특히 제조후 등록검사 중에서 국제선급연합회(IACS)의 QSCS (Quality System Certification Scheme)에 적합함이 검증된 선급에 등록되어 있는 선박이 다른 선급으로 선급을 변경할 때 시행하는 검사를 선급이전(TOC - Transfer of Class)검사라고 한다.

1) 제조중 등록검사(Classification Survey During Construction)
2) 제조후 등록검사(Classification Survey After Construction)

2.2.1.1 제조중 등록검사 (Classification Survey during Construction)

제조중 등록검사는 선박을 선급에 등록하기 위하여 선박의 건조 착수 시 부터 선급규칙에서 정하는 바에 따라 선체, 기관, 의장 및 비품 등에 대한 구조, 재료, 치수 및 공작 등에 관하여 받는 검사를 말하며, 공사 착수 전에 선체, 기관, 의장 및 비품의 구조, 치수, 재질 및 요목을 명기한 도면을 승인을 받아야 하고 해당 선급에서 필요하다고 인정하는 제반시험에 합격하여야 한다.

예로써 한국선급의 선급 및 강선규칙에서 규정하는 제조중 등록검사에 대한 사항은 다음과 같다.

'제조중 등록검사를 받고자 하는 선박은 선체, 기관, 의장 및 비품의 구조, 재료, 치수 및 공작 등에 관하여 제조 과정 시에 규정에 정하는 바에 따라 정밀한 검사를 받아야 하며 해

당 규정에 적합하여야 한다.'

1) 도면승인

제조중 등록검사를 받고자 하는 선박은 공사 착수 전에 선급규칙의 해당 규정에서 정하는 바에 따라 선체, 기관, 의장 및 비품의 구조, 치수, 재질 및 요목을 명기한 도면 및 서류를 선급에 제출하여 승인을 받아야 하며 승인된 도면 또는 서류를 변경하고자 할 때에도 해당 도면 또는 서류를 승인을 받아야 한다.

2) 재료 및 의장품

제조중 등록검사를 받고자 하는 선박에 사용하는 모든 재료는 승인된 제조법 또는 이와 동등하다고 인정되는 과정에 의하여 제조된 것으로서 선급규칙의 해당 규정에 적합한 것이어야 한다.

3) 기관장치 등

선급에 등록하고자 하는 선박에 설치할 주기관, 축계, 보일러, 압력용기, 전기설비, 중요한 용도에 사용되는 보기 및 관장치는 제조검사를 받아야 한다. 제작 완성 후에는 선박에 설치되는 조건 또는 가능한 한 그와 가까운 상태하에서 육상 시운전을 하여야 한다.

4) 공작

제조중 등록검사에 있어서는 선박건조의 착수 시부터 완성될 때까지, 그리고 기계의 운전상태에 있어서의 최종시험이 끝날 때까지 재료, 공작 및 배치에 대하여 검사를 받아야 하며 규칙 또는 승인된 도면에 부적합한 사항이 발견되거나 재료, 공작 및 배치에 불만족한 점이 발견될 경우에는 이를 교정하여야 한다.

5) 제반시험

제조중 등록검사에 있어서는 선급규칙의 해당 규정에 정하는 바에 따라 수압시험, 수밀시험 및 효력시험을 하여야 하며 제어장치/계측장치는 선내 설치 후 시험을 하여야 한다.

6) 복원성시험

(1) 여객선 및 여객선 이외의 길이 24m 이상인 선박에 대하여는 복원성 시험을 실시하고 그 결과에 근거하여 운항하고자 하는 항행구역에 적합한 완성복원성자료를 작성하여 선급의 승인을 받은 후 선장에게 제공하여야 한다. 다만, 일정기간에 한하여

선급의 승인을 받은 임시 복원성자료로 대체 제공할 수 있다.

(2) (1)항의 복원성자료의 작성 및 승인은 이들 선박의 비손상 복원성이 의도하는 운항에 적절한지를 증명하는 것이다. 비손상 복원성이 적절하다고 함은 선박의 크기 및 종류에 따르는 해당 기국의 기준 또는 해당 선급의 기준에 적합하다는 것을 말한다.

(3) (1)항에 의한 복원성자료의 보조수단으로서 복원성 계산기능을 갖는 복원성 적하지침기기가 설치되는 경우에는 대표적인 운항상태에 대한 계산결과를 선급에 제출하여 승인 받아야 한다. 복원성 적하지침기기는 비손상, 손상 및 곡류적재 복원성 등 해당 선박에 적용되는 모든 복원성 관련규정을 계산할 수 있어야 하며 본선 설치 후 승인된 계산 결과에 따라 선급의 확인을 받아야 한다.

7) 시운전

선박 완성한 후에는 선박의 모든 설비, 기계 및 전기설비에 대하여 운전상태하에서 시운전을 실시하고 그 성능을 확인한다. 해상 시운전에 있어서는 속력시험, 후진시험, 조타시험, 비상조타시험, 선회력시험 및 기관의 작동상태와 운전 중에 있어서의 선박의 상태를 검사한다.

제조중 등록검사를 위한 검사는 선체, 기관, 의장 및 비품 등에 대한 구조, 재료, 치수 및 공작 등에 관한 검사로 이루어져 있으며 선박의 특성상 이들 검사들 중에서도 선체의 구조, 재료, 치수 및 공작 등이 많은 부분을 차지하기 때문에 선체구조에 관한 충분한 지식과 이해는 매우 중요할 뿐만 아니라 반드시 알아야 하는 제조중 등록검사의 기본이라 할 수 있다.

선박의 선체검사를 위한 가장 기본이 되는 선체구조에 대한 이해를 돕기 위하여 PART 2. CHAPTER 2에 관련 내용을 기술하였다.

2.2.1.2 제조후 등록검사 (Classification Survey after Construction)

제조후 등록검사는 건조 시에 선급의 등록을 위한 제조중 등록검사를 받지 못하였거나 또는 제조중 등록검사를 받고 이미 선급에 등록되어 있는 선박이 다른 새로운 선급에 등록(TOC)하기 위하여 선박의 선령에 해당하는 선체, 기관, 의장 및 비품의 구조, 재료, 공사 및 현상을 확인하는 검사이다. 제조후 등록검사를 위하여는 제조중 등록검사에 준한 주요 도면 및 서류의 제출 및 승인은 물론 해당 규칙에서 정하는 제반시험에도 합격하여야 한다.

국제선급연합회(IACS)의 QSCS(Quality System Certification Scheme)에 적합함이 검

증된 선급에 등록되어 있는 선박이 현재 선급을 탈급하고 다른 선급에 새롭게 등록하고자 하는 경우를 선급이전(TOC: Transfer of Class)이라고 하며 이때 시행하는 검사를 선급이전(TOC) 검사라고 하며 제출하여야 할 도면, 서류 및 검사사항은 선박에 따라 별도로 정하고 있다.

참고로, 한국선급(KR)에서 규정하고 있는 제조후 등록검사에 관한 내용은 다음과 같다.

1) 일반사항

제조후 등록검사에 있어서는 등록하고자 하는 선박의 선령에 따라 그 선령에 해당하는 정기검사와 동등한 정도로 선체, 기관, 의장 및 비품의 구조, 재료, 공사 및 현상을 검사하고 필요에 따라 주요 부분의 현재치수를 실측한다.

국제선급연합회(IACS)의 QSCS(Quality System Certification Scheme)에 적합함이 검증된 선급에 등록되어 있는 선박을 새로운 선급에 등록하고자 하는 경우 제출하여야 할 도면의 종류 및 검사사항 등은 선급이 별도로 정하는 지침에 따른다.

2) 도면의 제출

제조후 등록검사에 있어서는 제조중 등록검사에 준한 주요도면 및 서류를 제출하여야 한다. 만약 도면의 제출이 불가능할 때에는 선급 검사원이 선박에서 필요한 사항을 얻을 수 있도록 모든 편의를 제공하여야 한다.

3) 제반시험

제조후 등록검사에 있어서는 규칙에 정하는 바에 따라 압력시험, 수밀시험 및 효력시험 등을 하고 해상 시운전을 한다. 다만, 해상 시운전에 대한 자료를 보유하고 있고 또한 이들의 성적에 영향을 주는 변경사항이 없는 선박에 대하여는 이를 생략할 수 있다.

4) 복원성시험

여객선 및 길이 24m 이상의 선박에 대하여는 복원성 시험을 실시하고 그 결과에 근거하여 운항하고자 하는 항해구역에 적합한 완성 복원성자료를 작성하여 선급의 승인을 받은 후 선장에게 제공하여야 한다. 다만, 일정 기간에 한하여 선급의 승인을 받은 임시 복원성자료로 대체 제공할 수 있으며, 선급이 인정할 수 있는 복원성시험에 대한 자료를 보유하고 있고 복원성에 영향을 주는 변경이 없는 선박에 대하여는 복원성시험을 생략할 수 있다.

2.2.2 정기적 검사 (Periodical Survey)

선급에 등록되어 있는 선박이 선급 등록을 계속 유지하기 위하여 정기적으로 시행하는 검사이며 대표적인 검사종류 및 주요 내용은 다음과 같다.

2.2.2.1 연차검사 (Annual Survey)

1) 검사 시기

연차검사는 매년 선체, 의장, 소방설비와 기관, 전기 및 추가설비들이 만족한 상태임을 보증하기 위한 검사이며 검사는 검사기준일의 전후 3월 이내에 시행한다.

2) 검사 사항

연차검사는 선박이 선급 유지를 위하여 매년 받아야 하는 정기적인 검사 중 가장 기본이 되는 검사이며 가장 낮은 수준의 검사이다.

따라서 연차검사는

(1) 선체의 강도, 예비부력, 복원성을 유지하기 위한 설비

(2) 선박 운항에 필요한 설비

(3) 선박 화재 시 화재의 전파를 방지하는 방화구조와 발생한 화재를 소화하는 소방설비

(4) 기관, 전기 및 추가설비

(5) 선종별 추가요건

등을 확인하기 위한 가장 기본이 되는 검사이며 다음에 기술하는 중간검사 및 정기검사 시기에도 동시에 시행하여야 하는 항목이다.

선체, 의장 및 소방설비에 관한 검사항목은 주로 폭로 갑판부의 설비에 대한 검사가 많으며 특별한 경우 이외에는 화물창 또는 탱크에 대한 내부검사는 요구되지 않는다.

기관, 전기 및 추가설비에 관한 검사항목들은 이들 설비들에 대한 현상 및 작동상태에 관한 검사가 주를 이룬다.

특히, 연차검사 항목 중 선체 및 의장 설비에 대한 검사항목에는 '국제만재흘수선 협약'의 기본이 되는 다음의 5가지 기본 원칙을 확보하기 위한 사항들이 대부분 포함되어 있다.

(1) 지정된 항해에 적합한 구조 및 강도 확보

(2) 지정된 항해에 적합한 복원성 확보

(3) 황천 시 침수 또는 침몰 위험에 대한 충분한 예비부력 확보

(4) 건현갑판 하부의 수밀성 및 건현갑판 상부의 풍우밀성 확보

(5) 황천 시 폭로갑판상 안전한 이동을 위한 보행로 확보

따라서, '국제 만재흘수선 협약 5대 기본원칙' 내용을 충분히 이해하고 있으면 선박검사 시 많은 도움이 되기 때문에 이에 관한 자세한 내용을 PART 2. CHAPTER 4에 기술하였다.

한국선급(KR)에서 규정하고 있는 대표적인 검사사항들은 다음과 같으며 이들 각각에 대한 자세한 내용은 선급 및 강선규칙/적용지침(KR) 제1편 선급등록 및 검사에 자세히 기술되어 있다.

(1) 선체, 의장 및 소방설비
(2) 기관, 전기 및 추가설비
(3) 선종별 추가요건
  (a) 유조선(탱커 포함) (b) 케미컬탱커
  (c) 액화가스 산적운반선 (d) 압항예부선

2.2.2.2 중간검사 (Intermediate Survey)

1) 검사 시기

중간검사는 등록검사 또는 전회 정기검사 완료일로부터 2번째 또는 3번째년도 검사기준일의 전후 3월 이내에 시행하는 검사이다. 즉, 정기검사와 정기검사 사이에 매년 시행하는 연차검사 중에서 2번째 또는 3번째 연차검사를 대신하여 중간검사로 시행하며 연차검사보다 높은 수준의 검사이다. 단, 여객선, 잠수선, 원자력선, 수중익선, 공기부양선, 고속선은 매년 검사기준일 전후 3개월 이내에 시행하여야 한다.

2) 검사 사항

중간검사는 연차검사에서 요구하는 사항에 추가하여 밸러스트구역 및 화물구역에 대한 전반적인 현상검사 및 주기관용 증기터빈, 주기관용 내연기관, 보조기관, 기타 중요보기 및 전기설비에 대한 전반적인 현상검사 및 작동시험(필요시)을 시행한다.

한국선급(KR)에서 규정하고 있는 대표적인 검사사항들은 다음과 같으며 이들 각각에 대한 자세한 내용은 선급 및 강선규칙/적용지침(KR) 제1편 선급등록 및 검사에 자세히 기술되어 있다.

(1) 선체, 의장 및 소방설비
(2) 기관, 전기 및 추가설비

(3) 선종별 추가요건

(a) 유조선(탱커 포함)　　(b) 케미컬탱커　　(c) 액화가스 산적운반선

2.2.2.3 정기검사 (Special Survey)

1) 검사 시기

정기검사는 전회 정기검사 지정일의 다음날로부터 5년 이내에 시행하는 검사이다. 즉, 정기검사는 선박이 선급 유지를 위하여 매년 받아야 하는 연차검사에 추가하여 매 5년마다 선박의 모든 부분에 대하여 검사하며 정기검사에 만족하는 경우 5년 유효기간의 선급증서를 발행한다.

2) 검사 사항

(1) 연차검사에서 요구하는 사항에 대한 확인

(2) 선체, 의장 및 관련 배관의 상태에 대한 확인

(3) 본선이 적절하게 정비와 운항을 하고 있는지 확인

(4) 5년의 새로운 선급유지 기간 동안 의도하는 목적에 적합함을 확인하기 위한 충분한 범위에 대한 검사, 시험 및 점검

정기검사는 매 5년마다 시행하는 검사로 모든 선체, 기관 및 의장설비들을 개방하여 내부를 검사하고 작동시험을 하는 가장 높은 수준의 정밀한 검사이며, 선체구조의 보전성이 유효함을 확인하기 위하여 두께계측 및 탱크 압력시험도 시행한다.

한국선급(KR)에서 규정하고 있는 대표적인 검사사항들은 다음과 같으며 이들 각각에 대한 내용은 선급 및 강선규칙/적용지침(KR) 제1편 선급등록 및 검사에 자세히 기술되어 있다.

(1) 선체, 의장 및 소방설비

(2) 기관, 전기 및 추가설비

(3) 선종별 추가요건

(a) 유조선(탱커 포함)　　(b) 케미컬탱커　　(c) 액화가스 산적운반선

2.2.2.4 입거검사 (Docking Survey)

입거검사는 Dry Dock, Floating Dock 또는 Slip Way 등과 같은 선박의 수면 하부 검사가 가능한 입거시설에 선박을 입거 또는 상가하여 주로 선박의 수선하부 외판(선저외판, 선

측외판, 선수외판, 선미외판), 선미골재, 타, 시체스트 및 각종 밸브, 프로펠러, 빌지킬 등과 같은 선체 부가물 등의 확인과 타 또는 축계의 틈새를 계측하는 검사이다.

특히 중간검사 또는 정기검사 시에 시행하여야 하는 화물창, 구획검사 등은 운항중에 검사 시행이 어려운 관계로 주로 입거시에 검사를 시행한다.

1) 입거검사 시기

(1) 5년의 정기검사 기간 이내에 적어도 2회의 입거검사를 시행한다.

(2) 2회의 입거검사 중 한 번의 입거검사는 정기검사와 연계하여 시행한다.

(3) 모든 경우에 있어서 두 입거검사 사이의 간격은 36개월을 넘어서는 아니된다.

(4) 여객선, 잠수선, 원자력선, 수중익선, 공기부양선, 고속선에 대한 입거검사는 정기, 중간 또는 연차검사의 일부로 시행한다.

(5) 상기에도 불구하고 선급이 별도로 정하는 경우에는 이에 따른다.

(6) 상기에 추가하여 해당되는 경우에는 특별규정의 관련 규정에도 적합하여야 한다.

2) 입거검사 연장

(1) 입거검사는 선박소유자의 신청에 따라 선급에서 적절하다고 인정되는 경우 다음과 같이 연장할 수 있다.

(a) 정기검사 연장에 따른 입거검사 시기의 연장

① 지정된 입거검사 일자가 새롭게 연장되는 정기검사 일자 이전에 도래하는 경우

- 승인된 수중검사업자에 의한 수선하부 선체에 대한 검사를 시행.
- 연장을 원하는 입거검사 일자가 전회 입거검사 완료일로부터 36개월을 넘지 아니하고 수면하부에 대한 미결된 지적사항/선급유지조건이 선박에 없는 조건으로 승인된 수중업자에 의한 수선하부 선체에 대한 검사는 면제될 수 있다. 이 경우 차기 정기검사의 지정일은 원래 지정된 정기검사일로부터 산정하여 지정한다.

(b) 다음에 정의된 '예외적인 경우' 입거검사는 선급의 승인을 받아 지정일로부터 3개월 이내의 범위에서 연장할 수 있다.

① 예외적인 경우

- 입거시설을 이용할 수 없는 경우
- 수리시설을 이용할 수 없는 경우
- 필요한 자재, 장비 또는 예비품이 없는 경우
- 악천후를 피하기 위한 조치로 인하여 지연된 경우

3) 수중검사

(1) 선령에 따른 수중검사 적용

(a) 선령 15년 미만인 선박의 경우 : 5년의 정기검사 기간 이내에 시행하는 2회의 입거검사 중 정기검사 사이의 중간에 해당되는 입거검사를 선급이 적절하다고 인정하는 수중검사로 대신할 수 있다.

(b) 선령 15년 이상인 선박의 경우 : 수중검사를 받고자 하는 경우에는 사전에 선급으로부터 별도의 승인을 받아야 한다. 단, 검사강화제도(ESP) 부호를 갖는 선박인 경우에는 이러한 수중검사를 허용하지 아니한다.

(2) 수중검사는 수선하의 외판, 타, 프로펠러, 프로펠러축, 해수흡입밸브 또는 선외배출밸브에 대하여 비정상적인 열화의 기록이나 징후, 미결된 수리지적사항 또는 손상이 있는 경우에는 선급의 판단에 따라 제한될 수 있다.

(3) 입거검사를 수중검사로 대신하는 경우에는 다음에 따른다.

(a) 다음의 도면 및 자료를 검사원 및 잠수부에게 제공하여야 한다.

① 이중판이나 덧판이 있는 경우, 그 위치를 포함하여 수선하에 있는 외판개구의 위치 및 크기, 선저플러그의 위치, 부가물의 위치, 항해계기의 계측부의 위치, 빌지킬의 위치, 격벽의 위치 및 용접선(seam 및 butt)의 위치가 표시된 도면.

② ①항의 내용이 포함된 각종구조, 장치 등의 상세도면.

(b) 구조 및 배치 등,

입거검사를 대신하는 방법으로서 수중검사를 하는 선박은 다음의 구조 및 배치가 되어 있어야 한다.

① 타의 베어링 틈새를 쉽게 확인하고 계측을 할 수 있는 구조이어야 한다.

② 로프가드는 프로펠러 부착부와 선미재보스 사이의 프로펠러축을 검사할 수 있는 구조이어야 한다.

③ 해수윤활방식의 선미관 베어링에 대하여는 프로펠러축과 베어링 사이의 틈새를 확인하고 계측을 할 수 있는 구조이어야 한다.

④ 기름윤활방식의 선미관 베어링에 대하여는 선미관 밀봉장치의 기능 및 축 강하량을 확인할 수 있는 적절한 수단이 구비되어 있어야 한다.

(c) 검사조건

① 가능한 한 경하상태일 것.

② 수선하의 선체외판 및 선저의 상태를 확인할 수 있을 것.

③ 해상상태(조류, 해류, 파고 등)가 평온하고 해수중의 시계 및 수선하 선체의 청결상태는 검사원 및 '수중검사를 잠수부 또는 무인잠수정(ROV)에 의하여 시행하는 회사'가 외판, 부가물 및 용접의 상태를 판단할 수 있을 만큼 충분히 깨끗하여 실질적인 검사가 되도록 할 것.

④ 선저와 해저의 간격은 충분한 상태일 것.

⑤ 수중검사는 선급의 승인을 받은 '수중검사를 잠수부 또는 무인잠수정(ROV)에 의하여 시행하는 회사'에 의하여 시행할 것.

2.2.2.5 프로펠러축 및 선미관축 등의 검사 (Propulsion System Survey)

프로펠러축 및 선미관축 등의 검사는 일반적으로 선박을 입거 또는 상가하여 프로펠러축 또는 선미관축을 발출하여 그 상태를 확인하는 검사이다.

1) 검사 시기

(1) 제1종 프로펠러축*은 전회 검사 완료일로부터 5년, 제2종 프로펠러축은 전회 검사 완료일로부터 30월로 한다.

* 제1종 프로펠러축 및 제1종 선미관축이라 함은 해수에 대하여 선급이 승인한 방식조치(슬리브 또는 형식승인된 방식코팅)를 하거나 승인된 내식성 재료를 사용하는 축을 말하며, 기타의 것은 제2종 프로펠러축 및 제2종 선미관축이라 한다.

(2) 워터제트 추진장치 및 선회식 추진장치(azimuth or rotatable thruster)에 대한 검사는 선급이 별도로 정하는 지침에 따른다.

2) 검사 사항

한국선급(KR)에서 정하는 프로펠러축 및 선미관축 등의 검사 시 요구하는 자세한 검사사항은 선급 및 강선규칙/적용지침 제1편 선급등록 및 검사에 자세히 기술되어 있다.

2.2.2.6 보일러검사 (Boiler Survey)

보일러검사는 보일러 및 관련 부착물들을 개방하여 보일러 내부검사, 안전밸브 분출장치의 검사 및 작동시험, 안전장치의 작동시험 및 관련 기록 검토를 시행하는 검사이다.

1) 검사시기

(1) 다음의 보일러(열매체유가열기 포함)는 5년의 정기검사 기간 이내에 적어도 2회의

내부검사를 시행하여야 한다.

(a) 주추진장치 용도로 사용하는 수관식 보일러(재열 보일러 포함)

(b) 모든 형식의 중요 보조보일러

(c) 사용압력이 3.5bar를 초과하고 전열면적이 4.5m^2를 초과하는 기타 용도의 보일러

(2) 연관식 주보일러 또는 1대의 수관식 주보일러만 갖춘 선박으로서 제조후 7.5년을 초과시 매 1년마다 전후 3개월 범위 내에서 검사를 한다.

2) 검사 사항

한국선급(KR)에서 정하는 보일러검사 시 요구하는 자세한 검사사항은 선급 및 강선규칙/적용지침 제1편 선급등록 및 검사에 자세히 기술되어 있다.

2.2.2.7 기관장치의 계속검사 (Continuous Machinery Survey)

1) 검사시기

(1) 선박소유자의 신청에 의거하여 선급이 승인하는 경우 정기검사시 검사하여야 할 기관장치 항목에 대하여 계속검사(이하 "CMS"라 한다)를 실시할 수 있다. 이를 채택할 경우 정기검사의 모든 항목을 5년 내에 나누어서 검사 완료되도록 한다.

(2) CMS는 정기적 검사시에 시행하여야 한다. 다만, 선박소유자의 요청에 따라 임시검사를 시행할 수 있다.

2) 검사 사항

한국선급(KR)에서 정하는 CMS의 검사절차 등 자세한 검사사항은 선급 및 강선규칙/적용지침 제1편 선급등록 및 검사에 자세히 기술되어 있다.

2.2.3 임시검사 (Occasional Survey)

임시검사는 선급에 등록된 선박이 정기적 검사 이외에 다음과 같은 필요에 따라 추가로 시행하는 검사이다.

1) 선급유지에 영향을 주는 선체, 기관, 의장품 또는 비품에 손상을 받은 때 및 수리 또는 변경을 하고자 할 때

2) 기관의 일부 또는 전부를 이동하고자 할 때

3) 보일러의 안전밸브를 개방하거나 또는 조정을 다시 하고자 할 때

4) 프로펠러축을 발출하거나 입거 또는 상가하여 선박소유자로부터 검사 신청이 있을 때

5) 만재흘수선을 변경하거나 또는 새로 표시할 때
6) 계선관련 검사시
7) 검사기일을 연기하고자 할 때
8) 그 외 검사의 지정을 받았거나 검사의 필요성이 있다고 인정할 때

임시검사에는 다음과 같은 종류의 검사들이 있다.
1) 손상 및 수리검사
2) PSC 사전검사
3) 계선검사
4) 항행 적합성검사
5) 예항검사 등

상기의 임시검사 중에서 매우 중요한 검사로 노령선의 입거검사 시 주로 선급 검사원의 판단에 따라 수리 부위 및 수리방법이 결정되는 손상 및 수리검사의 경우 예기치 않은 수리에 따른 비용과 시간이 발생할 수 있고 이러한 상황이 발생하는 경우 큰 피해를 일으킬 수 있는 '손상 및 수리검사'와 타 국가 입항 시 받아야 하는 'PSC 검사'에 대하여 기술한다.

2.2.3.1 선체 손상 및 수리검사

1) 일반

선박은 운항 중에 예기치 않은 충격 또는 사고 등으로 인하여 선체에 손상이 발생할 수 있다. 선체에 손상이 발생한 경우 반드시 선급에 사실을 통보하고 선급검사원에 의하여 손상부에 대한 검사(손상검사)를 시행한 후 이러한 손상부에 적합한 수리 방안을 마련하여 수리(수리검사)를 하여야 한다.

하지만 현실적으로 손상부에 대한 정확한 원인을 파악하고 이에 따른 재발 방지를 위한 수리 방안을 마련하는 것이 결코 쉽지만은 않다.

선급 검사원의 경우에도 경험이나 선체구조에 대한 지식 수준에 따라 여러가지 수리방안이 나올 수 있기 때문에 수리에 따른 비용과 시간을 줄이기 위하여는 선체구조에 대한 이해를 바탕으로 적절한 수리방안을 찾는 것이 매우 중요하다.

2) 선체 구조의 이해

선체구조에 발생한 손상의 원인을 파악하고 이에 따른 적절한 수리방안을 마련하기 위해서는 선체구조를 이해하는 것이 매우 중요하다. 소프트웨어를 사용한 선체 구조해석

을 통하여 많은 정보를 얻을 수도 있지만 이러한 결과물도 선체구조에 대한 이해가 없이는 정확한 해석을 하기가 어렵다.

따라서 선체구조에 발생하는 손상 종류별 원인을 파악하고 이에 따른 적절한 수리 방안을 찾기 위하여는 선체구조에 대한 이해가 반드시 필요하다. 적절한 수리 방안을 도출하기 위한 가장 기본이 되는 선체구조에 관한 내용을 PART 2. CHAPTER 2에 기술하였다.

3) 선체 손상부위별 수리방법

선체구조에 손상이 발생하는 부위는 매우 다양하며 또한 선박의 종류에 따라 손상 발생 부위가 달라질 수 있다.

이러한 복잡하고 다양한 선체구조의 손상부에 대하여 IACS에서 권고하고 있는 대표적인 수리방법을 PART 2, CHAPTER 3에 기술하였다.

2.2.3.2 PSC 검사

PSC(Port State Control)검사는 항만당국이 자국의 항만 또는 계류시설에 있는 외국적 선박에 대하여 자국 연안에서의 선박의 사고를 방지하고 해운산업을 보호할 목적으로 자국의 PSC검사원(PSCO: Port State Control Officer)으로 하여금 선박에 승선하여 선박의 상태를 점검하고 발견된 결함사항에 대하여는 적절한 시정조치를 요구하는 검사를 말한다.

즉, 해양에서 선박의 안전을 도모하고, 해양오염방지 및 선원의 근로환경을 개선할 목적으로 주로 다음의 국제협약에서 요구하는 기준에 근거하여 기준미달선(Sub-Standard Vessel)을 식별하고, 이들 선박에 대하여 출항정지 등의 직접적인 불이익을 행사하여 기준미달선을 제거함으로서 해양에서의 사고발생 위험을 최소화시키기 위한 활동을 말한다.

1) 국제해상인명안전협약
   International Convention for the Safety of Life at Sea(SOLAS)
2) 국제해양오염방지협약
   International Convention for the Prevention of Pollution from Ships(MARPOL)
3) 국제만재흘수선협약
   International Convention on Load Lines(ICLL)
4) 선원의 훈련 자격증명 및 당직근무의 기준에 관한 국제협약
   International Convention on the Standards of Training, Certification and Watchkeeping for Seafares(STCW)

5) 해사노동협약

Maritime Labour Convention 2006(MLC2006)

6) 기타 기술 코드 및 결의문

또한, PSC는 일종의 자국의 이익을 담보하는 행위이다. 즉, 기준 미달 외국적 선박이 자국의 항만이나 연안에서 해난사고가 발생하면 양식장의 황폐화, 어로활동 불가, 수송로 상실 등 국가 경제에 막대한 손실을 초래 할 수 있으므로 PSC는 국익의 손실을 방지하는 적극적인 행위이고 수단이라 할 수 있다.

국제협약에서는 항만국이 그들의 해역에 있는 선박에 대하여 통제를 할 수 있도록 허용하고 있으며, PSC를 통하여 선박을 검증한다.

세계 각 정부는 해상에서의 인명 및 재산보호와 해양 환경보호에 전념하고 있으며 항만국 통제(PSC)는 이러한 목적을 달성하기 위한 방법 중의 하나이다.

PSC 검사에 대한 보다 자세한 내용은 PART 2, CHAPTER 5에 기술하였다.

2.2.4 개조검사 (Alteration Survey)

선박이 선체, 기관 또는 설비에 대한 변경 또는 개조를 하고자 하는 경우에 시행하는 검사이다.

선박의 선체, 기관 또는 설비 등에 대한 개조를 위하여는 다음 절차를 따라야 한다.

1) 개조사항을 반영한 관련 도면/문서의 작성, 제출 및 승인

(관련도면 또는 자료는 공사 착수 전에 선급에 제출 및 승인을 받아야 한다)

2) 승인된 도면에 따른 개조공사

3) 개조부에 대한 검사 및 시험(제조중등록검사에 준한 사항을 검사한다)

4) 필요시 관련 문서 수정 및 증서 재발행

2.2.5 추가설비검사 (Additional Equipment Survey)

추가설비검사라 함은 다음 사항에 대하여 시행하는 검사를 말한다.

1) 냉장설비

2) 하역설비

3) 자동화설비

4) 자동위치제어설비

5) 항해선교설비

6) 선체감시장치

7) 잠수설비

8) 고전압 선외수전설비

9) 화물증기 배출제어장치

10) 평형수관리장치

CHAPTER

3 정부대행검사(Statutory Survey)/ 협약검사(Convention Survey)

세계 각 나라는 자국의 영해 내에 있는 선박으로부터 발생한 문제로 인한 인명과 재산의 피해 및 해양환경 파괴를 방지하기 위하여 자국 영해에 입항하는 선박에 대한 규제 및 검사를 하고 있다.

세계 각 나라의 항만을 입. 출항하여야 하는 선박의 특성상 선박이 입항하는 국가마다 서로 다른 규정과 검사를 요구하는 경우 선박은 입항하는 국가의 서로 다른 규정과 검사를 만족시키기 위하여 많은 시간과 비용을 들여야 한다. 이와 같은 소모적인 비용과 불편을 해결하고 수많은 선박들의 원활한 왕래를 위하여 관련 국가들이 모여 선박에 공통적으로 적용할 수 있는 규정들을 제정하고 있으며 또한 제정된 규정에 따른 검사를 하고 있는데 관련 국가들의 합의하에 제정된 규정들을 국제협약이라 한다.

각 기국에서는 이러한 각종 협약을 비준하여 적용하고 있으며 선박에 대한 협약검사를 국가에서 직접 수행할 수 없을 때에는 검사 권한을 선급에 위임하여 검사를 대신 수행할 수 있도록 하고 있다.

이렇게 선급에서 정부로부터 검사 권한을 위임받아 수행하는 검사를 '정부대행검사'라고 하며 수행하는 검사 사항들이 국제협약에 관한 내용이기 때문에 이를 '협약검사'라고도 한다.

기국에서 선급에 검사 권한을 위임하는 대표적인 협약은

1) 국제만재흘수선 협약(ICLL)

2) 해상에서의 인명안전을 위한 국제협약(SOLAS)

3) 선박으로부터의 오염방지를 위한 국제협약(MARPOL)
4) 선박의 톤수 측정에 관한 국제협약(ITC)
5) 국제해상충돌예방 규칙(COLREG)
등이 있으며 이들 협약의 대표적인 내용은 다음과 같다.

3.1 국제만재흘수선 협약 (International Convention on Load Lines)

3.1.1 일반

국제항해를 하는 선박으로서 이 협약을 적용받는 선박은 협약의 규정에 따른 건현을 지정 받아 선박에 표시를 하여야 하며, 관련 규정에 적합한 경우 국제만재흘수선 증서가 발급된다.

3.1.2 협약의 구성

- 1966년 국제만재흘수선협약에 관한 1988년 의정서
- 부속서 A - 1966년 국제만재흘수선 협약의 개정된 조문
- 부속서 B - 1966년 국제만재흘수선 협약에 관한 1988의정서의 개정된 부속서 B
- 부속서 I - 만재흘수선을 결정하기 위한 규칙
  - 제 I 장 - 총칙
  - 제 II 장 - 건현지정의 조건
  - 제 III 장 - 건현
  - 제 IV 장 - 목재 건현을 지정받는 선박을 위한 특별요건
- 부속서 II - 대역, 구역 및 계절기간
- 부속서 III - 증서

상기 항목 중 만재흘수선검사에 있어서 반드시 알아야 할 중요한 내용으로 구성된 '부속서 I - 만재흘수선을 결정하기 위한 규칙'에 대한 대표적인 협약 내용은 다음과 같다.

PART 01 선박검사의 이해

· 부속서 I - 만재흘수선을 결정하기 위한 규칙

제 I 장 - 총칙

제1규칙 선박의 강도 제2규칙 적용

제3규칙 이 부속서에서 사용하는 용어의 정의

제4규칙 갑판선 제5규칙 만재흘수선표

제6규칙 만재흘수선표와 함께 사용하는 선

제7규칙 지정기관의 표시 제8규칙 표시의 상세

제9규칙 표시의 검증

제 II 장 - 건현지정의 조건

제10규칙 선장에게 제공할 자료 제11규칙 선루단 격벽

제12규칙 문 제13규칙 창구, 출입구 및 통풍통의 위치

제14규칙 화물창구와 기타창구

제15규칙 이동식 창구덮개에 의하여 폐쇄되고 타폴린 및 배튼장치에 의하여 풍우밀로 정착되는 창구

제16규칙 가스켓과 조임장치를 비치하고 있는 강 또는 기타 동등한 재료의 풍우밀의 덮개에 의하여 폐쇄된 창구

제17규칙 기관구역의 개구 제18규칙 건현갑판과 선루갑판의 제개구

제19규칙 통풍통 제20규칙 공기관

제21규칙 재화문 및 기타 유사한 개구 제22규칙 배수관, 흡입관 및 배출관

제23규칙 현창 제24규칙 방수구

제25규칙 선원의 보호

제26규칙 A형 선박에 대한 지정의 특별조건

제 III 장 - 건현

제27규칙 선박의 형식 제28규칙 건현표

제29규칙 길이 100미터(328피트) 미만 선박의 건현에 대한 수정

제30규칙 방형계수에 대한 수정 제31규칙 깊이에 대한 수정

제32규칙 갑판선의 위치에 대한 수정 제33규칙 선루의 표준높이

제34규칙 선루의 길이 제35규칙 선루의 유효길이

제36규칙 트렁크 제37규칙 선루 및 트렁크에 관한 공제

제38규칙 현호	제39규칙 최소 선수 높이
제40규칙 최소 건현	

제 Ⅳ 장 - 목재 건현을 지정받는 선박을 위한 특별요건

제41규칙 이 장의 적용	제42규칙 정의
제43규칙 선박의 구조	제44규칙 적재
제45규칙 건현의 산정	

3.1.3 만재흘수선검사 (International Load Line Survey (ILL))

만재흘수선 검사는 '1966년 만재흘수선에 관한 국제협약' 및 같은 협약에 관한 1988년 의정서에 따라 수행하는 검사이다.

만재흘수선 검사는 선급의 연차검사와 동일한 항목이 많고 또한 선박검사의 가장 기본이 되는 사항들이다.

3.1.3.1 만재흘수선

선박은 선원, 화물 및 기타 선박 운항에 필요한 중량물을 탑재한 상태에서 침수하지 않고 안전한 항해를 하기 위하여는 충분한 부력을 가져야 할 뿐만 아니라 확보된 부력을 계속 유지하여야 한다.

선박의 침수를 방지하기 위하여 선박은 충분한 예비부력을 확보하고 있어야 하며, 이 예비부력에 손실이 발생하면 선박은 침수한다. 따라서 선박이 충분한 예비부력을 확보하기 위하여는 일정 깊이 이상 선박이 침하되지 않도록 한계를 정하고 이러한 한계선을 선박 양현에 표시하는데 이것을 만재흘수선이라 하며 이 선으로부터 선박 중앙부에서 최상부 전통갑판까지의 수직거리를 건현이라고 한다.

선박은 항해중 3차원적인 모든 방향으로 움직일 뿐만 아니라 폭로된 갑판부에는 파랑에 의한 하중을 받기 때문에 이러한 가혹한 하중에서도 건현갑판 하부에 대한 예비부력 확보뿐만 아니라 건현갑판 상부의 예비부력 확보를 위하여는 많은 조건들을 만족하여야 한다. 따라서 선박이 만재흘수선을 지키지 않거나 또는 예비부력 유지를 위한 조건들을 지키지 않을 경우 선박은 심각한 위험에 처하게 된다.

선박의 안전한 항해를 위하여 필요한 만재흘수선지정 방법과 정해진 만재흘수선을 유지

하기 위한 만재흘수선 지정조건들은 '1966년 국제만재흘수선협약'에서 정하고 있다.

3.1.4 건현의 지정

만재흘수선표(Load line mark)는 선박이 최대로 수면 하로 잠길 수 있는 흘수선의 한계를 나타내기 위하여 선박의 양현 중앙에 표시한 선이며, 이 선으로부터 선박 중앙부에서 최상부 전통갑판까지의 수직거리를 건현(Freeboard)이라고 한다.

건현은 1966년 국제만재흘수선협약에 자세한 지정 방법이 기술되어 있으며 여기서는 개략적인 건현 산정방식에 대하여 기술한다.

3.1.4.1 선박의 형식

1) 'A'형 선박

(1) 산적 액체 화물만을 운송하도록 설계된 것

(2) 화물탱크에는 강 또는 동등 재료의 수밀의 가스켓부 덮개에 의하여 폐쇄된 작은 개구만이 존재하여 노출된 갑판이 고도의 완전성을 가진 것

(3) 적재된 화물구역의 낮은 침수율 및 통상적으로 설비된 구획의 정도에 따라 생기는 침수에 대한 고도의 안전성을 가진 것

2) 'B'형 선박

'A'형 이외의 선박

3.1.4.2 최소 하기건현 산정 방법

1) A형 선박 또는 B형 선박의 결정
2) A형 선박 또는 B형 선박의 표정건현 결정(길이에 따라 결정)
3) 선박의 길이에 따른 건현 수정
4) 방형계수에 대한 수정
5) 깊이에 대한 수정
6) 갑판선의 위치에 대한 수정
7) 건현갑판에 있는 리쎄스에 대한 수정
8) 선루 및 트렁크에 관한 공제
9) 현호 형상과 다른 것에 대한 수정

10) 최소 하기건현 결정

3.1.4.3 열대건현

열대대역(Tropical Zone)에 있어서의 최소건현은 하기 흘수의 1/48을 하기건현에서 공제한 건현이다.

3.1.4.4 동기건현

동기(Winter)에 있어서의 최소건현은 하기 흘수의 1/48을 하기건현에 더한 건현이다.

3.1.4.5 동기북대서양건현

동기 기간 중 북대서양의 구역 내를 항행하는 길이 100m 이하 선박에 대한 동기북대서양건현은 동기건현에 50mm를 더한 건현이며 기타의 선박에 대하여는 동기북대서양건현은 동기건현으로 한다.

3.1.4.6 담수건현

비중이 1인 담수에 있어서의 담수건현은 해수에 있어서의 최소건현에서 다음 값을 공제하여 구한 건현이다.

$$\triangle \ / \ 40T \ (cm)$$

△ : 하기만재흘수선에서의 해수배수량 (ton)

T : 하기만재흘수선에 있어서의 해수에서 선박을 1cm 침하시키는 데 필요한 배수톤수 (ton)

3.1.5 건현 지정의 조건

만재흘수선 규정은 거의 모든 선박에 적용되며 또한 선박의 감항성 검토에 대한 기초가 되기 때문에 매우 중요하다.

건현을 결정하는 만재흘수선 규정은 특정한 선박에 대한 과학적인 사실보다는 100년 이상의 경험에 의한 것이며 다음의 5가지 기본 원칙이 내포되어 있다.

1) 지정된 항해에 적합한 구조 및 강도 확보
2) 지정된 항해에 적합한 복원성 확보
3) 황천시 침수 또는 침몰 위험에 대한 충분한 예비부력 확보
4) 건현갑판 하부의 수밀성 및 건현갑판 상부의 풍우밀성 확보
5) 황천시 폭로갑판상 안전한 이동을 위한 보행로 확보

상기의 5가지 기본원칙은 선박의 감항성을 확보하기 위한 가장 기본적이고 중요한 조건이며 선급의 일반적인 검사사항, 특히 연차검사 항목은 많은 부분들이 5가지 기본원칙을 확보하기 위한 항목들로 구성되어 있다.

3.1.6 국제만재흘수선규칙 5대 기본원칙

건현을 지정받기 위해서는 상기에서 기술한 5가지 기본 원칙을 만족하여야 하며 이러한 기본 원칙은 선박의 안전한 항해를 위한 중요한 전제조건이다. 이러한 전제조건들은 국제만재흘수선 협약 부속서 B, 부속서 I의 제1장(총칙) 및 제2장(건현지정의 조건)에서 규정하고 있으며, 자세한 내용은 PART 2, CHAPTER 4에 기술하였다.

3.2 해상에서의 인명안전을 위한 국제협약
(SOLAS : International Convention for the Safety of Life at Sea)

3.2.1 일반

국제항해를 하는 선박으로 SOLAS 협약을 적용받는 선박은 협약의 각 장(Chapter)에 규정된 내용에 적합하여야 하고, 관련 규정에 만족하는 경우 해당 증서가 발급되며 대표적인 검사 종류는 다음과 같이 구분된다.

1) **화물선 안전구조 검사** Cargo Ship Safety Construction Survey (SC)
2) **화물선 안전설비 검사** Cargo Ship Safety Equipment Survey (SE)
3) **화물선 안전무선 검사** Cargo Ship Safety Radio Survey (SR)

3.2.2 화물선 안전구조 검사 (Cargo Ship Safety Construction Survey (SC))

SOLAS 협약의 다음 규정에 따른 사항을 검사하며 검사결과 관련 요건에 적합한 경우 '화물선 안전구조 증서(Cargo Ship Safety Construction Certificate'를 발행한다.

제1장, 제10규칙(화물선의 구조, 기관 및 설비의 검사) 제2-1장 (건조-구조, 구획 및 복원성, 기관 및 전기설비) 제2-2장 (건조-방화, 화재탐지 및 소화)

상기 규정들은 대부분 선급규칙 내용과 일치하는 항목들이며, 다음과 같은 협약 내용들로 구성되어 있다.

제2-1장 건조 - 구조, 구획 및 복원성, 기관 및 전기설비

- 제1규칙 적용
- 제2규칙 정의
- 제3규칙 C, D 및 E편에 관한 정의
- 제3-1규칙 선박의 구조, 기계 및 전기적 요건
- 제3-2규칙 모든 형식의 선박의 전용 해수밸러스트 탱크 및 산적화물선의 이중 선측 구조의 보호도장
- 제3-3규칙 탱커 선수로의 안전한 통로
- 제3-4규칙 비상예인장치 및 절차
- 제3-5규칙 석면을 함유한 재료의 새로운 설치
- 제3-6규칙 유탱커 및 산적화물선의 화물구역내의 장소 및 전방으로의 접근
- 제3-7규칙 선내 및 육상 보관 건조 도면
- 제3-8규칙 예인 및 계류 설비
- 제3-9규칙 선박의 승하선 수단
- 제3-10규칙 산적화물선 및 유탱커에 대한 목표기반 선박건조기준
- 제3-11규칙 원유운반선의 화물유탱크에 대한 부식방지
- 제3-12규칙 소음에 대한 보호
- 제4규칙 일반사항
- 제5규칙 비손상 복원성
- 제5-1규칙 선장에게 제공하여야 하는 복원성 자료
- 제6규칙 요구구획지수 "R"
- 제7규칙 도달구획지수 "A"
- 제7-1규칙 계수 "pi"의 계산
- 제7-2규칙 Calculation of the factor si
- 제7-3규칙 침수율
- 제8규칙 여객선 복원성에 관한 특별요건

제8-1규칙 여객선의 침수 후 시스템 능력
제9규칙 여객선 및 탱커 이외의 화물선의 이중저
제10규칙 수밀격벽의 구조 제11규칙 수밀격벽 등의 최초시험
제12규칙 선수미 격벽과 기관구역 격벽, 축로 등
제13규칙 여객선의 격벽갑판 하부에서 수밀격벽의 개구
제13-1규칙 화물선의 수밀격벽 및 내부 갑판의 개구
제14규칙 화물차량 및 탑승자를 운송하는 여객선
제15규칙 여객선의 격벽갑판 및 화물선의 건현갑판 하방의 외판의 개구
제15-1규칙 화물선의 외부 개구
제16규칙 수밀 폐쇄장치의 구조 및 최초시험
제16-1규칙 수밀갑판, 트렁크 등의 구조 및 최초시험
제17규칙 여객선의 격벽갑판 상방의 내부 수밀 완전성
제17-1규칙 로로 여객선의 선체 및 선루의 보전성, 손상방지 및 제어
제18규칙 여객선에 대한 구획만재흘수선의 지정, 표시 및 기재
제19규칙 손상제어 자료 제20규칙 여객선의 적재
제20-3규칙 로로갑판의 출입 제20-4규칙 로로갑판 격벽의 폐쇄
제21규칙 여객선의 수밀문 등에 대한 정기적 작동 및 검사
제22규칙 물의 유입 방지 및 제어
제22-1규칙 2010년 7월1일 이후 건조된 36인 이상을 운송하는 여객선에 대한 침수탐지장치
제23규칙 로로 여객선의 특별 요건
제24규칙 화물선에서 물의 침입 등의 방지 및 제어
제25규칙 산적화물선 이외의 단일 화물창을 가진 화물선에의 수위 감지기
제26규칙 일반 제27규칙 기관
제28규칙 후진수단 제29규칙 조타장치
제30규칙 전동조타장치 및 전동유압조타장치에 대한 부가 요건
제31규칙 기관제어장치 제32규칙 증기보일러 및 보일러 급수장치
제33규칙 증기관장치 제34규칙 압축공기장치
제35규칙 기관구역의 통풍장치 제35-1규칙 빌지배출설비
제36규칙 소음에 대한 보호 제37규칙 선교와 기관구역간의 통신
제38규칙 기관사 호출장치 제39규칙 여객선 비상설비의 위치

3.2.2.1 주요 검사사항

화물선 안전구조에 관한 주요 검사대상 및 내용은 다음과 같다.

1) 적용

국제항해에 종사하는 총톤수 500톤 이상의 화물선에 적용한다.

2) 정기적 검사

(1) 연차검사 : 현상 및 작동(필요시) 상태 확인.

(2) 중간검사 : 현상 및 작동상태의 확인 및 개방/계측(필요시) 검사

(3) 정기검사 : 현상 및 작동상태의 확인 및 개방/계측

(4) 검사 항목

(a) 해당 문서, 보고서, 자료, 절차서, 매뉴얼, 기록 등

(b) 선체, 기관 및 설비 관련 사항

(c) 보일러, 압력용기 및 안전밸브

(d) CMS, Overdue 항목

(e) 화물고박장치(Cargo Securing Devices)

(f) ISM 관련 DOC 증서 사본 및 SMC 증서 비치

(g) 적하지침서 비치

(h) 유조선, 케미컬탱커 및 가스캐리어의 추가요건

(i) Bulk Carrier의 추가요건

3.2.3 화물선 안전설비 검사 (Cargo Ship Safety Equipment Survey (SE))

화물선 안전설비 검사는 SOLAS 협약의 다음 규정에 따른 사항을 검사하며 검사결과 관련 요건에 적합한 경우 '화물선 안전설비 증서 (Cargo Ship Safety Equipment Certificate)'를 발행한다.

1) 제1장 제8규칙 (화물선의 구명설비와 기타설비의 검사)

2) 제3장 (구명설비 및 장치)

3) 제5장 (항해 안전)

상기 규정 중 제3장 및 제5장에 대한 내용은 다음과 같다.

제3장 구명설비 및 장치

제1규칙 적용 | 제2규칙 면제
제3규칙 정의
제4규칙 구명설비 및 장치의 평가, 시험 및 승인
제5규칙 제조시험 | 제6규칙 통신
제7규칙 개인용 구명설비 | 제8규칙 비상배치표 및 비상지침
제9규칙 작동지침 | 제10규칙 생존정의 인원배치 및 감독
제11규칙 생존정의 소집 및 승정장치 | 제12규칙 진수위치
제13규칙 생존정의 탑재 | 제14규칙 구조정의 탑재
제15규칙 해상탈출설비의 설치 | 제16규칙 생존정의 진수 및 회수장치
제17규칙 구조정 승정, 진수 및 회수장치 | 제17-1규칙 해상으로부터 인명의 구조
제18규칙 구명줄 발사기 | 제19규칙 비상 훈련 및 연습
제20규칙 작동준비, 정비, 검사 | 제21규칙 생존정 및 구조정
제22규칙 개인용 구명설비 | 제23규칙 생존정 및 구조정의 승정장치
제24규칙 생존정의 탑재 | 제25규칙 소집장소
제26규칙 로로여객선에 관한 부가요건
제27규칙 여객에 대한 정보 | 제28규칙 헬기착륙 및 인양지역
제29규칙 여객선 선장을 위한 의사결정 지원제도
제30규칙 훈련 | 제31규칙 생존정 및 구조정
제32규칙 개인용 구명설비 | 제33규칙 생존정의 승정 및 진수장치
제34규칙 LSA 코우드 | 제35규칙 훈련지침서 및 선내훈련보조
제36규칙 선내정비를 위한 지침 | 제37규칙 비상배치표 및 비상지침
제38규칙 대체 설계 및 배치

제5장 항해 안전

제1규칙 적용 | 제2규칙 정의
제3규칙 면제와 동등물 | 제4규칙 항해 경보
제5규칙 기상업무 및 경보 | 제6규칙 유빙의 감시 업무
제7규칙 수색 및 구조 업무 | 제8규칙 구명 신호
제9규칙 수로 업무 | 제10규칙 선박의 항로
제11규칙 선박 보고 제도 | 제12규칙 선박 통항 관제

제13규칙 항해 보조 설비의 설치 및 운영
제14규칙 선박의 인원배치
제15규칙 선교 설계, 항해제도 및 설비의 설계 및 배치와 선교절차에 관한 원칙
제16규칙 설비의 유지보수
제17규칙 전자파 적합성
제18규칙 항해 시스템 및 설비 그리고 항해자료기록기의 승인, 검사 및 성능 기준
제19규칙 선박용 항해 시스템 및 장비의 운반 요구사항
제19-1규칙 선박의 장거리 식별 및 추적
제20규칙 항해자료 기록기 제21규칙 국제신호서 및 IAMSAR 메뉴얼
제22규칙 항해 선교의 시야 제23규칙 도선사용 승강장치
제24규칙 선수방위 및/또는 항적 제어장치
제25규칙 조타 장치의 작동 제26규칙 조타장치의 시험 및 훈련
제27규칙 해도 및 해사 간행물 제28규칙 항해 활동의 기록 및 일일보고
제29규칙 조난중인 선박, 항공기 또는 조난자가 사용할 구명신호
제30규칙 운항상의 제약 제31규칙 위험 통보
제32규칙 위험 통보에 필요한 정보 제33규칙 조난상황 : 임무와 절차
제34규칙 안전항해 및 위험상황의 회피 제34-1규칙 선장의 판단
제35규칙 조난 신호의 남용

3.2.3.1 주요 검사사항

화물선 안전설비에 관한 주요 검사대상 및 내용은 다음과 같다.

1) 적용

(1) 국제항해 모든 선박(총톤수 150톤 이상)
(2) 제2-1장 및 제2-2장은 GT 500톤 이상 선박
(3) 제3장은 GT 300톤 이상 선박
(4) 제5장은 GT 150톤 이상의 화물선(2000 SOLAS는 모든 선박)

2) 선내 비치 문서

(1) 화재제어도, 비상배치표, 비상지침서

(2) 생존정 작동지침서, 퇴선훈련 및 훈련지침서, 구명설비의 선내정비를 위한 지침서
(3) 해도 및 항해용 간행물, 국제신호서, IAMSAR
(4) Log Book, 항해활동의 기록, 구명신호, 정비계획서, 훈련 지침서

3) 항해장비 등

항해장비는 진수일 및 톤수에 따라 비치요건이 다르며 이들 주요 항해장비들의 종류는 다음과 같이 분류할 수 있다.

- Standard Magnetic Compass
- Spare magnetic compass
- Daylight signalling lamp
- Bridge navigational watch alarm system (BNWAS)
- Pelorus or Compass Bearing Device
- Means of correcting heading and bearings
- Nautical Charts and Nautical Publications
- Back-up Arrangement for ECDIS
- Receiver for a global navigation satellite system or terrestrial radio navigation system
- Sound reception system
- Telephone to emergency steering position
- Echo sounding device
- Electronic plotting aid
- Speed and distance measuring device (through the water)
- Properly adjusted transmitting heading device (THD)
- Automatic identification system(AIS)
- LRIT 정보전달장치
- Gyro compass
- Gyro compass heading repeater
- Gyro compass Bearing repeater
- Rudder, propeller, thrust, pitch and operational mode indicator
- Automatic tracking aid
- Radar (3GHz/9GHz)

- Automatic tracking aid
- Voyage data recorders
- Electronic Chart Display and Information System (ECDIS)
- Automatic radar plotting aid (ARPA)
- Heading or track control system
- Rate of turn indicator

4) 항해등

(1) Mast Light, Side Lights, Stern Light, Towing Light, Anchor Light, NUC Light, Etc.

5) 신호용구

(1) 주간신호등

(2) 음향신호장치 : 기적, 호종, 동라

(3) 기타 형상물 : 흑구, 원추형형상물, 원통형형상물, 다이아몬드형형상물

6) 승하선수단

(1) 현측사다리, 승정사다리, 도선사용 사다리

7) 구명설비 (Life Saving Appliances)

(1) 역반사 테이프

(2) 발사기 및 신호

(a) 구명줄 발사기

(b) 낙하산붙이신호

(c) 자기발연신호

(3) 개인용 구명설비

(a) 구명부환

(b) 구명동의

(c) 방수복

8) 구명정

(1) 구명정 비품

(2) 구명정 선체

(3) 수밀로커, 물탱크, 선저 플러그 또는 밸브

(4) 엔진 및 추진 시스템

(5) 스프링클러 시스템(설치된 경우)

(6) 자체 공기 공급장치(설치된 경우)

(7) 조종시스템

(8) 전원 공급 시스템

(9) 배수 시스템

구명설비의 가장 중요한 부분인 전폐형 구명정 부하이탈장치에 대하여는 자세히 파악할 필요가 있으며 이에 대한 자세한 내용은 PART 2, CHAPTER 6에 기술하였다.

9) 구명뗏목

(1) 구명뗏목 비품

(2) 이탈 및 강하에 대한 지침서

(3) 탑재위치

(4) Painter Line, Hydrostatic Release Unit, Weak link

(5) 선명 및 선적항 표시

10) 생존정(구명뗏목 및 구명정)/구조정용 진수 및 회수 설비

(1) 생존정의 진수와 회수장치

(2) Davit and Winches

(3) Falls

(4) 구명정의 Lifting hook

(5) 구명정의 Hanging- Off Pendants

(6) 구조정의 Foul weather recovery strop

(7) 구명정의 부하상태이탈기

11) 통신설비

(1) 쌍방향 VHF무선전화장치

(2) 레이더 트랜스폰더

(3) 선내통신 및 경보장치

(4) 비상등 (Emergency lighting)
(5) 추가의 구명뗏목용 조명장치

12) **기관구역의 화재 예방**
(1) 기관실의 청결상태
(2) 고압 연료유 파이프의 Shielding
(3) 배기 파이프 및 스팀파이프의 단열
(4) 누수 또는 누유에 대한 전기기기의 보호
(5) 기타 누유개소
(6) 신속차단밸브(Quick closing valves)

13) **소방원장구**
(1) 개인 장구
(2) 호흡구
(3) 구명줄
(4) 예비 공기병
(5) 재충전 수단
(6) 방폭형/본질안전형 양방향 휴대식 무전기

14) **갤리의 소화설비**
(1) 그리스트랩
(2) 방화댐퍼
(3) 배기용 송풍기 정지장치
(4) 고정식 가스소화장치
(5) 휴대용 소화기

3.2.4 화물선 안전무선 검사 (Cargo Ship Safety Radio Survey (SR))

화물선 안전무선 검사는 SOLAS 협약의 다음 규정에 따른 사항을 검사하며 검사결과 관련 요건에 적합한 경우 '화물선 안전무선 증서 (Cargo Ship Safety Radio Certificate'를 발행한다.

· 제1장 제9규칙 (화물선의 무선설비 검사)
· 제4장 (무선통신)

상기 규정중 제4장에 대한 내용은 다음과 같다.

제4장 무선통신

제1규칙 적용	제2규칙 용어 및 정의
제3규칙 면제	제4규칙 기능 요건
제4-1규칙 GMDSS 위성 제공자	제5규칙 무선통신 업무의 제공
제5-1규칙 전세계 해상조난 및 안전제도 식별부호	
제6규칙 무선설비	제7규칙 무선설비-일반
제8규칙 무선설비-A1해역	제9규칙 무선설비-A1 및 A2해역
제10규칙 무선설비-A1, A2 및 A3해역	
제11규칙 무선설비-A1, A2, A3 및 A4해역	
제12규칙 당직	제13규칙 전원
제14규칙 성능기준	제15규칙 정비요건
제16규칙 무선통신 담당자	제17규칙 무선일지
제18규칙 위치 최신화	

3.2.4.1 주요 검사사항

화물선 무선설비에 관한 주요 검사대상 및 내용은 다음과 같다.

1) 적용

총톤수 300톤 이상의 국제항해에 종사하는 화물선에 적용한다.

2) GMDSS

(1) GMDSS의 기본 기능

(a) 조난통보(Alerting) 의 송수신

(b) 수색구조통신

(c) 조난현장에서의 구조작업통신

(d) 조난선박/생존정이 발하는 위치표기신호의 송수신

(e) 항해경보 및 기상경보 등의 송수신

(f) 충돌방지를 위하여 선박간의 선교 대 선교 통신

(g) 일반통신

(2) GMDSS의 해역구분

(a) A1해역 : 계속적인 DSC 경보를 이용할 수 있는 최소한 하나의 VHF 해안국의 무선전화통신 범위(20~30마일)내의 해역

(b) A2해역 : 계속적인 DSC 경보를 이용할 수 있는 최소한 하나의 MF 해안국의 무선전화통신 범위(100마일)내의 해역

(c) A3해역 : 계속적인 경보를 이용할 수 있는 INMARSAT 정지궤도 위성의 통신범위(약 70°N와 70°S)내에서 A1 및 A2해역을 제외한 해역

(d) A4해역 : A1, A2 및 A3 해역을 제외한 해역(남극, 북극)

3) 비치 서류 및 문서

(1) 무선국허가장

(2) 무선종사자 자격증

(3) 무선일지

(4) 최신 ITU 책자

(5) 모든 GMDSS장비의 작동지침서

(6) 각 장비에 대한 정비지침(본선정비)

(7) 육상정비계약서(육상정비)

(8) 각 GMDSS설비의 형식승인/검정증서

(9) 406MHz 위성 EPIRB test 확인서

4) GMDSS 설비

(1) VHF/DSC

(a) 규정 채널에서의 작동

(b) 모든 전원(주전원/비상전원/예비전원)에서의 작동

(c) Two way VHF 무선전화와의 교신

(d) 자체시험(off-air) 등

(2) MF/HF DSC

(a) 모든 전원(주전원/비상전원/예비전원)에서의 작동

(b) 모든 주파수대역에서의 안테나 튜닝

(c) 육상국과의 정확한 통신

(d) 2182kHz 주파수에서의 무선전화경보신호발신기 작동

(e) NBDP의 작동

(f) 자체시험(off-air) 등

(3) Inmarsat 선박지구국

(a) 모든 전원(주전원/비상전원/예비전원)에서의 작동

(b) 자체시험(off-air) 등

(4) NAVTEX

(a) 수신메시지 또는 작동

(b) Self-test 시험 등

(5) EGC

(a) 수신메시지 또는 작동

(b) Self-test 시험 등

(6) HF NBDP

(a) 수신메시지 또는 작동

(b) Self-test 시험 등

(7) 406MHz EPIRB

(a) 자동이탈장치(상태, 유효기간)

(b) Self-test 시험 등

(8) Two-way VHF 무선전화설비

(a) 규정 채널(16 및 추가채널)에서의 타 무선전화와의 통신

(b) 1차전지 유효기간 및 2차전지의 충전기 등

(9) RADAR Transponder

(a) 설치위치 및 설치상태

(b) 선박의 9GHz 레이더와의 응답

(c) 배터리 유효기간 등

3.3 선박으로부터의 오염방지를 위한 국제협약

(MARPOL : International Convention for the Prevention of Pollution from Ships)

3.3.1 일반

선박으로부터의 오염방지를 위한 검사는 '1973년 선박으로부터의 오염방지를 위한 국제협약, 동 협약에 관한 1978년 의정서 및 73/78 MARPOL 협약의 개정을 위한 1997 의정서(이하 MARPOL 협약이라 한다)의 각 부속서(Annex)에서 요구하는 규정에 따른 사항을 검사하며 검사결과 관련 요건에 적합한 경우 각 부속서에서 정하는 증서를 발행한다.

MARPOL 협약은 크게 분류하면 다음과 같이 구성되어 있다,

- 1973년 선박으로부터의 오염방지를 위한 국제협약((Protocol of 1978 relating to the International Convention for the Prevention of Pollution from Ships, 1973))
- 부속서 I : 기름에 의한 오염방지를 위한 규칙
- 부속서 II : 산적 유해액체물질에 의한 오염규제를 위한 규칙
- 부속서 III : 포장된 형태로 선박에 의하여 운송되는 유해물질에 의한 오염방지를 위한 규칙
- 부속서 IV : 선박으로부터의 오수에 의한 오염방지를 위한 규칙
- 부속서 V : 선박으로부터의 폐기물에 의한 오염방지를 위한 규칙
- 부속서 VI : 선박으로부터의 대기오염방지를 위한 규칙

국제항해를 하는 선박으로 MARPOL 협약을 적용받는 선박은 협약의 각 부속서(Annex I~VI)에 규정된 내용에 적합하여야 하며, 각 부속서별로 요구되는 검사 종류는 다음과 같이 구분된다.

1) **국제기름오염방지 검사** International Oil Pollution Prevention Survey (IOPP)
2) **국제오수오염방지 검사** International Sewage Pollution Prevention Survey (ISPP)
3) **국제대기오염방지 검사** International Air Pollution Prevention Survey (IAPP)
4) **국제폐기물오염방지 검사** International Garbage Pollution Prevention Survey (IGPP)

3.3.2 국제기름오염방지 검사 (International Oil Pollution Prevention Survey (IOPP))

국제기름오염방지 검사는 MARPOL 협약 부속서 I에서 규정하는 사항을 검사하며 검사결과 관련 요건에 적합한 경우 '국제기름오염방지 증서(International Oil Pollution Prevention Certificate'를 발행한다.

3.3.2.1 부속서 I : 기름에 의한 오염방지를 위한 규칙

(Annex I : Regulation for the Prevention of Pollution by Oil)

제1장 : 일반
제2장 : 검사 및 증서발급
제3장 : 모든 선박의 기관구역에 대한 요건
제4장 : 유탱커의 화물구역에 대한 요건
제5장 : 기름오염 사고로부터 기름 오염의 방지
제6장 : 수용시설
제7장 : 고정식 또는 부유식 플랫폼에 대한 특별요건
제8장 : 해상에서 유탱커들간의 기름화물의 이송 중 오염의 방지
제9장 : 남극해에서 기름의 사용 또는 운송을 위한 특별요건
제10장 : 동 협약요건의 준수에 대한 검증
제11장 : 극지운항 선박에 대한 국제코드 (POLAR Code)
부속서 I 의 부록
　부록 I : 기름의 목록
　부록 II : 국제 기름 오염방지 증서 및 추록의 양식
　부록 III : 기름기록부의 양식
MARPOL 부속서 I 의 통일해석
　부록 1 : 길이 150미터 미만의 분리 평형수 탱커의 흘수의 권고에 관한 주관청을 위한 지침
　부록 2 : 제18.12-18.15규칙의 통일해석을 위한 잠정 권고
　부록 3 : 매니폴드밸브에 소구경관의 연결

부록 4 : 선외배출 억제를 위한 파트플로우시스템의 설계, 설비 및 조작을 위한 사양서
부록 5 : 고정식 또는 부유식 플랫폼으로부터의 배출

3.3.2.2 주요 검사사항

국제기름오염방지 검사에서 항상 검사의 대상이 되고 중요시 되고 있는 내용을 기술하면 다음과 같다.

1) 적용

(1) 별도 규정이 없는 한 모든 선박에 적용된다.

(2) 부속서 II의 적용을 받는 화물을 유탱커로 운송하는 경우 부속서 II의 해당 요건도 만족하여야 한다.

(3) 1982년 6월 1일 이전에 인도된, DWT 40,000톤 이상의 원유탱커에는 SBT 및 COW 요건을, 그리고 DWT 40,000톤 이상의 정제유운반선에는 SBT 또는 CBT 요건을 면제할 수 있다. 다만, 이 경우 규칙에서 요구하는 조건(협약 부속서 I, 1장 2규칙의 5 및 6항)을 만족하여야 한다.

2) 기관실내 슬러지탱크의 관련 요건

(1) 충분한 용량의 슬러지(유성잔류물) 탱크를 설치

(2) 표준배출연결구 또는 기타 승인된 수단에 의한 처분

(3) 유성잔류물(슬러지) 탱크에는 이송용 전용펌프 설치

(4) 슬러지 탱크의 입출구 배관은 표준배출연결구를 제외하고 선외로 직접 연결 금지

3) 기름필터링장치 관련 요건

기름필터링장치에 관한 자세한 내용은 PART 2, CHAPTER 6에 기술하였다.

4) 기름기록부 (Oil Record Book)

(1) 기름기록부(제I부/제II부) 비치

(2) 책임사관/선장의 서명 및 3년간 선내 보관

(3) 모든 유성혼합물의 배출 사고 및 OWS/ODMC 고장 기재

(4) 기름필터링장치 및 ODMC의 모든 고장사항 기록

5) 기름배출 감시 제어장치 (ODMC)

6) 유수경계면 검출기

7) 원유세정 (COW)

8) 화물유 기록부

9) 본선기름오염비상계획서 (SOPEP)

3.3.3 국제오수오염방지 검사 (International Sewage Pollution Prevention Survey (ISPP))

국제오수오염방지 검사는 MARPOL 협약의 부속서 IV에서 규정하는 사항을 검사하며 검사 결과 관련 요건에 적합한 경우 '국제오수오염방지 증서(International Sewage Pollution Prevention Certificate'를 발행한다.

국내오수오염방지 검사시 항상 검사의 대상이 되고 중요시 되고 있는 오수처리장치에 대한 자세한 내용은 PART 2, CHAPTER 6에 기술하였다.

부속서 IV의 주요 내용은 다음과 같다.

제1장 : 일반 제2장 : 검사 및 증서발급 제3장 : 장치 및 배출 제어 제4장 : 수용시설 제5장 : 항만국 통제 제6장 : 준수에 대한 검증 제7장 : 북극해역 운항선박의 국제코드 부록 : 증서

3.3.3.1 적용

1) 국제항해에 종사하는 총톤수 400톤 이상의 신조선
2) 국제항해에 종사하는 총톤수 400톤 이상의 선박 또는 최대탑재인원 15인 이상의 총톤수 400톤 미만의 선박

3.3.3.2 분뇨 배출 규제

분뇨처리 (SEWAGE PROCESS)	모든 선박		
	가장 가까운 육지로부터 12해리 이상	4해리 이상 ~ 12해리 미만	4해리 미만
정화/처리하지 않은 분뇨	허용	금지	금지
분뇨처리장치를 조작중인 경우 유출액이 눈으로 볼 수 있는 고형물을 생기게 하거나 변색을 야기할 때	허용	금지	금지
분뇨처리장치를 조작중인 경우 유출액이 눈으로 볼 수 있는 부유 고형물을 생기게 하지 않거나 변색을 야기하지 않는 경우	허용	허용	허용
소독하거나 분해한 분뇨	허용	허용	금지

3.3.3.3 Seawage Treatment Plant 주요 결함 사항

1) 탱크 내 Air Blower Pipe 손상 및 막힘
2) Sewage Return Pipe 막힘
3) 탱크 내부 부식 및 파공
4) Air Blower 작동 불량
5) 약품 공급시스템 불량
6) 약품 부족 또는 미보유
7) 담당사관의 친숙화 부족
8) Overboard Valve 고착

3.3.4 국제대기오염방지 검사 (International Air Pollution Prevention Survey (IAPP))

국제대기오염방지 검사는 MARPOL 협약의 부속서 VI에서 규정하는 사항을 검사하며 검사 결과 관련 요건에 적합한 경우 '국제대기오염방지 증서(International Air Pollution Prevention Certificate'를 발행한다.

부속서 VI의 주요 내용은 다음과 같다.

부속서 VI : 선박으로부터의 대기오염방지를 위한 규칙 제1장 : 일반사항 제2장 : 검사, 증서발행 및 통제조치 제3장 : 선박으로부터의 배출의 통제를 위한 규정 제4장 : 국제항해에 종사하는 선박의 탄소 집약도에 관한 규정 제5장 : 준수에 대한 검증 부록 I : IAPP 증서의 양식

3.3.4.1 주요 검사사항

협약 내용에 대한 주요 검사대상 및 내용은 다음과 같다.

1) 오존층파괴물질 (Ozone Depleting Substances)

(1) 적용 : 총톤수 400톤 이상 모든 선박에 적용

(2) 선내 비치 문서

(a) 오존층파괴물질을 포함하는 장비의 목록

(b) 오존층파괴물질 기록부(Ozone Depleting Substances Record Book)

(3) 아래 오존층파괴물질의 고의적인 배출을 금지함.

(a) Halon(1211/1301/2402(or 114B2)

(b) CFCs(R-11 / R-12 / R-13 / R-113 / R-114 / R-115 / R-500 / R-501 / R-502 / R-503 / R-505 / R-506 등)

(c) HCFCs(R-22 / 123 / 124 / 141b / 142b / 401A / 402A / 403A / 405A / 406A / 408A / 409A / 411A / 412A /509A

2) 질소산화물 (NOx)

(1) 적용

(a) 선박에 설치되는 출력 130kW를 초과하는 선박용 디젤엔진.

(b) 주요 개조가 이루어지는 출력 130kW를 초과하는 선박용 디젤엔진(2000.1.1. 이후)

(c) 국제항해 종사 선박에 출력 130kW 초과 디젤엔진(총톤수>400톤, 2000.1.1 이후 건조 선박)

(2) 적용 기준

<table>
<tr><th rowspan="2">적용시기</th><th>Tier 1</th><th>Tier 2</th><th>Tier 3</th></tr>
<tr><td>2000.1.1
≤ 본선 K/L <
2011.1.1</td><td>2011.1.1
≤ 본선 K/L <
2016.1.1</td><td>2016.1.1
≤ 본선 K/L</td></tr>
</table>

(4) 선내 비치 문서

(a) Diesel engine별 EIAPP 증서(또는 EIAPP 적합확인서)

(b) Diesel engine별 승인된 Technical file

(c) Diesel engine별 엔진 파라메타기록부(Record book of engine parameter)

(d) Log Book 기재사항

3) 황산화물(SOx)

(1) 적용 : 총톤수 400톤 이상 모든 선박

(2) 선내 비치 문서

(a) 연료유 공급서(Bunker Delivery Note)

(b) 연료유 대표 샘플

(c) 연료유 전환절차서

(d) Log Book 기재사항

(e) SOx용 배기가스 세정장치가 설치된 경우, 관련 문서 승인

(3) 황함유량 규제범위

<table>
<tr><th colspan="2">적용 지역</th><th colspan="3">적용 년도 및 황함량 제한 기준</th></tr>
<tr><td colspan="2" rowspan="2">모든 해역 (Global Limit)</td><td>2012.1.1 전</td><td>2012.1.1 이후</td><td>2020.1.1 이후</td></tr>
<tr><td>4.5% m/m 이하</td><td>3.5% m/m 이하</td><td>0.5% m/m 이하</td></tr>
<tr><td rowspan="6">황산화물
배출
통제해역</td><td rowspan="2">북해, 발틱해역</td><td>2010.7.1 전</td><td>2010.7.1. 이후</td><td>2015.1.1 이후</td></tr>
<tr><td>1.5% m/m 이하</td><td>1.0% m/m 이하</td><td>0.1% m/m 이하</td></tr>
<tr><td rowspan="2">북아메리카 해역</td><td>2012.8.1 전</td><td>2012.8.1 이후</td><td>2015.1.1 이후</td></tr>
<tr><td>모든 해역에 적용되는
황 함유량 제한치</td><td>1.0% m/m 이하</td><td>0.1% m/m 이하</td></tr>
<tr><td rowspan="2">미국령 Puerto Rico,
Virgin Islands 연안</td><td>2014.1.1 전</td><td>2014.1.1 이후</td><td>2015.1.1 전이후</td></tr>
<tr><td>모든 해역에 적용되는
황 함유량 제한치</td><td>1.0% m/m 이하</td><td>0.1% m/m 이하</td></tr>
</table>

4) 휘발성유기화합물 (Volatile organic compounds = VOCs)

(1) 적용 : 총톤수 400톤 이상 모든 선박

(2) 선내 비치 문서

(a) VEC 적합확인서(유증기 배출제어시스템이 설치된 유탱커의 경우)

(b) VOC Management Plan(원유운송 탱커선의 경우)

5) 선내 소각기 (Shipboard Incinerator)

(1) 승인된 소각기 설치

(2) 작동 설명서 비치

3.3.5 국제폐기물오염방지 검사 (International Garbage Pollution Prevention Survey (IGPP))

국제폐기물오염방지 검사는 MARPOL 협약의 부속서 V에서 규정하는 사항을 검사하며 검사결과 관련 요건에 적합한 경우 '국제폐기물오염방지 증서(International Garbage Pollution Prevention Certificate'를 발행한다.

부속서 V의 주요 내용은 다음과 같다.

부속서 V : 선박으로부터의 폐기물에 의한 오염방지를 위한 규칙 제1장 : 일반사항 제2장 : 준수에 대한 검증 제3장 : 극지해역을 운항하는 선박에 대한 국제코드

3.3.5.1 주요 사항

1) 폐기물의 정의

(1) 부속서에 정의되어 있거나 열거된 물질

(2) 선박의 통상의 운항중에 발생하고 연속적으로 또는 주기적으로 처분되는 모든 종류의 음식쓰레기, 생활쓰레기, 운항상쓰레기

(3) 모든 플라스틱, 화물 잔류물, 식용유, 어구 및 동물 사체

(4) 항해 중에 이루어지는 어업 활동, 또는 양식 설비에 설치하기 위한 갑각류를 포함하여 어류의 이송 및 처리를 위해 이러한 시설에서 육상으로 이송을 포함하는 양식 활동에 따라 발생하는 신선한 어류 및 그 일부는 포함하지 않는다.

2) 폐기물의 처분

(1) 허용되는 경우를 제외하고는 해상으로의 폐기물 처분은 금지

(2) 폐기물의 처분에 관한 특별 요건 : 육지로부터 12해리 이상 떨어진 platform 및 여기에 접안되어 있는 선박 또는 이러한 platform으로 부터 500미터 범위 안에 있는 모든 선박으로부터 25밀리미터 이하의 크기로 분쇄한 음식쓰레기의 배출 외에는 어떠한 쓰레기의 배출도 금지된다.

(3) 남극 해역을 항행하는 모든 선박은 남극 해역 내에 머무는 동안에 발생된 쓰레기를 선내에 저장하기 위한 충분한 크기의 쓰레기 저장고를 갖추어야 하며 이러한 쓰레기를 차후 육상 수용시설에 배출하기 위한 계약서를 체결하여 이를 선내에 보관하여야 한다.

(4) 폐기물의 처분 기준

<table>
<tr><th rowspan="2">폐기물 종류</th><th colspan="2">해상구조물을 제외한 모든 선박</th><th rowspan="2">해상
구조물</th></tr>
<tr><th>특별해역 외
(거리는 가장 가까운 육지로부터)</th><th>특별해역 내 및 극지해역
(거리는 가장 가까운 육지 또는 빙붕으로부터)</th></tr>
<tr><td>분쇄되거나 연마된 음식물 쓰레기</td><td>항해 중 3해리 이상</td><td>항해 중 12해리 이상</td><td>투기가능</td></tr>
<tr><td>분쇄되거나 연마되지 않은 음식물 쓰레기</td><td>항해 중 12해리 이상</td><td>투기금지</td><td>투기금지</td></tr>
<tr><td>세정수가 포함되지 않는 화물잔류물</td><td>항해 중 12해리 이상</td><td>투기금지</td><td>투기금지</td></tr>
<tr><td>세정수가 포함된 화물잔류물</td><td></td><td>항해 중 12해리 이상
(단, 협약 6.1.2규칙 및 Polar Code Part II-A의 5.2.1.5 항에 따름)</td><td></td></tr>
<tr><td>화물창 세정수에 포함된 세정제 및 세정 첨가제</td><td rowspan="2">투기가능</td><td>항해 중 12해리 이상
(단, 협약 6.1.2규칙 및 Polar Code Part II-A의 5.2.1.5 항에 따름)</td><td>투기금지</td></tr>
<tr><td>갑판 및 선체외부의 세정수에 포함된 세정제 및 세정 첨가제</td><td>투기가능</td><td>투기금지</td></tr>
<tr><td>동물사체(해체 또는 즉시 가라앉도록 조치 필요)</td><td>항해 중 100해리 초과 최대 수심 투기</td><td>투기금지</td><td>투기금지</td></tr>
<tr><td>모든 기타 폐기물(플라스틱, 합성로프, 어구, 플라스틱제의 쓰레기봉지, 소각재, 벽돌, 식용유, 부유성던니지, 라이닝 및 포장물질, 종이, 넝마, 유리, 금속, 병, 도자기 및 기타 유사한 폐물)</td><td>투기금지</td><td>투기금지</td><td>투기금지</td></tr>
</table>

3) 폐기물 오염 방지 설비

(1) 분쇄기(Comminuter) 또는 연마기(Grinder/Waste Disposer)

(2) 소각기

(3) 압축기 및 쓰레기 저장 설비

4) 폐기물 Placard의 비치

5) 폐기물 관리계획서 (GMP=Garbage Management Plan)의 비치

6) 폐기물기록부를 비치

3.4 선박 유해 방오시스템의 규제에 관한 국제협약 (International Anti-fouling System Survey (IAFS))

국제방오시스템 검사는 '선박유해방오시스템의 규제에 관한 국제협약(International Convention on the Control of Harmful Anti-fouling Systems on Ships)에서 규정하는 사항을 검사하며 검사결과 관련 요건에 적합한 경우 '국제방오시스템검사 증서(International Anti-fouling System Certificate'를 발행한다.

3.4.1 협약의 구성

선박유해방오시스템의 규제에 관한 국제협약 (International Convention on the Control of Harmful Anti-fouling Systems on Ships)

Articles : 선박유해방오시스템의 규제에 관한 국제협약, 2001

Annexes :

Annex 1 : 방오 시스템의 규제

Annex 2 : 최초 제안에 대해 요구되는 요소

Annex 3 : 포괄적인 제안서에 요구되는 요소

Annex 4 : 방오시스템에 대한 검사와 증서

Appendix 1 to Annex 4 : 국제 방오시스템 증서의 모델 양식 국제 방오시스템 증서

Resolution 1 :	Early and effective application of the International Convention on the Control of Harmful Anti-fouling Systems on Ships
Resolution 2 :	Future work by the organization pertaining to the international convention on the control of harmful Anti-fouling systems on ships
Resolution 3 :	Approval and test methodologies for anti-fouling systems on ships
Resolution 4 :	Promotion of technical cooperation

3.4.2 개요

1) 일반사항

(1) AFS 협약 : 2001.10.5. 채택 및 2008.9.17. 발효 됨
(2) AFS 협약의 '총톤수'는 1969 ITC 협약에 따른 총톤수를 적용
(3) AFS 협약 발효 이후, 국제항해 모든 선박은 "국제방오시스템 증서" 또는 "방오시스템선언서"를 선박에 비치

2) 적용

(1) 국제항해 모든 선박(단, 고정식/부양식 플랫폼, FSU 그리고 FPSOs를 제외)
(2) 국제방오시스템 협약에 따른 검사대상
  (a) 국제방오시스템 증서 보유 대상 선박
  (b) 방오시스템 선언서 보유 대상 선박

3) 최초검사

(1) 신조선 검사
  (a) 제출된 문서의 적합성 확인
  (b) 형식승인 방오시스템 미적용의 경우 샘플링 분석을 통한 적합성 확인
(2) 현존선 검사
  (a) 유기주석(TBT ; Tributyltin)이 함유된 방오시스템을 적용한 현존선의 경우 입거시 다음 중 한가지를 만족하여야 한다.
    ① 방오시스템의 선체 외부 표면에서의 완전 제거 후 적합한 방오시스템의 적용

② 이전 방오시스템에 대한 완전 밀봉도장 후 적합한 방오시스템의 적용

(b) 방오시스템이 변경 또는 교체될 때 마다 증서를 재발행하지 않고, '기록의 이서'를 작성하여 원래의 증서에 첨부한다.

CHAPTER

4 기국검사 (Flag Inspection)

기국(Flag)은 국기를 게양할 수 있는 자격이 있는 국가를 말하며 해당 선박의 관리 및 선박업무를 담당하는 국가를 의미한다.

선박은 보통 선박 소유자의 국가를 기국으로 선택하고 있으며, 상업적 이익이나 계약상의 고려사항들에 의하여 선박의 국가를 결정하기도 하고 선박 소유자와 다른 국가에 선박을 등록하는 편의치적 국가를 선택할 수도 있다. 이 중 선박을 등록하는 국가를 선택하는 본래 목적은 선박 무역 과정에서 발생할 수 있는 법적 문제를 해결하는 것이다.

선박은 국제해상규칙과 규정에 따라 국가가 정한 모든 해양규칙 및 규정을 준수하여야 하며 기국은 자국의 국기 게양권을 부여받은 모든 선박에 대해 국제 해양규칙을 적용하고 또한 이를 시행하는 것에 대한 전반적인 책임을 진다.

선박의 안전한 운항과 선원들의 안전 및 복지에 대한 일차적인 책임은 해운 선사들에게 있지만 국가도 해상에 있어서의 인명 안전과 해양환경 보호에 중요한 역할을 한다. 국기를 게양하는 모든 선박에 대한 국제 해양규칙의 시행에 대한 전반적인 책임을 지는 것은 기국이다. 따라서 선박의 기술적, 사회적 측면에 대한 기국의 효과적인 규제는 안전한 선박 운항과 해양오염의 방지 및 선원의 고용 조건을 보장하기 위해 필수적이다.

모든 선박은 반드시 국가에 등록을 하여야 한다. 한 국가에 등록된 선박은 그 국가의 국기를 게양하여야 하며 또한 그 국가에서 시행하는 규칙과 규정을 따라야 한다.

선박은 등록이 되어 있는 국가 즉, 기국 해양법의 규정을 준수하여야 조세, 인증, 보안 등 다양한 보호와 특혜를 받을 수 있게 된다.

기국검사는 선박이 등록되어있는 국가 즉 기국에서 시행하는 검사를 말한다. 기국검사는 관련된 국가가 공통적으로 적용하는 협약검사와는 달리 기국에서 독자적으로 정한 규정을 선박이 적합하게 유지되고 있는지를 확인하는 검사이다.

이러한 기국검사는 기국 검사원에 의하여 시행하지만 여러 선급 또는 자국의 선급에게만 검사권한을 위임하여 기국검사를 대행하도록 하기도 한다. 대한민국의 경우 기국검사에 관련한 선박안전법의 일부 사항을 한국선급(KR) 및 프랑스선급(BV)에 권한을 위임하여 검사를 시행하도록 하고 있다.

각 기국마다 정하고 있는 규정은 그 국가의 특성을 반영한 법령으로 공표되어 시행하고 있기 때문에 각 나라마다 다르고 또한 그 내용들이 통일되어 있지는 않다.

따라서 여기서는 대한민국의 법령을 예로 설명한다.

대한만국 정부에서 규정하고 있는 선박검사에 관한 법령은,

- 선박안전법
- 해양환경관리법
- 전파법

등이 있다.

선박안전법에 의한 검사의 종류는 다음과 같으며 이들 검사에 대한 내용을 간략히 소개한다.

4.1 검사의 종류

1) 건조검사
2) 정기검사
3) 중간검사(제1종 중간검사, 제2종 중간검사)
4) 임시검사
5) 임시항해검사
6) 국제협약검사
7) 유조선 등에 대한 강화검사
8) 예인선에 대한 예인선 항해검사
9) 특별검사

PART 01 선박검사의 이해

4.2 주요 검사사항

4.2.1 건조검사

선박을 건조하고자 하는 경우에는 건조착수 시부터 선박에 설치되는 다음 시설에 대하여 건조검사를 받아야 한다.

(1) 선체
(2) 기관
(3) 돛대
(4) 배수설비
(5) 조타설비
(6) 계선설비
(7) 양묘설비
(8) 구명설비
(9) 소방설비
(10) 거주설비
(11) 위생설비
(12) 항해설비
(13) 위험물 기타 산적화물의 적부 설비
(14) 하역 기타 작업설비
(15) 전기설비
(16) 원자력설비
(17) 컨테이너설비
(18) 승강설비
(19) 냉동.냉장 및 수산물처리가공설비
(20) 선박의 종류.기능에 따라 설치되는 특수한 설비로써 해양수산부장관이 인정하는 설비

4.2.2 정기검사

4.2.2.1 검사 시기

선박을 최초로 항행에 사용할 때 또는 선박검사증서 유효기간(5년)이 만료된 때 선박의 모든 시설과 만재흘수선 및 무선설비에 대하여 행하는 검사이며 정기검사의 시기는 원칙적으로 차기 정기검사 기준일 3월 이내에 실시한다.

4.2.2.2 검사 준비사항

대표적인 정기검사 준비사항은 다음과 같다.

1) 선체에 관한 준비

(1) 입거 또는 상가를 할 것

(2) 타를 들어 올리거나 빼낼 것
(3) 선체에 붙어있는 해초 · 조개류 등을 깨끗이 떼어낼 것
(4) 선체 내부에 있는 화물 및 고형밸러스트를 떼어낼 것
(5) 선체 내부의 선체에 고착되지 아니하는 물품을 정리할 것
(6) 탱크의 맨홀을 열어 놓고 내용물 및 위험성가스를 배출할 것
(7) 화물구획의 내장판의 일부를 떼어낼 것
(8) 갑판피복 및 선저 시멘트의 일부를 떼어낼 것
(9) 강재 선체 주요부의 녹을 떨어내고 두께를 측정할 수 있도록 할 것
(10) 선체 내외부의 적당한 장소에 안전한 발판을 설치할 것
(11) 재료시험의 준비를 할 것(처음으로 검사를 받는 경우로 한정한다)
(12) 비파괴검사의 준비를 할 것
(13) 압력시험 및 하중시험의 준비를 할 것
(14) 수밀문 · 방화문 등 폐쇄장치 효력시험의 준비를 할 것
(15) 유조선 · 산적화물선 또는 위험물산적운송선의 경우에는 다음의 준비를 추가할 것
  (a) 화물창, 평형수탱크, 그 밖의 밀폐구역의 위험성가스를 충분히 배출할 것
  (b) 선박검사 시 부식 · 변형 · 균열 등 손상에 따른 결함이 잘 보이도록 물 · 녹 · 오물 · 기름잔류물 등을 제거하고 충분한 조명설비를 준비할 것
  (c) 밀폐된 구역의 검사 시 안전을 확보할 수 있도록 상갑판에 연락책임자를 배치하고 선박 검사관과의 통신장비를 설치할 것
  (d) 다음의 서류를 선내에 갖추어 두고 선박검사관에게 제시할 것
    ① 선체요목서
    ② 최종회 검사 시에 실시된 판두께 측정보고서
    ③ 화물창 및 평형수탱크의 주요 구조도면 및 사용기록
    ④ 화물창 및 평형수탱크의 도장상태에 관한 검사기록
    ⑤ 불활성가스장치의 사용범위와 탱크세정절차에 관한 서류
    ⑥ 화물창, 평형수탱크 및 관장치의 수리기록

2) 기관에 관한 준비

(1) 주기관
  (a) 내연기관
    ① 실린더커버를 떼어내고 피스톤 및 실린더라이너를 들어낼 것

② 실린더커버 · 피스톤 및 실린더의 냉각부를 검사할 수 있도록 분해할 것

③ 크랭크암의 개폐량을 잴 수 있도록 할 것. 다만, 고속기관에 대하여는 그러하지 아니하다.

④ 크랭크축의 베어링의 상반 또는 하반과 크로스헤드핀 및 크랭크핀의 베어링을 떼어낸 후 크랭크축을 회전할 수 있도록 하고, 크랭크축과 크랭크암과의 접합부를 검사하기 곤란한 경우에는 크랭크축을 들어올려 놓을 것

⑤ 배기터빈과급기 및 소기장치의 내부를 검사할 수 있도록 개방하고 작동 부분을 들어낼 것

⑥ 작동에 직접 관계있는 중요한 밸브를 분해할 것

(b) 가스터빈

① 터빈 및 압축기 차실의 상반을 떼어내고 로터를 들어 올려 놓을 것

② 연소기 및 열교환기의 내부를 검사할 수 있도록 분해할 것

③ 작동에 직접 관계있는 중요한 밸브를 분해할 것

(c) 증기터빈

① 터빈 차실의 상반을 떼어내고 로터를 들어올려 놓을 것

② 축, 글랜드, 추력조정베어링, 오일드레인 및 실링관을 검사할 수 있도록 분해할 것

③ 작동에 직접 관계가 있는 중요한 밸브를 분해할 것

(2) 추진축계

(a) 프로펠러를 빼내고 프로펠러축(선미관축을 포함하며, 워터제트 추진장치의 경우에는 주축을 말한다)을 뽑아낼 것. 다만, 워터제트 추진장치의 경우 다음의 사항을 확인할 수 있도록 준비한 후, 확인결과에 따라 상태가 양호하다고 인정되면 주축을 뽑아내지 않을 수 있다.

① 커플링 볼트의 상태

② 주축의 선수축 및 선미측 베어링 상태

③ 임펠러 보스와 주축의 접촉부분의 상태(키 및 스플라인으로 부착한 경우)

④ 임펠러 상태

⑤ 주축 선수축 밀봉장치의 주요부분

⑥ 개방된 스러스트 베어링 상태

(b) 각 베어링의 상반 또는 커버 및 스러스트패드를 빼내고 각 축을 회전할 수 있도록 할 것

(c) 선미관 후단의 경우 축과 지면재의 틈을 잴 수 있도록 할 것

(d) 가변 피치프로펠러의 프로펠러 내부의 변절기구 또는 회전 부분을 검사할 수 있도록 분해하고 각 날개를 떼어낼 것

(e) 가변 피치프로펠러에 부속된 조정밸브 및 변절유펌프를 검사할 수 있도록 분해할 것

(f) 동력전달장치를 분해할 것

(3) 보일러 및 압력용기

(a) 보일러의 내부 및 화염이 닿는 부분과 압력용기의 내부를 청소한 후 맨홀, 청소구멍 및 검사구멍의 커버를 떼어내고, 부속된 중요한 밸브 및 콕을 분해할 것

(b) 보일러의 스모크박스도어를 열어 놓을 것

(c) 보온재 등 보일러의 바깥 부분을 떼어내고 판 및 관의 두께를 잴 수 있도록 할 것

(4) 보조기관

(a) 선박의 추진에 관계있는 발전기 또는 보기를 구동하는 보조기관은 주기관에 준한 준비를 할 것

(b) (a)외의 보조기관으로서 선박의 항해에 관계있는 보기를 구동하는 보조기관은 실린더커버, 크랭크축베어링의 상반, 크랭크핀베어링, 그 밖의 주요한 베어링을 떼어낼 것

(5) 보기 및 관장치

(a) 보기의 내부를 검사할 수 있도록 개방하고 작동 부분을 빼낼 것

(b) 연료유탱크, 여과기, 밸브, 콕, 그 밖의 관장치의 내부를 검사할 수 있도록 개방할 것

(6) 비품은 적당한 장소에 진열할 것

(7) 재료시험, 용접시공시험, 평형시험, 축기시험 및 육상 시운전의 준비를 할 것

(8) 비파괴검사의 준비를 할 것

(9) 압력시험, 효력시험 준비를 할 것

3) 배수설비에 관한 준비

(1) 펌프의 플런저, 피스톤, 임펠러, 그 밖의 작동 부분을 빼내고, 밸브케이싱을 분해할 것

(2) 최고 항해흘수선 이하에서 선외로 통하는 밸브 및 콕을 분해할 것

(3) 로즈박스 및 머드박스를 분해할 것

(4) 압력시험의 준비를 할 것

(5) 효력시험의 준비를 할 것

4) 조타, 계선 및 양묘설비에 관한 준비

(1) 닻, 닻쇠사슬 또는 로프와 계선용 로프를 적당한 장소에 진열할 것

(2) 재료시험 및 압력시험의 준비를 할 것

(3) 효력시험의 준비를 할 것

5) 구명 및 소방설비에 관한 준비

(1) 떼어내어 검사하여야 하는 것은 떼어내어 적당한 장소에 진열할 것

(2) 재료시험 및 압력시험의 준비를 할 것

(3) 효력시험 또는 현상검사의 준비를 할 것

6) 항해설비에 관한 준비

(1) 떼어내어 검사하여야 하는 것은 떼어내어 적당한 장소에 진열할 것

(2) 효력시험의 준비를 할 것

7) 위험물이나 그 밖의 산적화물의 적부설비에 관한 준비

(1) 탱크의 맨홀을 열고, 내용물 및 위험성가스를 배출할 것

(2) 탱크 내외의 적당한 장소에 안전한 발판을 설치할 것

(3) 재료시험, 용접시공시험 및 압력시험의 준비를 할 것

(4) 비파괴검사의 준비를 할 것

(5) 효력시험의 준비를 할 것

8) 하역이나 그 밖의 작업설비에 관한 준비

(1) 내부의 주요 부분을 검사할 수 있도록 분해할 것

(2) 하중시험의 준비를 할 것

(3) 압력시험의 준비를 할 것

9) 전기설비에 관한 준비

(1) 방수시험, 방폭시험 및 완성시험의 준비를 할 것

(2) 효력시험의 준비를 할 것

10) 컨테이너설비에 관한 준비

(1) 하중시험의 준비를 할 것

11) 승강설비에 관한 준비

(1) 내부의 주요 부분을 검사할 수 있도록 분해할 것

(2) 하중시험의 준비를 할 것

12) 복원성시험에 관한 준비 (최초검사 또는 개조/변경으로 복원성 시험이 필요한 경우)

(1) 장소는 바람 · 파랑 · 조류 등의 영향이 적은 곳을 택할 것

(2) 실시 중에 예상되는 외력에 따른 영향을 피할 수 있도록 계류 그 밖에 적절한 조치를 취할 것

(3) 완성 시에 탑재할 설비나 그 밖의 물건은 선내의 정위치에 탑재할 것

(4) 완성 시에 탑재하지 아니하는 설비나 그 밖의 물건으로서 복원성시험에 필요하지 아니하는 것은 선내에서 제거할 것

(5) 상기 요건에 따르기 곤란한 경우에는 정위치에 탑재하지 아니하였거나 제거하지 못한 물건에 대하여 그 중량 및 탑재위치에 관한 상세한 자료를 작성할 것

(6) 모든 탱크를 비우거나 채우고, 탱크 외의 물 · 기름 등을 제거할 것

(7) 탱크를 비우거나 채우기 곤란한 경우에는 탱크내 액체의 자유표면에 따른 영향을 정확히 산정하기 위한 자료를 작성할 것

(8) 이동하기 쉬운 탑재물은 복원성시험 실시 중에 이동하지 아니하도록 고정 할 것

(9) 선박의 계획트림 외에는 가급적 트림을 적게 할 것

(10) 선박을 횡경사시키기에 적당한 중량의 것으로서 그 중량이 정확하게 측정된 이동중량물을 선박에 탑재할 것

(11) 측정을 위하여 추를 사용하는 경우에는 가급적 추의 길이를 길게 하고, 그 동요를 적게 하기 위한 시험수조를 준비할 것

13) 거주 및 위생설비에 관한 준비

(1) 효력시험 또는 현상검사의 준비를 할 것

14) 만재흘수선 및 무선설비에 관한 준비

(1) 효력시험 또는 현상검사의 준비를 할 것

15) 냉동, 냉장 및 수산물처리가공설비에 관한 준비

(1) 효력시험 또는 현상검사의 준비를 할 것

16) 해상 시운전의 준비

4.2.3 제1종 중간검사

4.2.3.1 검사 시기

정기검사와 정기검사 사이의 중간 2번째 또는 3번째 년도에 행하는 검사이며 선급에서 시행하는 정기적검사 중 중간검사와 유사하다.

4.2.3.2 검사 준비사항

대표적인 제1종 중간검사 준비사항은 다음과 같다.

1) 선체에 관한 준비

4.2.2.2의 1)의 (1)~(3)호, (10)호 및 (15)호의 준비를 할 것

2) 기관에 관한 준비

(1) 주기관

(a) 내연기관

① 실린더커버를 떼어낼 것

② 크랭크암의 개체량을 잴 수 있도록 할 것. 다만, 고속기관에 대하여는 그러하지 아니하다.

③ 크랭크축의 베어링의 상반 또는 하반과 크랭크핀 베어링을 떼어낸 후 크랭크축을 회전할 수 있도록 하고, 크랭크축과 크랭크암과의 접합부를 검사하기가 곤란한 경우에는 크랭크축을 들어올려 놓을 것

④ 배기터빈 과급기 및 소기장치의 내부를 검사할 수 있도록 개방할 것

(b) 가스터빈 및 증기터빈은 터빈 및 압축기 차실의 상반과 로터베어링의 상반을 떼어낸 후 로터를 회전할 수 있도록 할 것

(2) 추진축계

(a) 프로펠러를 빼내고 프로펠러축(선미관축을 포함하며, 워터제트 추진장치의 경우에는 주축을 말한다)을 뽑아낼 것. 다만, 워터제트 추진장치의 경우 다음의 사항을 확인할 수 있도록 준비한 후, 확인 결과에 따라 상태가 양호하다고 인정되면 주축을 뽑아내지 않을 수 있다.

① 커플링 볼트의 상태

② 주축의 선수축 및 선미측 베어링 상태

③ 임펠러 보스와 주축의 접촉부분 상태(키 및 스플라인으로 부착한 경우)

④ 임펠러 상태

⑤ 주축 선수축 밀봉장치의 주요부분

⑥ 개방된 스러스트 베어링 상태

(b) 각 축 베어링의 상반 또는 커버 및 스러스트베어링을 떼어내고 각 축을 회전할 수 있도록 할 것

(c) 선미관 후단에 있어서 축과 지면재와의 틈을 잴 수 있도록 할 것

(d) 가변 피치프로펠러의 프로펠러 내부의 변절기구 또는 회전 부분을 검사할 수 있도록 분해하고, 날개를 한 장 떼어낼 것

(e) 감속장치 기어의 톱니를 검사할 수 있도록 분해할 것

(3) 보일러

(a) 보일러의 내부 및 화염이 닿는 부분과 압력용기의 내부를 청소한 후 맨홀, 청소구멍 및 검사구멍의 커버를 떼어내고, 부속된 중요한 밸브 및 콕을 분해할 것

(b) 보일러의 스모크박스 도어를 열어 놓을 것

(c) 보온재 등 보일러 바깥 부분의 일부를 떼어내고, 판과 관의 두께를 잴 수 있도록 할 것

(4) 선박의 추진 및 항해와 관계있는 발전기 또는 선박의 추진과 관계있는 보기를 구동하는 보조기관은 (1)호의 준비를 할 것

(5) 보기 및 관장치

(a) 보기의 내부를 검사할 수 있도록 개방하고 작동 부분을 빼낼 것

(b) 연료유탱크, 여과기, 밸브, 콕, 그 밖의 관장치의 내부를 검사할 수 있도록 개방할 것. 다만, 경질유(중질유가 아닌 원유 또는 연료유를 말한다)를 사용하는 선박에 대해서는 내부 검사를 위한 개방준비를 면제할 수 있다.

(6) 비품은 적당한 장소에 진열할 것

(7) 효력시험 및 도기시험의 준비를 할 것

3) 배수설비에 관한 준비

4.2.2.2의 3호의 준비를 할 것

4) 조타, 계선 및 양묘설비에 관한 준비

닻, 닻쇠사슬 또는 로프와 계선용 로프를 적당한 장소에 진열할 것

5) 구명 및 소방설비에 관한 준비

(1) 떼어내어 검사하여야 하는 것은 떼어내어 적당한 장소에 진열할 것

(2) 효력시험 또는 현상검사의 준비를 할 것

6) 항해설비에 관한 준비

떼어내어 준비하여야 하는 것은 떼어내어 적당한 장소에 진열할 것

7) 위험물의 적부설비 및 하역설비에 관한 준비

효력시험의 준비를 할 것

8) 전비설비에 관한 준비

절연저항시험 및 효력시험의 준비를 할 것

9) 컨테이너설비에 관한 준비

현상검사의 준비를 할 것

10) 승강설비에 관한 준비

효력시험의 준비를 할 것

11) 거주 및 위생설비에 관한 준비

효력시험 또는 현상검사의 준비를 할 것

12) 만재흘수선 및 무선설비에 관한 준비

효력시험 또는 현상검사의 준비를 할 것

13) 냉동, 냉장 및 수산물처리가공설비에 관한 준비

효력시험 또는 현상검사의 준비를 할 것

4.2.4 제2종 중간검사

4.2.4.1 검사 시기

정기검사와 정기검사 사이의 중간에 매년 시행하는 검사이며 선급에서 시행하는 정기적 검사 중 연차검사와 유사하다.

4.2.4.2 검사 준비사항

대표적인 제2종 중간검사 준비사항은 다음과 같다.

1) 만재흘수선의 표시를 검사할 수 있도록 안전한 발판을 설치할 것

2) 수밀문 · 방화문 등 폐쇄장치에 대한 효력시험의 준비를 할 것

3) 기관, 배수설비, 조타설비, 구명 및 소방설비, 항해용구 및 위험물의 적부설비는 효력시험 또는 현상검사의 준비를 할 것

4) 전기설비의 경우에는 절연저항시험 및 효력시험의 준비를 할 것

5) 선령 10년을 넘는 산적화물선의 화물창의 경우에는 4.2.2.2의 1)의 (15)호의 (a), (b) 및 (c)의 준비를 할 것

6) 거주 및 위생설비에 관한 준비
현상검사의 준비를 할 것

7) 만재흘수선 및 무설비에 관한 준비
효력시험 또는 현상검사의 준비를 할 것

4.2.5 임시검사

임시검사는 정기검사 또는 중간검사 이외에 다음과 같은 경우에 시행하는 검사이다. 만일, 정기검사 또는 중간검사를 받을 때에 임시 검사사항이 포함되어 있는 경우에는 별도의 임시검사를 받지 않는다.

1) 선박시설에 대한 개조 또는 수리를 행하고자 하는 경우

(1) 선박의 길이, 너비, 깊이 또는 다음 중 어느 하나에 해당하는 선체 주요부의 변경으로 선체의 강도, 수밀성 또는 방화성에 영향을 미치는 개조 또는 수리
  (a) 상갑판 아래의 선체, 선루 또는 기관실위벽의 노출부
  (b) 갑판실(승선자가 거주하거나 항상 사용하는 것으로 한정한다)의 측벽 또는 정부갑판
  (c) 선루갑판 아래의 노출부 외판
  (d) 격벽에 설치되어 폐위구역을 보호하는 폐쇄장치(목재창구덮개 또는 창구복포는 제외한다)

(2) 선박의 추진과 관계있는 기관 및 그 주요부의 교체·변경 등으로 기관의 성능에 영향을 미치는 개조 또는 수리
(3) 타 또는 조타장치의 변경으로 선박의 조종성에 영향을 미치는 개조 또는 수리
(4) 탱크, 펌프실, 그 밖에 인화성 액체 또는 인화성 고압가스가 새거나 축적될 우려가 있는 곳에 설치되어 있는 전선로를 교체·변경하는 수리

2) 선박검사증서에 기재된 내용을 변경하고자 하는 경우

* 다만, 선박소유자의 성명과 주소, 선박명 및 선적항의 변경 등 선박시설의 변경이 수반되지 아니하는 경미한 사항의 변경인 경우에는 제외

3) 선박의 길이·너비·깊이·용도의 변경 또는 설비의 개조를 하고자 하는 경우

4) 선박의 무선설비를 새로이 설치하거나 이를 변경하고자 하는 경우

5) 만재흘수선의 변경 등

(1) 선박시설에 관한 선박용물건 중 선박에 고정 설치되는 것으로서 새로 설치하거나 변경하는 경우
  * 다만, 여객선 및 선박길이 24미터 이상의 선박이 아닌 선박의 경우에는 선박에 고정 설치되는 것으로서 구명, 소방, 항해, 하역이나 그밖의 작업설비로 한정한다.
(2) 만재흘수선을 새로 표시하거나 변경하려는 경우
(3) 복원성기준을 새로 적용받거나 그 복원성에 영향을 미칠 우려가 있는 선박용 물건을 신설·증설·교체 또는 제거하거나 위치를 변경하려는 경우
(4) 원자력선의 원자로에 연료체를 투입하거나 원자로 안에서 연료체의 배치를 바꾸려는 경우

6) 보일러 안전밸브의 봉인을 개방하여 조정하려는 경우

7) 하역설비의 제한하중, 제한각도 및 제한반경을 변경하려는 경우

8) 승강설비의 제한하중 또는 정원을 변경하려는 경우

9) 해양사고 등으로 선박의 감항성 또는 인명안전의 유지에 영향을 미칠 우려가 있는 변경이 발생한 경우

10) 항행구역 외의 예외적인 항해를 위한 다음 중 어느 하나에 해당하는 경우

(1) 외국에 선박매각 등을 하기 위하여 예외적으로 단 한 번의 국제항해를 하는 경우

(2) 선박을 수리하거나 검사를 받기 위하여 수리할 장소 또는 검사를 받을 장소까지 항해하는 경우

(3) 항해구역 밖에 있는 선박을 그 해당 항해구역 안으로 항해시키는 경우

(4) 항해구역의 변경을 위하여 변경하려는 항해구역으로 선박을 항해시키는 경우

(5) 상기와 비슷한 사유로서 선박이 임시로 항해할 필요가 있다고 인정되는 경우

4.2.6 임시항해검사

다음의 경우에는 선박소유자(또는 선박건조자)는 해당 선박의 운항계획서를 제출하여 요구되는 항해능력이 있는지에 대하여 임시항해검사를 받아야 한다.

1) 정기검사를 받기 전에 임시로 선박을 항해에 사용하고자 하는 경우로써 검사 증서를 가지지 아니하거나 검사증서의 효력이 정지된 경우
2) 국내 조선소에서 제조중등록검사가 진행중인 선박의 시운전을 시행하고자 하는 경우

4.2.7 국제협약검사

4.2.7.1 국제협약검사 및 국제협약검사증서

국제협약검사란 국제항해에 취항하는 선박의 감항성 및 인명안전과 관련하여 국제적으로 발효된 국제협약에 따라 시행하는 검사를 말하며 국제협약검사에 합격한 선박에 대하여는 국제협약 검사증서를 교부한다.

4.2.7.2 면제증서

다음의 경우에 해당하는 선박에 대하여는 면제증서를 교부 한다.

1) 해상인명안전협약(SOLAS)에 따른 다음의 선박

(1) 국제항해에 취항하는 여객선 및 총톤수 500톤 이상의 화물선으로서 관련법의 일부 또는 전부가 면제된 선박

(2) 국제항해에 종사하지 아니하는 여객선 및 총톤수 300톤 이상의 화물선으로 임시변

경증 또는 임시항행검사증서를 교부받아 단일의 국제항해를 하는 선박

2) 국제만재흘수선협약(ICLL)에 따른 다음의 선박

(1) 잠수선 · 수중익선 · 공기부양선 · 임시항행검사증서를 교부받은 선박과 구조상 만재흘수선을 표시하는 것이 곤란하거나 부적당한 선박

(2) 국제항해에 종사하지 아니하는 선박으로서 임시변경증 또는 임시항해 검사증서를 교부받아 단일의 국제항해를 하는 선박

(3) 국제 만재흘수선증서에 관한 요건의 일부 또는 전부가 면제된 선박

4.2.7.3 증서의 효력 정지

다음 경우에 해당하는 선박에 대하여는 해당 국제협약검사증서의 효력이 정지된다.

(1) 규정에 따른 검사를 받지 아니한 경우

(2) 규정에 따른 검사에 합격하지 아니한 선박

(3) 선박의 국적이 변경된 경우

4.2.8 강화검사

4.2.8.1 강화검사 대상 선박

국제항해를 하지 아니하는 선령 5년 미만의 선박과 총톤수 300톤 미만의 선박을 제외한 다음의 선박에 대하여 시행한다.

1) 모든 유조선(아스팔트운반선 포함)

2) 산적화물선(화물구역 내에 있는 갑판이 단층구조이고 이중저, 톱사이드탱크, 호퍼사이드탱크 및 단일 또는 이중선체구조를 가지는 선박)

3) 위험물 산적운송선(독립형탱크 및 액화가스산적운송선 제외)

4.2.8.2 검사시기

해당 선박의 정기적 검사(정기검사, 제1종 중간검사, 제2종 중간검사)와 함께 시행한다.

4.2.9 예인선 항해검사

4.2.9.1 대상 선박

1) 선박안전법의 적용을 받는 연해구역 이상을 항해하는 예인선으로써 부선 및 구조물을 예인하고자 하는 선박
   * 다만, 압항부선과 결합하여 운항하는 예인선 제외

4.2.9.2 증서 유효기간 및 검사시기

예인선항해검사증서의 유효기간은 1년이며 유효기간이 끝나는 날 전후 3개월 이내에 수검하여야 한다.

4.2.9.3 검사사항

예인설비(예인장구 및 예인장치)의 내용과 검사사항 등에 대하여 선박안전법 시행규칙 중「예인설비의 비치 및 검사에 관한 사항」에 따른다.

4.2.10 특별검사

대형 해양사고 또는 유사사고의 지속적 발생 등으로 그 선박의 구조·설비 등이 기준에 적합하지 않은 것으로 인정되어 검사대상으로 공고한 선박에 대하여 시행하는 검사이다.

PART

02 선박검사 배경 및 주요설비의 이해

CHAPTER

1 선급 및 국제선급연합회

IACS (International Association of Classification Societies)

1.1 선급이란

선급의 사전적 의미는 '교통 해상 보험업자나 화주의 편의를 도모하기 위하여 일정한 기준에 따른 검사를 하여 배에 등급을 매기며, 기타 배의 손상 따위를 심사하여 결정하는 비영리 특수법인' 또는 '선박산업에 대한 공식기준을 개발하고 선박과 장비의 상태를 점검하여 선박이 안전하며 정해진 공식기준을 충족하는지 확인하는 조직'으로 정의 되어있다.

선박은 설계단계에서부터 건조시작, 건조중 및 건조 완료시까지 뿐만 아니라 건조 후 운항되는 동안은 물론 더 이상 운항이 불가하여 폐선되는 시점까지 선박은 항상 안전을 유지하여야 한다.

선박이 건조되고 운항되는 동안 선박의 안전을 유지하기 위하여는 선박과 선박에 설치된 설비들은 정해진 규정에 만족하여야 한다. 선박과 설비들이 따라야 하는 규정을 정하고 정해진 규정에 만족하게 유지되고 있는지 여부를 직접 검사를 수행하여 확인하여야 하는데 이러한 업무를 시행하는 전문기관이 선급(Classification Society)이다. 또한, 선급은 선박에 관한 선급 자체의 독자적인 기술규칙에 따라 제3자의 입장에서 공정한 선박검사를 수행하기 때문에 검사 결과에 대한 신뢰성을 인정받고 있다.

1.2 선급의 기원

17세기, 해상무역을 독점하던 영국에서 로이드라는 사람이 운영하는 커피점에서 해운과 관련된 정보교환, 영업활동, 계약 등을 주로 하였으며, 이때 이루어진 주요계약이 해상보험으로 발전하였다.

해상보험은 해상활동에 대한 위험을 담보해 주는 제도이다. 보험업자는 선박의 안전에 문제가 발생하는 경우 막대한 금전적 손해를 볼 수밖에 없다. 따라서 선박의 안전과 관련된 손실을 방지하기 위하여는 선박의 안전에 문제가 발생할 수 있는 선박을 구별하고 이러한 선박을 피하는 것이 손실 방지를 위한 최선의 방법이다. 그러나 선박이나 항해에 비전문가인 보험업자들이 선박의 안정성에 대한 정확한 판단을 하기가 어렵기 때문에 선박에 대한 정확한 평가를 할 수 있는 전문가로 구성된 전문기관을 세우고 이 기관으로부터 선박에 대한 전문적이고 자세한 검사결과를 기초로 하여 선박의 등급을 정하게 하였으며 이렇게 정해진 선박의 등급을 기초로 보험계약을 체결하였는데 이때 설립된 전문기관이 로이드선급이다.

보험업자들의 필요에 의해서 만들어진 로이드선급은 보험업자들의 편에서 이들의 손해를 줄여주기 위하여 선박검사 및 등급을 매우 엄격하게 시행하고 평가하는 일들이 빈번히 발생하자 이로인해 불리한 상황을 맞게된 선주들이 보험업자들의 횡포를 막기 위하여 별도로 그들의 선급을 따로 만들어 대립하게 되었다.

이후 1834년에 보험업자 및 선주들이 별도로 설립한 기관들을 합병하고 보험업자, 선주 및 조선업자들이 공동으로 하는 로이드 선급협회(Llyod's Register of Shipping)가 탄생하였으며 이러한 제도의 필요성에 따라 다른 국가들에서도 자신들의 선급을 설립하였다.

1.3 선급의 발전

초기의 선급은 보험 목적상 선박의 성능이나 상태등 안전에 대한 등급을 정하여 보험업자와 선주 사이에 선박에 대한 감항성을 증명하는 목적으로 출발하였다.

그러나 선급의 엄격한 검사 및 평가에도 불구하고 선박들의 계속적인 사고의 증가와 보험업자들의 불만에 따라 각국 정부 및 국제기구에서는 선박의 안전을 위한 별도의 기준, 조약 및 협약 등을 제정하여 정부에서 직접 적용하거나 정부에서 상황이 여의치 않을 경우에는 선급에 위임을 하고 있다.

선급은 선박의 고도화 및 해양환경의 변화에 따라 관련 기술을 지속적으로 향상시키고 있으며, 이러한 기술을 바탕으로 이제는 선박뿐만 아니라 모든 산업분야로 활동영역을 넓혀가고 있다.

1.4 선급의 주요업무

선급은 선박 건조 과정에서 선체, 기관, 의장 및 비품의 구조, 재료, 치수 및 공작 등이 선급 규칙에 적합한 경우 선박을 등록하고 건조 후 운항중인 선박에 대하여도 정기적인 검사를 통하여 선박을 평가하고 기준에 만족하는 경우에 선급등록을 유지한다. 보험업자, 선주 및 조선업자들의 서로 다른 이해관계에 따라 선박의 안전 및 보험에 대한 영향을 미칠 수 있기 때문에 선급에서는 이들의 이해관계를 떠나 제3자의 입장에서 공정한 검사 및 평가를 수행하고 있고 선급에서 수행한 검사 및 평가결과는 매우 높게 인정되고 있으며 이에 따라 선급에 등록된 선박에 대한 인식도 매우 높다.

선급의 주요업무는 각 선급별로 차이는 있으나 일반적으로 다음과 같은 업무를 수행한다.

1) 선박 및 해양구조물에 관한 선급 기술규칙 제정 및 개정
2) 선박 및 해양구조물의 설계, 건조 및 운항 중 적용되는 규정의 적합성 여부를 확인하기 위한 검사
3) 선박 및 해양구조물에 대한 선급 등록 및 유지
4) 조선 및 해양 분야에 대한 기술적 조언
5) 각국 정부로부터 조약, 협약 등에 관한 검사, 심사 및 증서 발행 권한 위임
6) 선박관계자의 이익증진 도모를 위한 공정한 업무 수행 등

1.5 국제선급연합회

국제선급연합회(IACS:International Association of Classification Societies)는 세계의 주요 선급들이 세계 해사안전에 대한 기술촉진, 해양환경 보호를 위한 기술연구 및 국제기구 등에 대한 기술자문 등을 위하여 1968년 결성된 선급단체의 연합이다.

전 세계에 있는 60여개의 선급단체 중 기술개발, 검사, 등록선박들에 대한 관리 등 선급에서 수행하는 주요 업무들에 관한 신뢰도와 등록선들의 규모 등 종합적인 평가를 통하여 국제적으로 인정되고 국제기준에 적합한 선급단체들이 모여 국제선급연합회(IACS)를 구성하고 있는 비정부 기구이다.

안전한 선박과 깨끗한 바다를 위해 헌신하는 IACS는 기술지원, 규칙준수 검증 및 연구개발을 통해 해양 안전과 규제에 특별한 기여를 하고 있으며 전 세계 화물의 90% 이상이 IACS 11개 회원 선급이 정한 설계, 건조 및 규칙과 표준에 의해 보장되고 있다.

IACS는 해양안전 및 환경보호를 위한 일관된 적용을 보장하는 최소 기술표준 및 요구사항을 제정하는 비영리 조직이며 패널, 전문가 그룹 및 프로젝트 팀을 통해 이러한 책임을 수행하고, 전문적 청렴성과 높은 전문성의 유지 및 관리를 보장하기 위해 구성원들이 준수해야하는 품질시스템 인증제도(QSCS)를 제공하고 있다.

IACS 선급에 등록된 선박들에 대해서는 보험사들이 보험료를 차별하여 할감해 주고 있기 때문에 모든 선주들은 자신의 선박들이 IACS 선급에 등록되기를 희망하고 있으며, 각 국가에서는 자국 선박에 적용하여야 하는 검사권을 국제적으로 인정되고 있는 IACS 선급에 위임하여 주고 있다.

또한, IACS에서는 선급마다 서로 다른 독자적인 규칙들을 통일하여 IACS 선급들이 공통으로 적용할 수 있는 IACS 공통규칙들을 제정하여 적용하고 있으며, 또한 IACS는 UN 산하기구인 국제해사기구(IMO)의 주요 기술고문으로 인정받고 있다.

현재 IACS 회원 선급은 다음과 같이 11개 선급으로 구성되어 있다.

1) ABS: American Bureau of Shipping(미국)
2) BV: Bureau Veritas(프랑스)
3) CCS: China Classification Society(중국)
4) DNV: Det Norske Veritas(노르웨이)
5) KR: Korean Register of Shipping(한국)
6) LR: Lloyd's Register of Shipping(영국)
7) NK: Nippon Kaiji Kyokai(일본)
8) RINA: Registro Italiano(이탈리아)
9) PRS: Polish Register of Shipping(폴란드)
10) CRS: Croatian Register of Shipping(크로아티아)
11) IRS: Indian Register of Shipping(인도)

선급	심볼	설립년도	선급	심볼	설립년도
ABS	ABS	1862	NK	ClassNK CHARTING THE FUTURE	1899
BV	BUREAU VERITAS	1828	RINA	RINA	1861
CCS	CCS 中国船级社	1956	RRS	PRS	1936
DNV	DNV	1864	CRS	CRS Croatian Register of Shipping	1949
KR	KR KOREAN REGISTER	1960	IRS	IRCLASS Indian Register of Shipping	1975
LR	LR	1760			

1.6 IACS 간행물

IACS는 회원들의 일관성을 촉진하는데 도움이 되는 다양한 문서를 생산하고 있으며, IACS에서는 제공되는 기술 결의안에 대한 접근을 제공한다.

IACS 그린북(Green Book)에는 현재 시행 중인 모든 IACS 결의안 및 권고안이 포함되어 있고, 그린북의 부속문서에는 채택된 모든 IACS 결의안과 시행일이 포함되어 있으며, IACS 웹 사이트에 새로운 또는 수정된 결의안 또는 권고안이 업데이트 되고 있다.

IACS 블루북(Blue Book)에는 IACS 그린북과 IACS 출판물의 이전 개정판 및 배경자료가 포함되어 있으며 1년에 한번 업데이트되고 출판된다.

1.6.1 IACS Green Book의 주요 내용

1) PR (Procedural Requirements)

1A Procedure for Transfer of Class

1B Procedure for Adding, Maintaining or Withdrawing Double or Dual Class

1C Procedure for Suspension and Reinstatement or Withdrawal of Class in Case of Surveys, Conditions of Class or Recommendations Going Overdue

1D Procedure for Class Entry of Ships not subject to PR1A or PR1B

1Annex Annexes to PR1A, PR1B and PR1C

2A Procedure for Hull Failure Incident Reporting

2B Procedure for Early Warning of Serious Hull Failure Incidents - "Early Warning Scheme - EWS"

2 Procedure for Failure Incident Reporting and Early Warning of Serious Failure Incidents – IACS Early Warning Scheme – EWS

3 Transparency of Classification and Statutory Information

5 Definition of Exclusive Surveyor and Non–Exclusive Surveyor and Procedure for Employment and Control of Non–Exclusive Surveyors

6 Procedure for Activity Monitoring of Surveyors, Plan Approval Staff and Auditors

7 Procedure for Qualification and Training of Surveyors and plan Approval Staff

8 Procedure for Responding to Port State Control

9 Procedural Requirements for ISM Code Certification

10 Procedure for the Selection, Training, Qualification and Authorisation of Marine Management Systems Auditors

10A IACS Model Course For Training ISM Code Auditors

10B Procedure for the Selection, Training, Qualification and Authorisation of Maritime Labour Inspectors.

11 IACS Procedure for Assigning Date of Build

12 Statutory Certification at Change of Class Without Change of Flag

13 Deleted in December 1998

14 Procedure for Reporting the List of Bulk Carriers Complying with UR's S19, S22 and S23

15 Procedure for reporting lists of ships and companies issued with certification in accordance with the ISM Code

16 Procedure for providing lists of classed ships to Equasis

17 Reporting on deficiencies possibly affecting the implementation of the ISM Code on board during surveys.

18 Transfer of Safety and Security Management Systems Certification

19 Procedural Requirement for Thickness Measurements

20 Procedural Requirement for Certain ESP Surveys
21 Procedural Requirement for Statutory Surveys by Exclusive Surveyors
22 Procedural Requirement Concerning IACS Societies' Involvement in Monitoring CAS Work
23 Procedures for Reporting Information on the Approval of Thickness Measurement Firms
24 Procedural Requirements for ISPS Code Certification
25 Procedure for Training and Qualification of Maritime Security Auditors
26 Procedure for reporting the number of ships issued with certification in accordance with the ISPS Code
28 Procedure for Change of Flag
29 Definition of date of "contract for construction"
30 Deleted in June 2006
31 Additional measures to ensure mandatory application of IACS Unified Interpretations
32 Procedure for handling technical questions regarding the IACS CSRs
33 Owner's Hull Inspection and Maintenance Schemes
34 Procedural Requirement on Application of the IMO Performance Standard for Protective Coatings(PSPC), Resolution MSC.215(82), under IACS Common Structural Rules for Bulk Carriers and Oil Tankers
35 Procedure for Imposing and Clearing Recommendations/Conditions of Class
36 Transfer of Maritime Labour Convention, 2006 Certification
37 Procedural Requirement for Confined Space Safe Entry
38 Procedure for calculation and verification of the Energy Efficiency Design Index(EEDI)
39 Procedure for Fleet Quality Monitoring
40 Procedural Requirements for MLC, 2006 Certification
41 Reporting on existence of asbestos on board

2) UR (UNIFIED REQUIREMENTS)

A Mooring and Anchoring
D Mobile Offshore Drilling Units

E Electricity

F Fire Protection

G Gas Tankers

I Ice Classed Ship

K Propellers

L Subdivision, Stability and Load Line

M Machinery Installations

N Navigation

P Pipes and Pressure Vessels

S Strength of Ships

W Materials and Welding

Z Survey and Certification

3) UI (Unified Interpretations)

CC IMO Chemical Code

COLREG

FTP Fire Test Procedure

GC Liquified Gases in Bulk

GF Liquified Gases in Fuelld ship

HSC High Speed Craft Code

LL Loadline Convention

MPC MARPOL Convention

PASSUB Passenger Submersible Craft

SC SOLAS

TM Tonnage Measurement

MODU

4) REC (Recommendations)

Rec_No.1 to 180

5) Annex

IACS Blue Book

CHAPTER

2 선체 구조의 이해

거친 바다에서 오랜 시간 동안 인명/화물을 싣고 항해하는 선박은 내부 및 외부로 부터의 하중을 견딜 수 있는 견고한 구조로 건조되어야 하기 때문에 선박 건조의 기초가 되는 선체구조에 대한 이해는 매우 중요하며 또한 항해 중에 선체구조에 발생하는 손상에 대하여 정확한 원인을 파악하고 이에 따른 적절한 수리방안을 마련하기 위해서는 최우선적으로 선체구조에 대한 이해가 필요하다.

전산 프로그램을 이용한 선체 구조해석을 통하여 많은 정보를 얻을 수도 있지만 이에 따른 결과물도 선체구조에 대한 이해 없이는 정확한 해석을 할 수 없다.

본장에서는 선체구조에 관한 기초적인 지식 및 선체구조에 발생하는 손상 종류별 원인을 파악하고 이에 따른 적절한 수리 방안을 찾기 위한 기초가 되는 선체구조에 대하여 기술하였다.

2.1 선체 주요 구조부재

그림 2.1에서 보는바와 같이 선체 구조는 판, 휨보강재 및 거더가 결합되어 1개의 판넬로 구성되며 이 판넬들이 서로 결합되어 Hull Girder가 만들어진다.

그림 2.1

선체의 형상을 유지하고 선체에 작용하는 하중을 견디는 가장 기본적인 선체구조는 판(Plate), 휨보강재(Stiffener) 및 거더(Girder)로 구성되어 있으며 이들 각각의 구성요소들은 다음과 같은 특징을 가지고 있다.

2.1.1 판 (Plate)

그림 2.2에서 보는 바와 같이 선체가 수면에 떠 있기 위해서는 본래 선체의 형상을 유지하면서 선체 내부로의 침수를 방지하기 위한 판(Plate)이 있어야 한다.

그림 2.2

그림 2.3

즉, 선체구조에서 판은 선체 형상을 유지하면서 외부로부터의 침수를 방지하여 선체를 수면상에 떠 있게 하는 역할을 하는 부재이다.

그림 2.3과 같이 선체 내부에 화물을 적재하면 그 무게만큼 선체는 수면 아래로 가라앉고 외판에 작용하는 수압은 높아진다. 이때 선체 외판의 두께가 수압을 견딜 수 있을 만큼 충분히 두껍다면 형상을 유지하면서 물위에 떠 있는 것이 가능하지만, 만약, 판의 두께가 얇아 수압을 견딜 수 없다면 선체 외판은 수압을 견디지 못하고 형상이 변하거나 외판이 붕괴되어 선체 내부로 침수가 발생하여 선박은 부력을 잃고 침몰하게 된다.

화물을 적재하고 보다 빨리 목적지에 가야하는 선박의 특성상 판의 두께를 무한정 두껍게 할 수는 없다. 그 이유는 판의 두께가 두꺼워질수록 선박 자체 중량이 무거워지고 무거워진 만큼 더 수면하부로 가라앉아 만재흘수선을 초과하거나 또는 만재흘수선을 지키기 위해서는 화물을 그만큼 적재할 수 없게 될 뿐만 아니라 같은 마력의 엔진을 사용하는 경우 선박의 속도가 줄어들기 때문이다.

영리를 목적으로 하는 상선 설계의 목적은 선박의 크기, 선형 및 엔진마력이 동일하다면 보다 많은 화물을 적재하고 보다 빠르게 목적지에 도착하는 것이다. 즉, 상선 설계의 목적을 이루기 위한 전제조건으로 가장 중요한 인자는 화물을 적재할 수 있는 재화중량(DWT)과 선박 속도(Speed)이다. 보다 많은 화물을 적재하기 위한 재화중량(DWT)을 크게 하고 또한 목적지에 빨리 도착하기 위하여는 속도(Speed)를 높여야 하는 것이다.

선박설계의 가장 큰 목적인 재화중량을 크게 하고 속도를 높일 수 있는 가장 효과적인 방법은 선박의 자체중량, 즉 경하중량(Light Weight)을 줄이는 것이다. 선박의 경하중량을 줄임으로써 줄어든 무게만큼 화물을 더 적재할 수 있고, 또한, 경하중량이 가벼운 선박의 속도는 더 빨라지게 된다.

선박의 대부분은 선체 구조물로 이루어져 있으며, 선체 구조물 중에서 가장 많은 부분을 차지하고 있는 구조부재는 판(Plate)이다. 따라서 이 판의 무게를 줄일 수 있다면 선박의 경하중량은 자연히 줄어들게 된다. 판의 무게를 줄이는 가장 효과적인 방법은 판의 두께를 얇게 하는 것이다. 즉, 판의 두께가 얇아지면 판의 무게가 줄어들고 이로 인해 선체의 경하중량은 줄어들게 된다.

판에 하중이 작용할 때 판이 이 하중을 견딜 수 있는지의 여부는 판의 처짐량이 판의 허용범위를 벗어나는지의 여부에 따라 판단할 수 있다.

다음 두 개의 그림을 예로 설명한다.

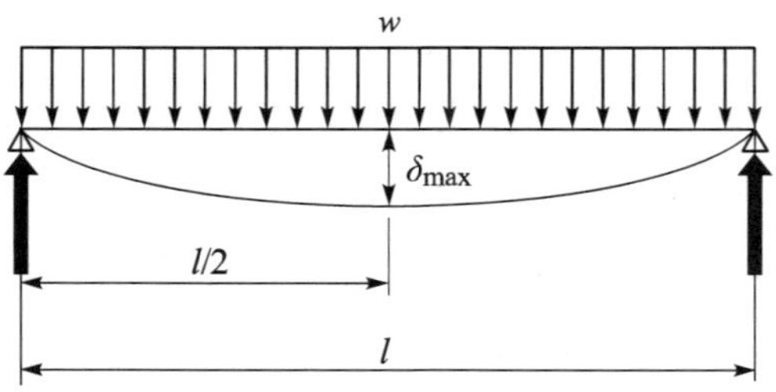

그림 2.4

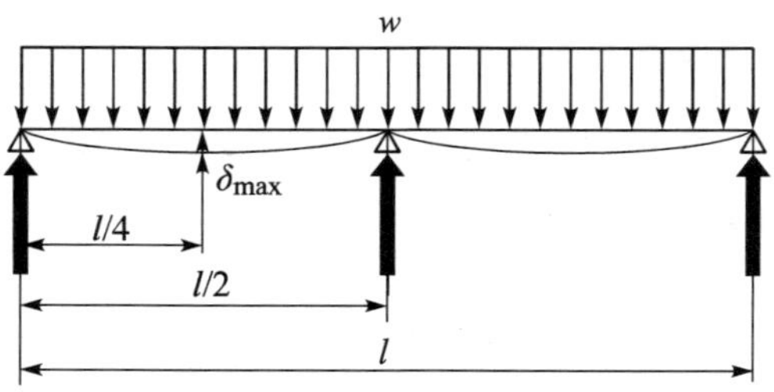

그림 2.5

그림 2.4는 일정 스팬(l)을 가지는 보의 양 끝단이 지지(simple support)되고 보 길이 전체에 균일한 분포하중(w)이 작용하는 경우이며, 그림 2.5는 그림 2.4와 같은 보의 길이의 중앙부에 한 개의 지지점(simple support)이 추가된 경우이다.

그림 2.4에서 보는 바와 같이 일정간격(l)으로 지지된 보에 하중(w)이 작용하면 모멘트(M)가 생기고 이 모멘트에 의하여 보에는 처짐(δ)이 발생한다.

보의 일정 부위에 하중이 작용하는 경우 보에는 처짐이 발생하다가 보가 하중을 견디지 못하는 경우에는 하중에 따른 처짐이 계속 커지다가 결국 붕괴하게 된다. 만약 보에 작용하는 하중을 보가 견딜 수 있다면 처짐은 멈추게 될 것이다. 즉, 보에 작용하는 하중에 대하여 보가 견뎌낼 수 있는지의 여부는 매우 중요하며 얼마만큼 견딜 것인가에 대한 정도는 보의 재질이나 형상에 따라 결정된다.

하중을 보가 지지할 수 있다는 것은 보가 견뎌낼 수 있는 정도의 지점에서 처짐이 멈춘다는 것을 의미한다. 즉, 보의 처짐(δ_{max})이 보가 견딜 수 있는 허용범위를 벗어나지 않는 것이다.

그림 2.4와 같은 양단 지지보에서의 보의 처짐량, 즉 보가 견딜 수 있는 한계는

$x = l/2$ 위치에서,

$M_{max} = wl^2/8$

$\delta_{max} = 5wl^4/384EI$ 와 같고

그림 2.5와 같은 양단 지지보의 중앙에 한 개의 지지점을 추가 했을 때의 처짐량은

$x = l/4$ 위치에서

$M_{max} = wl^2/(8 \times 4)$

$\delta_{max} = 5wl^4/(384 \times 16)EI$ 와 같다.

E : Young's modulus I : moment of inertia

상기 식에서 알 수 있는 것과 같이 양단이 지지되는 보의 중앙에 한 개의 지지점을 추가 하였을 때의 처짐량은 중앙에 아무런 지지점이 없을 때 보다 1/16로 줄어든다. 보의 처짐량이 작다는 것은 그 만큼 허용범위보다 안전하다는 것이다.

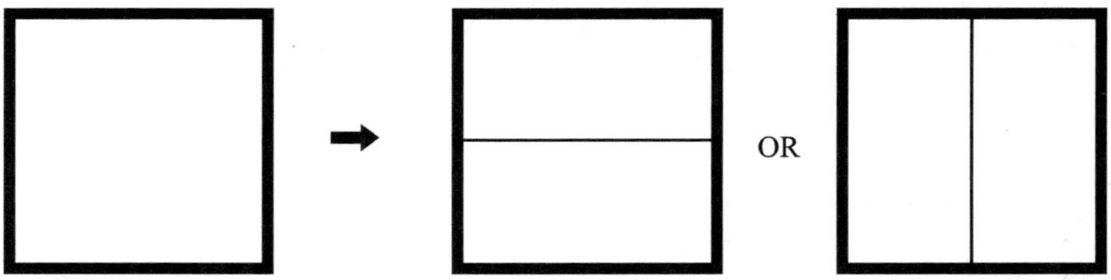

그림 2.6

다시 말하면, 그림 2.6과 같이 동일한 조건, 동일한 하중이 작용하는 판의 중앙부에 지지점을 하나 더 추가하면 판의 처짐량은 현저히 감소하게 되며 처짐량이 감소한다는 것은 그 만큼 판이 높은 하중을 견디거나 판이 얇아져도 하중을 견디면서 형상을 유지할 수 있다는 것이다.

결론적으로 판에 지지점을 추가 할수록 동일한 하중에 견디는 판의 두께를 얇게 할 수 있다는 것이다.

선박 설계의 최종 목표는 경하중량을 줄이는 것인데 선박의 경하중량을 줄이기 위한 가장 효율적인 방법은 선체구조물의 대부분을 차지하는 판의 두께를 줄이는 것이며 이러한 판의 두께를 줄일 수 있는 방법은 판에 하중을 지지할 수 있는 지지점을 만드는 것이다.

2.1.2 휨보강재 (Stiffener)

동일한 조건의 판에 동일한 하중이 작용할 때 판의 두께를 줄일 수 있는 방법은 판에 지지점을 추가하는 것인데 선체구조에서 판에 이러한 추가의 지지점을 만들 수 있는 것이 바로 판의 처짐 즉, 판이 휘는 것을 줄여주는 역할을 하는 휨보강재(stiffener)이다.

그림 2.6과 같이 판 중앙부에 휨 보강재를 추가하였을 때 판에 작용하는 동일한 하중을 견딜 수 있는 판의 두께는 줄어들게 된다. 즉, 휨 보강재를 추가함으로써 판의 두께를 줄일 수 있게 되는 것이다. 판의 두께를 더 많이 줄이고 싶을 때에는 더 많은 휨보강재를 추가하면 된다.

선체구조의 대부분을 이루는 것은 판이고 이 판의 두께를 줄일 수 있는 방법은 판을 휨보강재로 지지하는 것이 가장 효과적인 방법이며, 판에 휨보강재를 추가함으로써 판에 작용하는 하중을 휨보강재로 분산시켜 판의 두께를 줄일 수 있다.

판에 작용하는 하중을 지지하는 휨보강재도 크기가 커질수록 무게는 무거워지며 이는 결국 선박의 경하중량이 커지는 결과를 초래한다. 또한, 주로 선체의 외부가 아닌 선체 내부에 설치되는 휘보강재의 특성상 화물을 적재하는 위치에서 휨보강재의 크기가 커지면 화물을 적재할 수 있는 공간이 작아지고 그 위치가 탱크일 경우에는 출입하는 공간이 작아지는 결과를 초래한다.

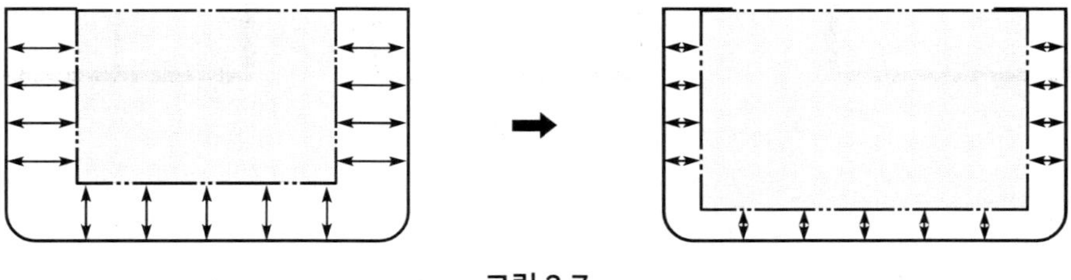

그림 2.7

그림 2.7에서 보는바와 같이 휨보강재의 크기를 줄일 수 있다면 그 만큼 공간을 키울 수 있다. 이는 화물창의 경우에는 화물을 적재할 수 있는 공간이 커지고 탱크의 경우에는 점검, 수리를 위한 공간이 커지는 효과가 있다. 화물을 더 많이 적재한다는 것은 선박의 재화중량이 커진다는 것으로 이는 상선 선박설계의 주요 목적을 달성하는 것이다.

휨보강재의 크기를 줄일 수 있는 가장 효과적인 방법은 앞서 판에서 살펴본 바와 같이 지지점 사이의 거리를 줄이는 것이다. 즉, 지지점 사이의 거리를 줄이면 휨보강재의 처짐량이 현저히 줄어들고 이렇게 줄어든 처짐량 만큼 휨보강재의 크기를 줄일 수 있다.

동일한 조건의 휨보강재에 동일한 하중이 작용할 때 휨보강재의 크기를 줄일 수 있는 효과적인 방법은 휨보강재의 지지점 사이의 거리를 줄이는 것인데 선체구조에서 휨보강재의 지지점 사이의 거리를 줄여주는 역할을 하는 것이 거더(girder)이다.

2.1.3 거더 (Girder)

휨보강재의 크기를 줄이기 위한 방법인 휨보강재의 지지점 사이의 거리, 즉 스팬을 줄이기 위하여 설치하는 선체 구조부재가 바로 거더(girder)이다.

거더는 판을 지지하는 휨보강재를 지지하는 역할을 하고 있으며 형상은 휨보강재와 유사한 웨브(web)와 면재(face pate)로 구성되어 있다. 휨보강재의 지지점, 즉 스팬을 줄이는 역할을 하기 때문에 거더는 휨보강재의 처짐을 막을 수 있는 강력한 지지점이 되기 위하여 판을 지지하는 휨보강재보다 크기가 매우 큰 특징을 가지고 있다(그림 2.8 참조).

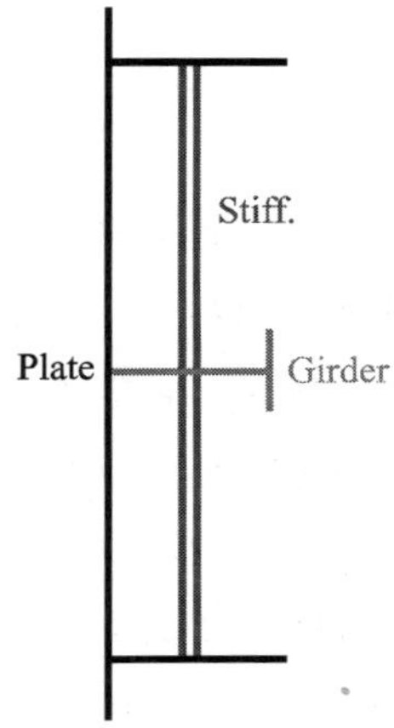

그림 2.8

2.2 선체 구조 (Hull Girder)

선체 구조를 이루는 기본 구조부재는 그림 2.9에서 보는바와 같이 판(Plate), 휨보강재(Stiffener) 및 거더(Girder)로 구성된다.

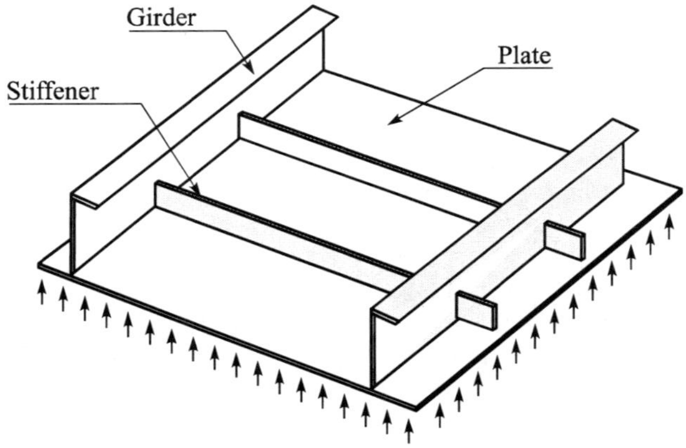

그림 2.9

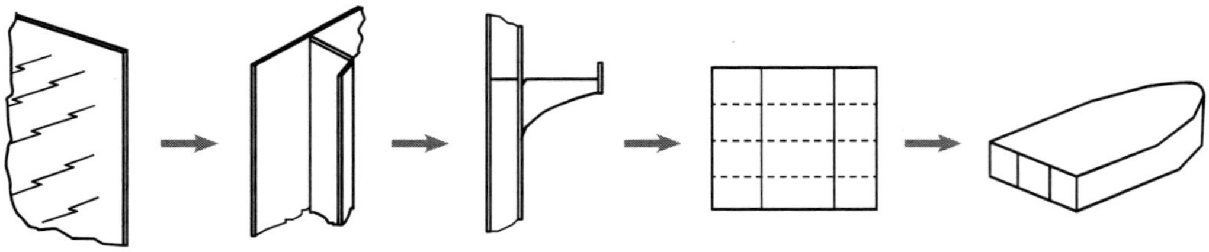

그림 2.10

그림 2.10과 같이 판에 휨보강재가 결합되고 여기에 거더가 결합하여 기본 구조를 구성하며, 이러한 기본 구조들이 서로 결합하여 판넬을 만들고 이러한 판넬들이 추가 결합되어 선체구조를 이루게 된다.

선체구조를 구성하는 요소들의 체계는 Plate가 최하부, Hull Girder가 최상부 Level을 나타내고 그들 사이에는 상향 순서로 휨보강재(Stiffener), 거더(Girder)와 판넬(Panel)로 구성되며 각각의 개체는 국부적인 목적을 가지고 여러 가지 복합적인 구조체계의 역할을 하며 결과적으로 완전하고 전체적인 구조물로 만들어진다.

부력을 유지하는 판은 판에 작용하는 수압을 견뎌야 하는데 이러한 수압이 높아질수록 판은 두께를 증가시키거나 휨보강재로 보강되며, 판을 보강하고 지지하는 휨보강재들도 높은 하중을 견디기 위하여는 거더와 같이 더 큰 부재들에 의해 지지되고 판과 휨보강재에 작용하는 하중은 거더를 통하여 격벽(Bulkhead)이나 선박의 외판으로 전달된다.

휨보강재 사이의 거리는 거더 사이보다 훨씬 작기 때문에 사각형의 판에 균일하게 수직방향으로 작용하는 수압의 대부분은 휨보강재에 전달되며, 일부 하중은 판에서 직접 거더로 전달된다.

2.3 하중 (Load)

2.3.1 개요

선체구조의 개발은 일반적으로 다음 과정을 따른다.

1) 선체 구조부재가 정수/파랑상태에서 종방향과 횡방향에 대한 굽힘, 비틀림, 전단력 등에 견디기 위한 치수 및 결합 형태를 결정.
2) 각각의 구조부재들이 화물, 여객, 동적압력, 충격하중 등에 의한 하중과 이에 더하여 선교, 기관장치 및 마스트와 같은 추가의 국부하중에 견딜 수 있도록 설계.
3) 필요한 구조부재의 치수를 결정하기 위하여는 우선 각각의 구조에 작용하는 최대 하중을 결정하는 것이 필요하며 선체구조에 작용하는 주요 하중은 일반적으로 다음과 같이 분류할 수 있다.
   (1) 정수중 굽힘모멘트 및 전단력
   (2) 파랑에 의한 모멘트 및 전단력
   (3) 탄성 및 충격하중
   (4) 열하중
   (5) 동하중 : 유체동적압력, 슬로싱
   (6) 기타하중 : 진수, 입거, 접촉, 계류, 충돌

일반적으로 가장 크고 대표적인 하중들이 구조부재 설계시 적용되며, 기타 중요한 하중들은 안전계수에 고려하거나 최종설계시 모든 하중성분과 연관하여 통계적으로 처리한다.

선체 구조는 각각의 구조에 작용하는 하중에 견딜 수 있어야 하며 만약 어느 작은 하나의 구조물이라 할지라도 그곳에 작용하는 하중을 견디지 못한다면 붕괴 될 것이고 이러한 곳에서의 작은 붕괴는 연쇄적인 붕괴를 유발시켜 결국 선체구조 전체가 붕괴되는 상황이 올 수도 있다.

선체 구조에 작용하는 기본적인 하중들에 대하여 간략히 설명한다.

2.3.2 하중의 종류

선박에 작용하는 하중은 크게 정하중(Static Loads)과 동하중(Dynamic Loads)으로 구분할 수 있다. 또한 그림 2.11과 같이 선박에 작용하는 하중의 위치에 따라 선수부의 파랑, 슬래밍 및 팬팅에 의해 작용하는 하중(A), 선박의 중앙부에 발생하는 인장/압축에 의한 하중(B) 및 선미의 기관 및 프로펠러 등에 의해 발생하는 진동에 의한 하중(C) 등으로 구분할 수 있다.

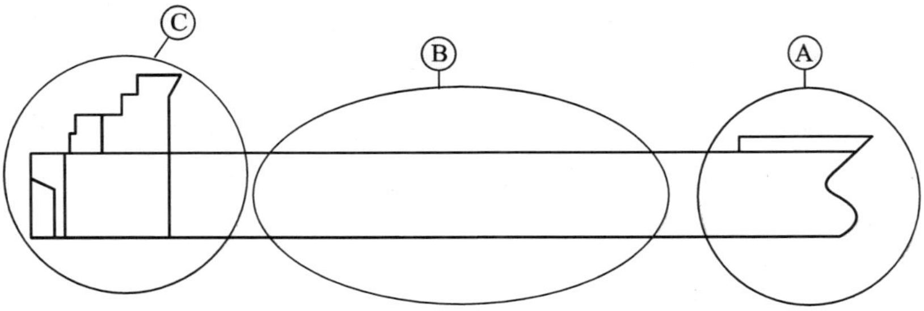

그림 2.11

2.3.2.1 정하중 (Static Loads)

정하중은 해수 또는 화물에 의하여 발생된다. 물속에 잠겨진 선체에 작용하는 수압은 선박 및 화물의 정적인 무게와 균형을 유지하면서 분포하지만, 선박 및 화물에 의한 하중은 선체 길이에 따라 일정하게 분포되어 있지 않기 때문에 이로 인한 선체구조(Hull Girder)에 굽힘(Bending)이 발생한다. 선체구조에 발생하는 굽힘의 방향에 따라 선체는 인장응력 또는 압축 응력을 받으며, 인장응력에 의해 구조물이 늘어나는 것을 인장이라 하고, 압축응력에 의해 구조물이 접히는 것을 좌굴이라고 한다. 추가하여 이러한 인장과 압축응력이 반복되어 작용하는 것을 피로(fatigue)라고 한다.

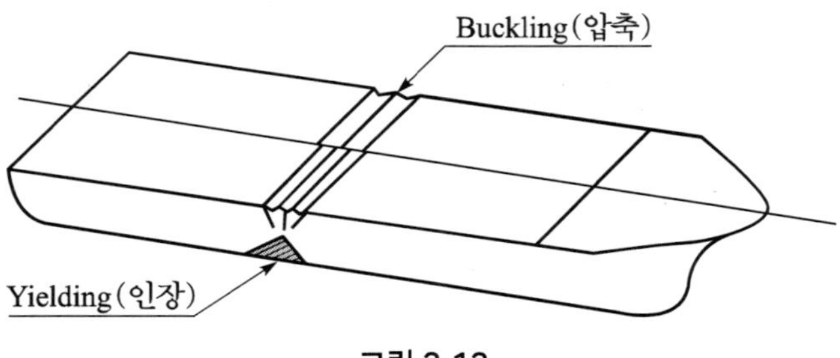

그림 2.12

2.3.2.2 동하중 (Dynamic Loads)

선체에 작용하는 동하중은 다음과 같은 종류의 하중으로 구분할 수 있으며, 주로 선수부에는 선박의 거동 및 파도에 의한 하중이 있고, 선미부에는 선박 기관과 프로펠러의 회전에 따른 진동으로 인한 하중이 발생하며, 일반적으로 동하중은 정하중에 추가하여 나타난다.

1) 슬래밍 하중 (Slamming Load)

낮은 흘수에서 선수부 상하운동, 즉 슬레밍에 의해 선수부의 Flat Bottom부에 상방으로 작용하는 하중.

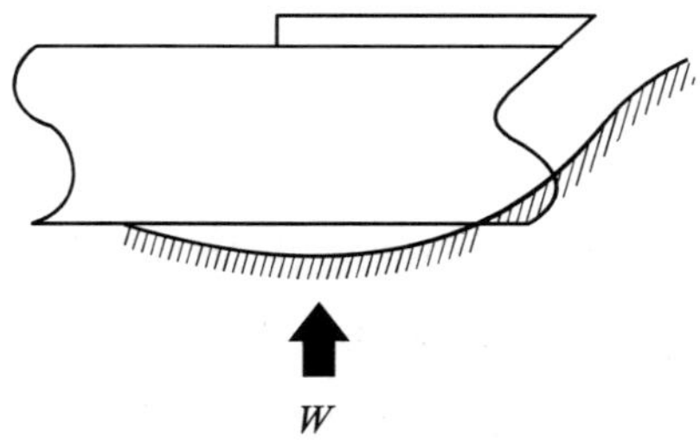

그림 2.13

2) 선수 플레어 하중 (Bow Flare Load)

컨테이너선의 선수부와 같이 선수부 선체 형상이 옆으로 퍼져있는 모양의 선수부 하부에서 상방으로 작용하는 하중.

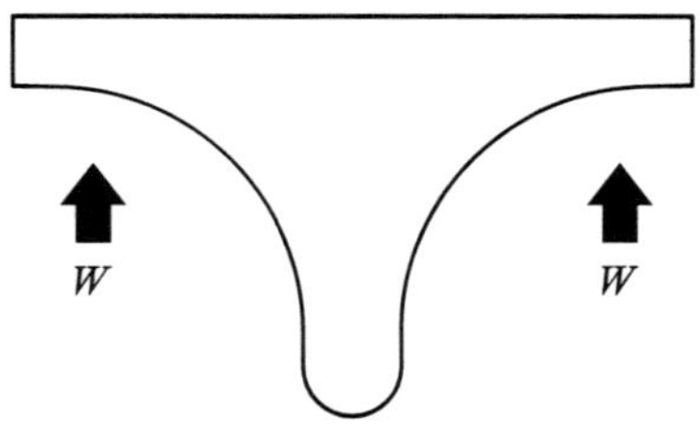

그림 2.14

3) 파랑하중 (Green Sea Load)

주로 폭로갑판상, 특히 선수갑판에 하방으로 작용하는 파도에 의한 하중.

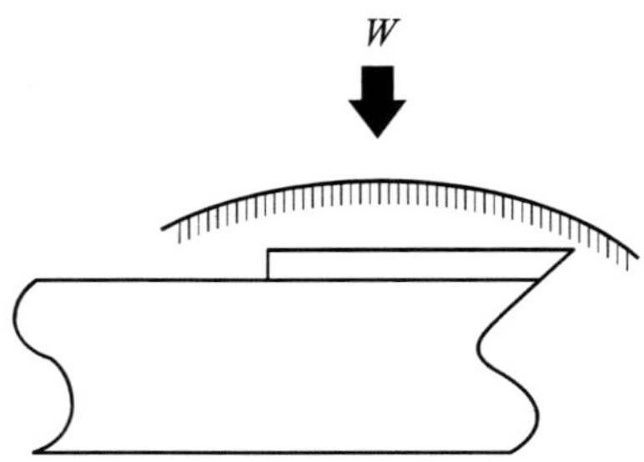

그림 2.15

4) **팬팅 하중** (Panting Load)

선박이 앞으로 전진할 때 해수가 선수부에 수평으로 작용하는 하중.

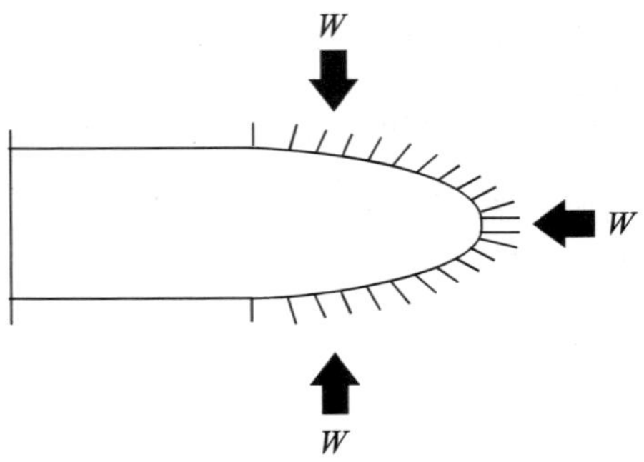

그림 2.16

상기에서 설명한 바와 같이 선체구조에는 다양한 종류의 하중이 작용하며 작용하는 하중의 정확한 크기를 측정하기는 매우 어렵다. 따라서 선박의 중앙부에 작용하는 하중은 역학적인 계산식을 통하여 얻은 하중을 사용하고, 선박의 선수·선미부에 작용하는 하중은 그 크기를 결정하기가 어렵기 때문에 일반적으로 그동안의 선박 건조 및 운항 경험에 따른 경험식을 사용하고 있다.

CHAPTER

3 선체 손상 및 수리

바다를 운항하는 선박은 파도, 태양, 선박과의 충돌, 좌초, 화재 및 기타 여러가지 요인에 따라 선체 구조에 손상을 입을 수 있으며 선령이 많을수록 선체구조의 약화에 따라 선체 손상이 발생할 가능성이 매우 커진다.

선체에 손상이 발생한 경우, 이에 대한 적절한 수리방안을 만들고 이에 따른 수리를 위하여는 손상의 종류 및 원인을 파악하는 것이 매우 중요하다. 정확한 손상원인 파악 및 이에 따른 적절한 수리방안에 따르지 않은 수리는 손상의 근본적인 원인을 제거하지 못한 관계로 수리 후에도 추가의 손상이 발생할 수 있다. 따라서 선체 손상부 수리를 위하여는 손상의 종류 및 원인을 파악하는 것이 매우 중요하다.

3.1 선체 구조의 손상

3.1.1 선체 구조의 결함

선체 구조물에 대한 결함은 부식, 변형 및 균열 등으로 크게 대별할 수 있다.

부식은 구조물의 주변 환경, 용접부의 상태에 의한 영향으로 부식이 빨라질 수도 있고 또한 부식이 발생한 부분에 응력이 집중될 수도 있다.

변형은 과적에 따른 초과하중, 부식에 따른 전반적인 쇠모 또는 구조부재의 손상으로 인하여 발생할 수 있다.

용접부의 잠재적인 결함으로부터 시작되는 균열은 보통 노치 부위, 응력집중 부위 또는 용접결함 부위에서 발생한다.

선체구조를 약화 또는 손상시키는 원인으로는 설계오류, 재료결함, 공작불량, 황천항해, 충돌 및 화물취급절차 부적절 등이 있으며 이러한 원인에 의하여 선체구조물에 발생하는 결함은 크게 다음과 같이 구분할 수 있다.

· 부식/쇠모(Corrosion)
· 변형(Deformation)
· 균열(Crack)

3.1.2 부식/쇠모 (Corrosion)

구조부재의 부식/쇠모 형태는 방식도료의 종류, 도장상태 및 Zinc Anode의 유무 이외에도 주변 환경에 크게 영향을 받기 때문에 선박관리 또는 검사를 위하여는 선체 구조부재에서 발생할 수 있는 부식에 대한 다양한 형태 및 발생 가능한 위치를 파악할 필요가 있다.

3.1.2.1 부식의 형태

1) 전반적인 부식

전반적인 부식은 도장이 되지 않은 금속부의 표면에 균일하게 발생하며 탈락하기 쉬운 녹의 형태이고 이러한 녹은 지속적으로 표면에서 박리되면서 계속 금속부를 노출시키며 부식을 가속화 한다. 제거하지 못한 녹이나 오염물질 등은 부식을 가속화 시키고 있으며 전반적으로 과도하게 발생한 부식으로 인하여 많은 양의 강재를 신환해야 하는 원인이 되고 있다.

2) 홈 부식

홈 부식은 국부적으로 발생하며 용접 시 고온의 열 영향을 받는 용접부 내부 또는 용접부 근처에서 자주 발견되고 특히 열 영향부(HAZ:Heat Affect Zone)에서 발생되고 있으며 특히 홈 부식부는 응력 집중이 발생되어 부식을 더 빠르게 진행시킨다.

3) 피팅 부식

피팅 부식은 국부적인 도장 탈락 부위에서 독립적으로 발생하며 판을 파공 시킬 수 있는 깊고 작은 지름을 가지는 형태를 가진다. 도장되지 않은 탱크의 피팅은 얇고 넓은 형상으로 진전하지만 심한 경우에는 광범위한 범위의 강재 신환을 야기할 수 있다.

4) 단부 부식

단부 부식은 구조부재의 끝단부에서 국부적으로 발생하여 인접 부위로 확대된다.

3.1.2.2 부식에 영향을 미치는 요소

부식이 발생한 경우에는 부식에 영향을 미치는 요소를 파악하고 이에 대한 적절한 조치를 통하여 재발 가능성을 최소화하는 것이 중요하다.

부식에 영향을 미치는 요소는 용도에 따라 중요 요소가 달라질 수 있기 때문에 부식 형태에 대한 평가 시 다음 사항들을 고려할 필요가 있다.

1) 탱크 청소 횟수

탱크 청소 횟수의 증가는 도장 탈락 등의 영향으로 탱크의 부식을 증가 시킬 수 있다.

2) 화물의 성분 및 성질

(1) 원유 화물은 인접하는 금속부 표면에 기름막으로 도장되는 효과가 있어 부식을 감소시키는 효과가 있다.

(2) 높은 유황 성분의 원유는 일반부식 및 피팅부식을 유발하며 특히 수분과 유황 성분의 반응은 산성화되어 부식성이 높은 물방울 형태로 떨어져 부식시킨다.

(3) 수분이 높은 화물은 부식을 증가 시킬 수 있다.

(4) 높은 산소함유량 및 낮은 pH 값을 가지는 화물은 높은 부식을 유발 시킨다.

3) 평형수 적재시간

평형수탱크 내에서 도막탈락이 시작하는 곳에서는 평형수 적재시간에 따라 부식이 증감한다.

4) 부식을 유도하는 미생물

(1) 미생물 존재는 부식 환경을 조성하고 일반적인 전기부식을 촉진한다.

(2) 장기간 오염된 평형수는 부식을 유도하는 미생물에 대한 잠재성이 증가하며 발생한 미생물은 작은 구멍을 침투하여 도장을 손상시키고 부식을 가속화 한다.

(3) 정기적인 청수 세척은 부식을 유도하는 미생물의 존재 가능성을 줄이는데 도움이 된다.

5) 습도 및 온도

높은 습도 및 온도는 일반적인 부식 환경이 되기 쉽다. 특히 장기간 탱크를 비울 때에는 최소한의 부식을 위하여 탱크 내부를 낮은 습도와 온도의 환경으로 유지하여야 한다.

6) 도막탈락

(1) 국부적인 도막탈락 부위는 도장을 하지않은 강재보다 큰 부식을 보인다.

(2) 국부적인 도막탈락 부위는 도장을 하지 않은 강재보다 큰 피팅부식이 발생한다.

7) Anode 위치 및 밀도

(1) Anoid는 물속에 잠겨 있을 때에만 물과의 반응을 통하여 부식방지 역할을 할 수 있다.

(2) 조밀한 밀도로 설계된 시스템은 부식 방지에 크게 기여한다.

(3) Anode의 전기적 분리, 유막 등은 Anode의 역할을 저해할 수 있다.

8) 탱크 구조 설계

(1) 수평 내부재와 같은 구조부재는 부식의 원인이 될 수 있는 물 고임을 초래할 수 있다.

(2) 탱크 바닥에 남은 물을 완전히 배수하는 설계로 부식을 줄일 수 있다.

9) 가스 불활성화(Gas Inerting)

(1) 가스 불활성화에 의한 감소된 산소량은 상부 구조물의 부식을 줄일 수 있다.

(2) 배기가스 불활성화에서 생성된 유황 산화물은 부식 가속화를 초래할 수 있다.

10) 항로

항로에 따라 선박의 한쪽 측면만 태양열을 받는 영향으로 부식 증가를 초래 할 수 있다.

3.1.2.3 주요 부식발생 위치

1) 평평한 판, 면재 및 스트링거, 탱크 후단부 및 액체 흡입부
2) 갑판 부위와 도장이 되지 않은 화물/평형수탱크 또는 불활성이 되지 않는 화물탱크의 남은 공간(밸러스트탱크의 상부 공간 등)
3) 브래킷 끝단부, 휨보강재 끝단부 및 개구부 주위와 같이 응력 집중이 발생하는 부위
4) 높은 압력의 세정기에 의한 인접 부위
5) 높은 온도 환경에 인접한 구조부재(가열된 화물유탱크에 인접한 평형수탱크 격벽 등)
6) 도장이 탈락된 부위

3.1.2.4 방식조치

일반적으로 구조물에 사용되는 방식조치의 가장 보편적인 형식은 내.외부 강재 작업에 경화도장(Hard Coating)을 적용하는 것이다. 경화도장의 기본 기능은 강 구조물 자체에 대하여 물과 산소의 접근을 차단하는 것이기 때문에 강과 도장과의 접촉성이 좋아야 한다. 경화 도장 시 접착이 양호하지 않는 경우 도장부의 아래쪽에 녹이 발생하여 도막이 파손될 우려가 있다.

방식조치를 유지하기 위하여는 초기 재질 선택이 중요한 요소이며, 특히 평형수탱크 내부 구조부재의 잠재적인 부식은 선박의 유지보수에 있어서 매우 중요한 사항이다.

평형수탱크와 관련된 방식조치는 일반적으로 다음과 같이 분류할 수 있다.

1) 경화도장 (Hard Coating)
2) 연화도장 (Soft Coating)
3) 음극방식 (Zinc/Aluminum Anodes)

1) 경화도장 (Hard Coating)

(1) 경화도장의 가장 큰 특성은 강재 표면에 보호막을 형성하는 것이며, 이 보호막은 부식 요인들에 저항할 수 있는 반투과성막을 형성한다.

(2) 보호막의 손상은 일반적인 부식을 일으키고 더욱 더 가속화 될 것이며 국부적인 피팅 부식과 아주 유사하다. 만약 초기 대응이 이루어지지 않는다면, 전체 구조물이 위험한 상태가 될 수 있다.

(3) 보호막의 손상 범위가 증가하게 되면 시스템이 더 이상 효율적으로 작용할 수 없는 단계에 이르게 되며 구조물의 부식이 가속화된다.

2) 연화도장 (Soft Coatings)

(1) 평형수탱크 보호를 위해 연화도장의 사용으로 발견된 기타 전형적인 문제

(a) 기름(greasy) 특성으로 실제 검사가 매우 어렵고, 안전에 부정적인 영향을 미칠 수 있다.

(b) 유분이 포함된 평형수의 배출은 오염을 시킬 수 있다.

(c) 일부 식물성 기반의 도장은 음극방식과 호환되지 않는다.

(d) 수평 표면의 연화도장은 평형수탱크내 퇴적물로부터 침전물이 생길 때 손상 될 수 있다.

(e) 도장된 판의 외부 또는 내부에 용접을 하는 경우, 화재 위험 또는 폭발을 방지하

기 위하여 소프트도장을 제거할 필요가 있다.

3) 음극 보호(희생 양극 : Sacrificial Anodes)

(1) 음극 보호의 원리는 주변의 강재 구조에 우선하여 양극을 희생시키는 것으로 이런 원리가 작용하려면 고려하는 부위가 완전히 해수에 잠기어야 한다.

(2) 양극 재료는 일반적으로 아연을 사용한다. 그 이유는 알루미늄과 같은 다른 형식의 재료는 무게에 비하여 더 좋은 전류 출력을 제공하지만 낙하되거나 접촉될 때 발생하는 스파크의 위험 때문에 사용이 제한되기 때문이다.

(3) 알루미늄 양극의 사용은 화물 탱크내 설치 높이에 제한이 있으며 낙하물이 부딪치지 않도록 요구한다.

(4) 경화도장 시스템의 백업으로 사용되는 음극방식은 어떤 손상 부위에도 가속화된 부식률을 제어하는 이점은 있지만 단지 해수에 잠겼을 때만 효과적이다.

4) 방식조치의 선택

평형수탱크에 대한 방식조치의 선택은 선주 또는 조선소에 의해 결정되어 왔으나 IACS UR Z8은 신조 선박에 대하여 평형수탱크 내부에 도장을 요구하고 있으며 이러한 방식조치의 지속적인 효과는 강 구조물의 상태를 정기적으로 평가하여 선박의 수명 전반에 걸쳐 감시되어야 하고 보호되어야 한다.

연화도장, 경화도장 또는 음극방식을 채택하였을 경우, 탱크내 전반적인 쇠모량 평가를 위하여 수시로 광범위한 검사가 필요하다.

3.1.3 변형 (deformation)

구조부재의 변형은 면내하중, 면외하중 또는 이 두가지가 복합된 하중에 의해 발생된다. 이러한 변형은 일반적으로 휨보강재를 포함한 판의 국부적인 변형과 판, 보, 늑골, 거더, 늑판 등을 포함한 구조물 전체의 변형으로 구분된다.

변형은 일반적으로 충격하중, 접촉 및 부주의한 과적으로 발생한다. 선저슬래밍 및 파랑충격으로 인한 손상은 일반적으로 선체의 전방에서 발견된다.

타 물체와의 접촉으로 인한 손상의 경우, 비록 외판 손상이 외부측에서 볼 때는 작은 손상이라 할지라도 내부재가 심하게 손상되는 경우가 많으니 특별히 주의하여야 한다.

면내하중으로 인해 일어나는 변형을 좌굴이라고 한다. 좌굴은 과적, 부식으로 인한 전반적인 두께 감소 또는 접촉 손상의 결과로 발생한다. 탄성 좌굴은 분명하게 표시나지는 않으나 도장 손상 또는 부식 흔적 등으로 알 수 있다. 좌굴 손상은 특설늑골의 웨브나 늑판에서 자주 발견된다. 대부분 이것들은 웨브/늑판의 부식, 휨보강재의 간격이 너무 넓을 때, 또는 부적절하게 시공된 경감구멍이나 웨브/늑판에 있는 슬롯 때문에 발생하고 있다.

좌굴은 과도한 압축이나 전단응력에 의하여 발생하는 구조부재의 면외 변형이며, 좌굴 후 부재의 면내 능력이 대폭 감소하기 때문에 방치하면 광범위한 붕괴로 연결될 가능성이 있다. 따라서, 좌굴에 의한 변형이 발견되면 그 대책을 강구하여야 한다.

3.1.4 균열 (crack)

선체 구조부재에 발생하는 균열은 용접 결함부위, 홈, 불연속 구조부 등과 같은 응력 집중부에서 집중적으로 발생한다.

항복응력 이하 범위 내에서의 반복적인 응력에 의하여 발생하는 균열을 피로균열이라 하며 파도에 의한 주기적인 응력과 선미에서의 주기관이나 프로펠러의 반복적인 진동에 의해 발생하고 반복적인 응력하에서 시간의 경과에 따라 균열이 진전하기 때문에 이러한 균열을 발견하지 못하거나 적절한 수리 조치가 시행되지 않은 경우에는 중대한 손상을 초래할 수 있다.

예를 들면 늑골에 있는 피로 균열은 외판으로 진전될 수 있고 또한 선체의 수밀성에 영향을 줄 수 있다. 황천 상태에서 외판 균열이 더욱 확대되어 일부 외판이 손상되고 결과적으로는 화물창의 침수로까지 이어질 뿐만 아니라 화물유탱크인 경우에는 기름 유출의 원인이 되고 취성파괴로 대표되는 불안정 급속 파괴에 의하여 선측외판 또는 갑판 파괴로 이어질 가능성도 있기 때문에 균열이 발견된 경우, 즉시 그 대책을 강구하여 큰 사고를 미연에 방지하여야 한다.

3.1.4.1 피로강도

피로강도를 정의하기 위하여 최우선으로 반드시 알아야 하는 것이 재료의 피로파괴에 대한 의미이다. 재료의 피로는 주기적 또는 반복적으로 구조부재에 작용하는 거동이다. 다시 말하면 높은 응력과 조금 낮은 응력 사이를 지속적으로 반복하면서 발생하는 하중 또는 응력을 말한다.

이러한 거동은 모터의 회전과 같이 빠르게 발생할 수도 있고, 하루를 주기로 하는 것처럼 늦을 수도 있다. 피로파괴의 간단한 예로서 철사를 한번에 꺾어서 절단할 수 없는 작은 힘이지만 서로 반대방향으로 구부렸다 폈다를 반복하면 결국 철사가 절단되는데 이러한 현상을 피로파괴라 한다.

재료의 피로강도는 반복적으로 작용하는 하중을 견딜 수 있는 강도를 말한다.

노령선의 경우 중요한 구조부재의 파괴는 주로 피로에 의해 발생하기 때문에 피로강도에 대한 이해는 매우 중요하다.

피로강도에 관한 자료는 주로 파괴에 필요한 반복 횟수로 나타내며 일반적인 반복 횟수는 백만번 또는 천만번 정도이다. 피로강도는 피로시험을 통하여 결정되며 동일한 크기의 인장과 압축응력에 의한 시험을 진행한다.

그림 3.1에서 보는바와 같이 S-N 곡선은 단순히 각 응력수준에서 파괴를 일으키기 위해서 필요한 반복횟수를 나타내는 도표이다.

이 곡선에서와 같이 금속은 분명한 피로한도를 나타내지만 알루미늄은 그렇지 못하다. 이 피로한도는 아무리 많은 반복하중에도 파괴가 일어나지 않는 최대응력이다. 즉, 알루미늄의 경우 최소한의 반복응력에도 결국에는 파괴를 일으키지만 금속의 경우 피로한도 이하의 응력에서는 파괴를 일으키지 않고 견딜 수 있는 것이다. 주로 탄소강의 피로한도는 인장강도의 절반 값 정도이다.

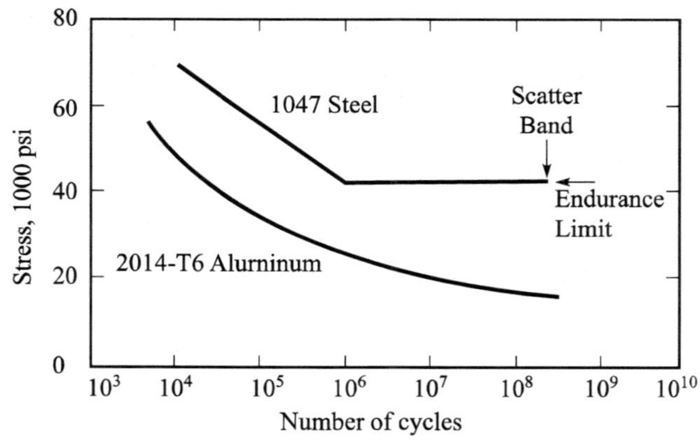

그림 3.1

피로강도는 충격값과 유사하게 전적으로 구조부재의 표면형상에 따라 결정된다. 노치 또는 응력집중부의 존재는 재료의 피로한도 아래로 응력점을 하강시키고 충분한 반복횟수가 작용하면 그 결과로서 피로파괴가 발생한다.

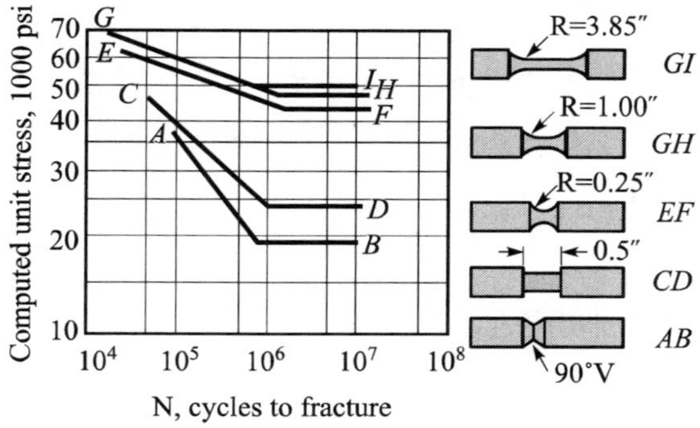

그림 3.2

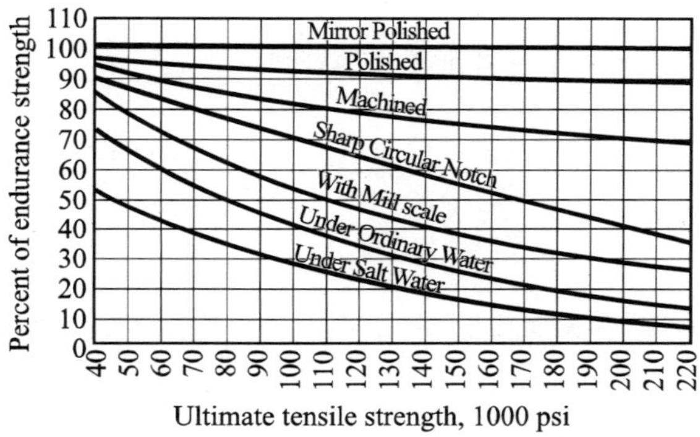

그림 3.3

그림 3.2는 금속재료의 노치형상에 따른 피로강도를 나타낸 것이며, 그림 3.3은 표면 처리가 피로강도에 미치는 영향을 나타낸 것이다.

금속재료의 용접부와 관련된 피로강도의 중요한 관심사는 발생할 수 있는 금속학적 변화보다는 용접부에서의 표면 불연속성이다. 언더컷, 오버랩 같은 용접표면은 피로강도에 영향을 미친다. 용접부 내부 결함에 의해 피로파괴가 나타나기도 하지만 용접부 내부 결함보다는 표면 결함이 빠르고 직접적으로 피로파괴를 발생시키는데 그 이유는 표면 응력이 내부응력보다 높기 때문이다.

따라서 용접부에 대한 피로파괴를 방지하기 위하여는 용접부 표면에 대한 각별한 주의가 필요하다.

대형 탱커선의 구조부재에서 가장 일반적인 균열의 원인은 피로이다. 균열은 일반적으로 구조부재들의 교차부 또는 hot spot과 같이 응력이 커지는 불연속부에서 발생한다. 재료, 용접결함 또는 여러 형태의 노치 등이 균열의 또 다른 원인이 될 수 있다.

피로균열은 균열뿐만 아니라 구조부재의 직접적인 균열을 일으킬 정도는 아닌 작은 응력이 계속적이고 반복적으로 작용하는 것이 그 원인이며, 특히 건조 시 발생한 결함은 거대한 구조물을 균열 시킬 수 있을 정도로 성장한다. 전형적인 반복하중은 다음과 같다.

- 파랑 종굽힘모멘트 및 전단력
- 국부적인 압력 변동
- 화물 또는 평형수의 내부압력 변동

만약 발견하지 못하거나 수리되지 않은 균열이 존재하는 경우, 그 균열은 갑작스런 균열을 발생시킬 수 있는 크기로 커질 수 있다. 그러나 피로균열이 직접적으로 대형 구조물의 균열을 일으키는 것이 일반적인 것은 아니다.

피로균열은 일반적으로 다음의 3단계를 고려한다.

- 최초 발생
- 정상적인 균열 성장
- 비정상적인 균열 성장

피로균열의 수를 줄이는 구조설계를 하고 구조물의 균열 원인이 피로균열이 아님을 보증하기 위하여 대형 유조선에 대하여 피로강도에 대한 더 많은 조사를 수행할 필요가 있다.

피로강도는 다음의 2가지 방법으로 계산할 수 있다.

- 작성된 S-N 곡선에서 반복응력범위의 횟수 비교
- 재질 및 상기 응력범위에 따른 균열 성장률 계산

1) 응력이 집중되어 피로균열이 의심되는 부위

다음은 이중선체 유조선에 있어서 피로균열의 경향을 보이는 부위들이다.

(1) 만재 및 밸러스트 흘수선의 외판

이 부위는 선측을 따라 지나가는 파도에 의해 선박의 일생을 통하여 가장 큰 반복하중이 작용한다.

(2) 1차 지지부재와 연결되는 갑판

(3) 횡격벽과 상·하부 스툴 연결부

(4) 내저판과 호퍼경사판과의 연결부

동적응력이 작용하는 곳에서는 T 형상과 같은 대칭 형상을 사용함으로써 비대칭 형상에 작용하는 2축 굽힘에 따른 피로에 의한 균열을 근본적으로 줄일 수 있다.

단일선체 유조선에 사용된 고장력 강재의 선측 종늑골의 피로균열에 대하여는 잘 알려져 있으며, 피로수명을 증가시키기 위하여 부재 연결부에 대한 상세설계에 대하여는 많은 조선소에서 현재 상호 협력하고 있다.

2) 고장력강의 영향(The Effect of Higher Tensile Steel)

고장력강의 높은 항복강도는 고응력 부위의 구조부재의 경량화 설계를 가능하게 하였다. 그러나 이것은 동적응력범위(Dynamic stress range)의 증가를 초래했으며 용접 연결부의 고장력강 재료는 연강과 비슷한 피로 특성을 가진다. 따라서 고장력강이 사용된 유조선에 있어 고장력강 용접연결부에 고주기 피로손상이 증가할 수 있다.

경량화된 부재치수의 사용은 종종 큰 처짐을 초래하고 특히 이는 선측외판 연결부에 있어 중요하다. 넓은 웨브프레임 간격과 크로스타이의 부족과 같은 구조적 배치의 조합에서 상당히 높은 응력수준을 견디기에 적합하도록 한 고장력강 설계는 선측외판 늑골의 처짐이 연강설계보다 더 클 수 있다. 이러한 처짐은 종늑골과 횡격벽 교차점의 종늑골에 응력을 추가하고 이는 추가의 처짐을 야기한다.

위의 요인들은 고장력강 설계를 할 때 고려되어야 하고, 오늘날 해석을 통해 높은 동적응력 수준이 예상되는 부위에 응력집중을 줄이는 상세설계를 개선하기 위한 일반적인 방법이다. 특히 선측에서 고주기 피로손상의 경향이 있다.

그런 부위에 높은 강도의 고장력강이 사용된 경우 전반적으로 피로손상의 위험을 증가시킬 수 있다.

저주기(low-cycle)피로로 인하여 균열이 발생한 부위는 국부적으로 고장력강을 사용하므로써 피로강도에 크게 도움이 될 수 있다. 이는 호퍼판과 이중저판과의 연결부와 같은 화물 취급으로 인해 큰 정적 응력 변화를 받는 구역에 해당되며 이러한 곳에는 고장력강의 국부 상세설계로 소성변형이 적고 연강 상세설계와 비교하여 저주기 피로강도는 증가될 것이다.

3.2 선체 수리

3.2.1 수리 이론

선체 구조를 구성하는 가장 기본적인 구조부재는 판, 휨보강재 및 거더이다. 이들 구조부재들에 대한 치수를 결정하는 방법으로 판은 두께로서 치수를 결정하고 휨보강재는 단면계수, 거더는 두께 및 단면계수로 치수를 결정한다.

선체 구조부재의 치수를 결정하는 인자를 알고 있으면 선체 수리 시 매우 유용하게 적용할 수 있기 때문에 이에 대하여 살펴보기로 한다.

선박 설계 시 선체 구조부재의 치수를 결정하기 위하여는 선급에서 정하는 규정을 따르고 있으며 한국선급(KR)에서 정하고 있는 규정을 기초로 살펴본다.

3.2.1.1 판 수리

선체구조부재 중에서 가장 많은 부분을 차지하고 있는 판에 대한 치수는 판의 두께로 나타내며 이러한 판의 두께를 결정하는 규정은 일반적으로 다음과 같은 형태를 가진다.

$$t = C \cdot S \cdot \sqrt{h} + CM$$

t : 판의 두께 (mm)

C : 계수

S : 휨보강재 간격 (mm)

h : 하중 (m)

CM : 부식 여유치 (mm)

판의 두께를 결정하는 인자는 판의 보강방식, 판의 재질 및 판의 위치에 따라 결정되는 계수, 휨보강재 간격, 판에 작용하는 하중과 부식 여유치이다.

즉, 판의 두께를 결정하는 인자에 변화가 생기면 요구되는 판의 두께는 변한다.

다시 말해서, 판에 부식 또는 손상이 발생한 경우 판 전체를 신환하거나 또는 판 두께를 결정하는 인자를 조정함으로써 선급에서 요구하는 규정을 만족시킬 수 있다.

다음의 판 두께를 결정하는 식에서 알 수 있는바와 같이,

$$t = C \cdot S \cdot \sqrt{h} + CM$$

판에 대한 수리가 필요한 경우에는 t 또는 C 또는 S 또는 h 또는 CM 인자들을 이용하여 선급에서 요구하는 규정을 만족시킬 수 있다. 이론상으로는 각 인자들 중 하나의 인자 또는 둘 이상의 인자를 조합한 경우의 수만큼의 수리방법을 생각해 볼 수 있는 것이다.

예로서,

1) 판에 손상이 있는 경우(변형, 파공 등) ;

판의 두께를 결정하는 나머지 인자들을 아무리 변경하여도 규정을 만족할 수 없는 경우에는 판을 신환 하여야 한다. 즉 상기 식에서 t 항목을 조정한다.

2) 판이 별다른 파공이나 변형, 손상은 없으나 부식되어 두께가 규정을 만족하지 못하는 경우 ;

이미 건조가 완료된 선박의 경우 판의 보강방식, 판의 재질 및 판의 위치에 따라 결정되는 상수값 C 항목을 변경하기는 매우 어렵다.

휨보강재의 간격인 S 항목의 경우 휨보강재 사이에 한 개의 휨보강재를 추가하면 S는 1/2로 감소하고 이에 따라 요구되는 판의 두께 t 도 1/2로 줄어들게 된다.

즉, 판을 신환하지 않고 휨보강재를 추가하는 방법도 가능한 것이다. 참고로 Oil Major(BP)의 경우에는 부식/쇠모된 판에 대한 수리방법으로 휨보강재를 추가하는 방법을 인정하지 않는 경우도 있으니 주의하여 적용하여야 한다.

3) 판 두께가 규정을 만족하지 못하고, t 또는 C 또는 S 항목을 변경하기 어려운 경우 ;

판에 작용하는 하중을 변화시킴으로서 규정을 만족 시킬 수 있다.

즉, 외판의 경우에는 흘수를 낮게 줄이거나 화물창내 격벽의 경우에는 적재하는 화물의 높이 또는 비중을 감소하여 두께를 만족 시킬 수 있다.

4) 판 두께가 규정을 만족하지 못하고, t 또는 C 또는 S 또는 h 항목을 변경하기 어려운 경우 ;

현재 KR에서 사용하고 있는 부식 여유치는 1.5mm 이다. 이론상으로는 이 부식여유치를 줄이고 그 만큼 부식허용값을 감소시키면 가능하지만 현실적으로 선박의 모든 판들을 별도로 하나씩 관리해야 하는 어려움 때문에 일반적으로 사용하지 않는 방법이다.

이와같이 판의 두께는 여러 인자들에 따라서 달라지기 때문에 판을 수리하고자 하는 경우 우선 판의 상태를 파악하고 현장에서의 작업성을 확인한 후 가능한 한 가장 효율적인 방법을 선택하여 수리를 한다면 많은 비용과 시간을 절약할 수 있을 것이다.

3.2.1.2 휨보강재 수리

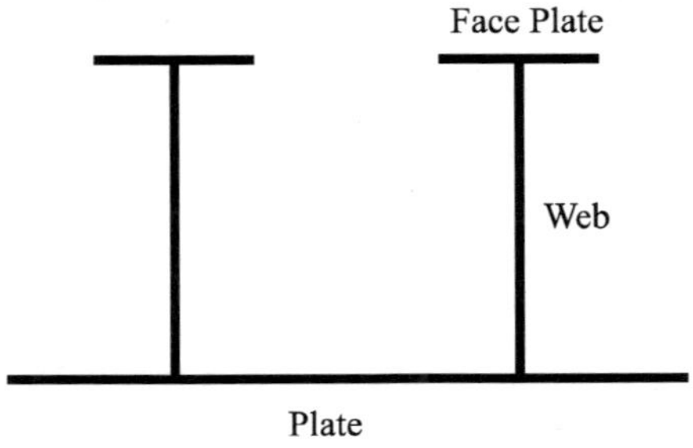

그림 3.4

판을 보강하는 휨보강재는 그림 3.4에서 보는 바와 같이 주로 웨브와 면재로 구성되어 있으며 이러한 휨보강재의 크기는 단면계수(Section modulus)로 나타내며 휨보강재의 단면계수를 결정하는 규정은 일반적으로 다음과 같은 형태를 가진다.

$$Z = C \cdot S \cdot \sqrt{h} \cdot l^2$$

Z : 단면계수 (cm^3)

C : 계수

S : 휨보강재 간격 (m)

h : 하중 (m)

l : 지지점 사이의 거리 (m)

휨보강재의 단면계수를 결정하는 인자는 휨보강재의 위치 및 지지 방식에 따라 결정되는 계수, 휨보강재 간격, 휨보강재에 작용하는 하중과 지지점 사이의 거리이다. 즉, 휨보강재의 단면계수를 결정하는 인자에 변화가 생기면 요구되는 휨보강재의 단면계수도 변한다. 다시 말해서, 휨보강재에 부식 또는 손상이 발생한 경우 휨보강재 일부 또는 전체를 신환하거나 휨보강재의 단면계수를 결정하는 인자를 조정함으로써 선급에서 요구하는 규정을 만족시킬 수 있다.

다음의 휨보강재의 단면계수를 결정하는 식에서 알 수 있는바와 같이,

$$Z = C \cdot S \cdot \sqrt{h} \cdot l^2$$

휨보강재에 대한 수리가 필요한 경우에는 Z 또는 C 또는 S 또는 h 또는 l 인자들을 이용하여 선급에서 요구하는 규정을 만족시킬 수 있다. 상기 두께를 규정하는 방법에서와 같이 이론상으로는 각 인자들 중 하나의 인자 또는 둘 이상의 인자를 조합한 경우의 수만큼의 수

리방법을 생각해 볼 수 있다.

예로서,

1) 휨보강재에 손상이 있는 경우(변형, 파공 등) ;

휨보강재의 단면계수를 결정하는 나머지 인자들을 아무리 변경하여도 규정을 만족할 수 없는 경우에는 휨보강재를 신환하여야 한다. 즉 상기 식에서 Z 항목을 조정한다.

2) 휨보강재에 별다른 파공이나 변형, 손상은 없으나 부식되어 두께가 규정을 만족하지 못하는 경우 ;

이미 건조가 완료된 선박의 경우 C 항목의 계수 차이가 크지 않기 때문에 작은 단면계수의 변경이 필요한 경우에 적용할 수 있다.

즉, 휨보강재를 신환하지 않고 휨보강재의 지지방식을 변경하는 방법으로도 규정을 만족시킬 수 있다.

3) 휨보강재의 단면계수가 규정을 만족하지 못하고, Z 또는 C 항목을 변경하기 어려운 경우;

휨보강재의 간격인 S 항목의 경우 휨보강재 사이에 한 개의 휨보강재를 추가하면 S는 1/2로 감소하고 이에 따라 요구되는 휨보강재의 단면계수 Z도 1/2로 줄어들게 된다.

즉, 휨보강재를 신환하지 않고 휨보강재를 추가하는 방법으로도 규정을 만족시킬 수 있다.

4) 휨보강재의 단면계수가 규정을 만족하지 못하고, Z 또는 C 또는 S 항목을 변경하기 어려운 경우 ;

휨보강재에 작용하는 하중을 변화시킴으로서 규정을 만족 시킬 수 있다.

즉, 외판붙이 휨보강재의 경우에는 흘수를 낮게 줄이거나 화물창내 격벽붙이 휨보강재의 경우에는 적재하는 화물의 높이 또는 비중을 감소하여 단면계수를 만족 시킬 수 있다.

5) 휨보강재의 단면계수가 규정을 만족하지 못하고, Z 또는 C 또는 S 또는 h 항목을 변경하기 어려운 경우 ;

휨보강재의 지지점 사이의 거리인 l 항목의 경우 휨보강재 지지점 사이에 한 개의 지지점을 추가하면 l은 1/2로 감소하고 요구되는 휨보강재의 단면계수 Z는 1/4로 줄어들게 된다.

즉, 휨보강재를 신환하지 않고 지지점을 추가하는 방법이다.

이와같이 휨보강재의 단면계수는 여러 인자들에 따라서 달라지기 때문에 휨보강재를 수리하고자 할 경우 우선 휨보강재의 상태를 파악하고 현장에서의 작업성을 확인한 후 가능한 한 가장 효율적인 방법을 선택하여 수리를 한다면 많은 비용과 시간을 절약할 수 있다.

여기에서 휨보강재의 크기를 결정하는 인자 중 지지점 사이의 거리를 줄이면 단면계수의 값은 제곱근의 값으로 감소한다. 즉, 휨보강재의 지지점사이의 거리를 1/2 만큼 줄이면 요구되는 단면계수의 값은 1/4 로 줄게 된다.

결론적으로 휨보강재의 크기를 줄이는 방법은 휨보강재의 지지점 사이의 거리를 줄이는 방법이 가장 효과적인 방법이다.

추가하여 거더의 크기는 두께 및 단면계수를 함께 사용하기 때문에 상기에서 설명한 방법을 각각 적용하여 수리를 할 수 있다.

3.2.2 수리 공사의 종류

3.2.2.1 수리 형태 및 방법

선박의 수리형태는 운항계획과 운항상황에 따라 완전하게 본래 이상의 수준으로 수리하는 일반수리와 긴급상황 동안 만을 위하여 수리하는 응급수리로 구분할 수 있다.

수리 방법의 선택은 보통 선주의 판단에 의하여 결정되는데, 수리의 기본은 Dock 수리이며 다음과 같이 손상정도나 운항일정 등 형편에 따라 정박수리, 부양상태수리, 안벽수리, 또는 항해 중 수리를 하는 경우가 있다.

수리계획은 선박의 상태와 설정된 예산을 감안하여 수립되는데, 최대 문제는 수리방법이나 수리범위를 어떻게 정확히 설정할 수 있는가 하는 것이다.

계획된 수리공사 이외의 추가 공사의 발생은 선주로서는 계획 외의 비용 증가 및 Dock 기간의 연장으로 인한 운항계획 변경을 가져오고 또한 수리 Yard로서도 Dock 안벽의 사용계획과 인원 사용계획에 혼란을 가져와 수리품질의 저하를 초래할 뿐만 아니라 다른 선박의 Dock 및 수리계획에도 문제를 발생시킬 수 있다.

3.2.2.2 손상별 수리방법

1) 손상부위와 그 중대성

수리를 실시할 때에 중요한 것은 발견된 손상이 중대사고로 연결될 것인가에 대한 판단이다. 선체는 주요 구조부재와 이와 인접하는 2차 부재나 보조부재로 이루어지고 통상 균열 등의 손상은 주로 2차 부재에 많이 발생한다.

정해진 수리기간 내에서 고품질의 수리를 실시하려면, 즉시 수리해야 할 손상과 다음 dock로 연기할 수 있는 손상을 판별하여 적절하게 수리하는 것이 중요하며 상갑판 및 외판의 균열 손상은 선체파단, 침수, 침몰등과 같은 중대사고의 원인이 될 수 있기 때문에 즉각적인 수리가 필요하다.

2) 주요 손상

(1) 균열

균열은 연성균열, 취성균열 및 피로균열의 3 종류로 대별하며 균열의 종류에 따라 수리방법도 달라진다.

(a) 연성균열

연성균열은 충돌, 접촉, 좌초, 폭발 등에 의하여 과대 하중을 받는 경우에 발생하며 추가로 선수부 등에 큰 파도를 맞아 선체가 국부적으로 큰 변형을 일으킨 때에 내부재에 파생적으로 생기는 경우도 있다.

손상 대책은 원상복구를 기본으로 생각하면 되는데 선수부의 큰 파도로 인한 경우 그 발생상황에 따라 보강 필요성도 발생한다.

(b) 취성균열

취성균열은 저온 충격 시 발생하기 쉽고 균열 발생과 동시에 순식간에 큰 균열로 진전하는 성질이 있으며, 선체를 완전히 절단하거나 선측 외판의 탈락 사고를 일으킬 가능성도 있다.

특히 저온액화가스선의 탱크 주변이나 냉동화물선의 냉동창 등의 구조부재 혹은 빙해를 항해하는 선박의 외판 등 저온에 노출되는 부재는 수리시에 재료 선택, 용접, 취부 품질 등에 매우 주의해야 한다.

(c) 피로균열

피로균열은 상기 외에 일상적으로 발생하는 균열이다. 이 균열은 반복하중을 받는 동안 미세한 균열이 생기고, 이 균열이 계속 진전하여 균열로서 눈에 띄는 상태, 혹은 해수나 화물유가 누설되는 상태로 된다.

(2) 변형

변형은 충돌, 접촉, 좌초 등의 사고 뿐 아니고 구조부재의 쇠모가 진행된 경우나 강도가 부족한 경우에 생기며 수리방법은 손상 원인에 따라 달라진다.

(a) 구조물의 면내 하중에 의하여 발생한 변형을 좌굴변형이라 하고 면외 하중에 의

하여 발생한 변형을 굽힘변형이라 한다.

(b) 구조물의 전형적인 변형은 좌굴과 굽힘이며 이 변형들이 계속 이어져 결국에는 파괴로 이어진다.

3.2.3 수리방법

손상부에 대한 최적의 수리를 위하여는 손상의 원인을 파악한 후 이에 따른 적절한 수리방법을 적용하여야 하며 기본적으로 손상된 부위를 원래대로 복구(신환)하고 필요한 경우에는 두께 증가 또는 추가 부재등으로 보강하는 것이 통상적인 방법이다. 비교적 손상 발생 사례가 많은 구조물에 대한 구조별 손상상세 및 수리방법은 다음과 같다.

3.2.3.1 늑골 손상

구조	손상	수리
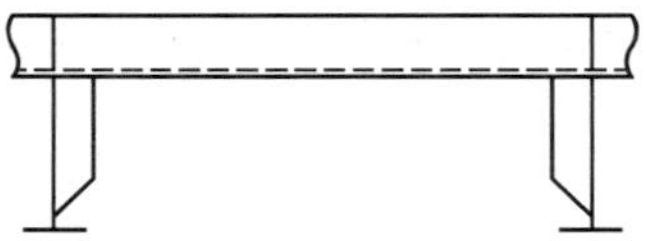	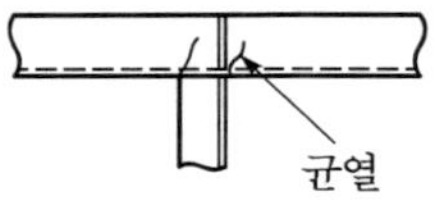	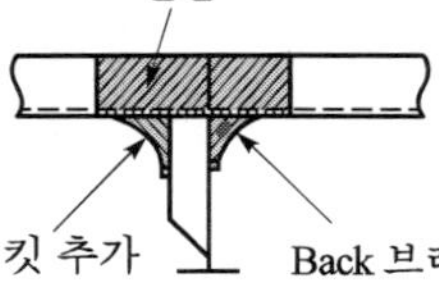

1) 원인

늑골의 강도가 부족하거나 늑골에 작용하는 하중으로 거더의 인장에 따른 웨브의 기부 및 늑골과 웨브 교차점의 구조불연속 부위에 응력집중이 생겨 손상(균열)이 발생한다.

2) 수리방법

(1) 늑골의 강도가 부족한 경우

(a) 손상부의 늑골을 강도가 큰 부재로 신환 하거나

(b) 손상부 늑골을 신환하고 브래킷 및 Back 브래킷을 추가 신설한다.

(c) 면재에 Rider Plate를 신설한다.

(d) 늑골의 중앙에 Strut를 신설한다.

(2) 구조 불연속부의 응력집중의 경우

손상부 늑골을 신환하고 브래킷 및 Back 브래킷을 추가 신설한다.

(3) 웨브 Stiffener 부위에 추가되는 브래킷은 기부의 응력집중이 감소되도록 유연한 형

상으로 하는 것이 좋고, 늑골과 웨브 교차점의 응력집중 감소를 위한 Back 브래킷 도 유연한 형상으로 한다.

3.2.3.2 늑골 Stiffener 손상

구조	손상	수리
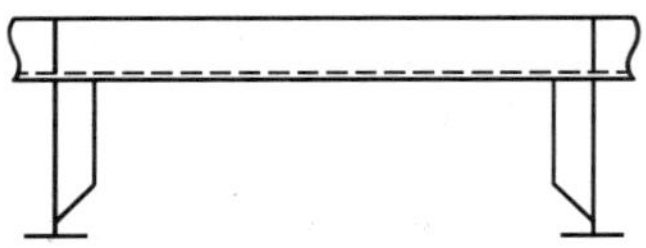	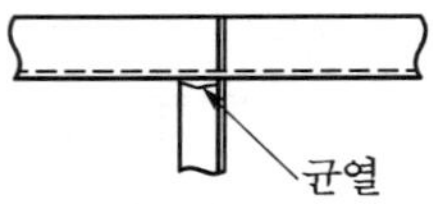	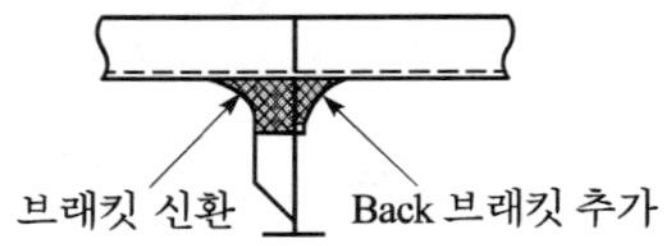

1) 원인

늑골과 휨보강재의 연결 구조의 불연속에 의한 응력집중에 따른 손상이다.

2) 수리방법

(1) 손상부 Stiffener를 브래킷 형상으로 신환하고

(2) Back 브래킷을 추가 신설한다.

(3) 브래킷 및 Back 브래킷은 기부의 응력집중이 감소되도록 Soft한 형상으로 하는 것이 좋다.

3.2.3.3 거더 Slot 주변 손상

구조	손상	수리
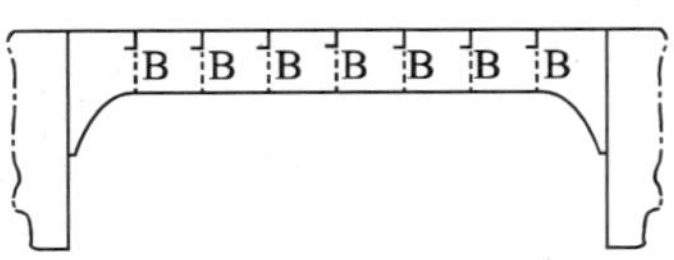	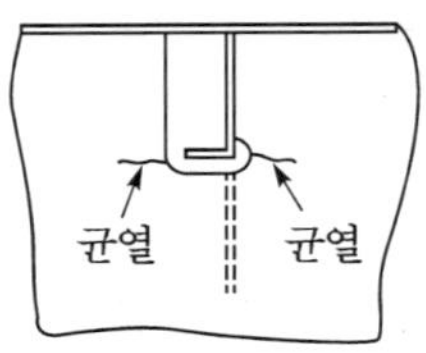	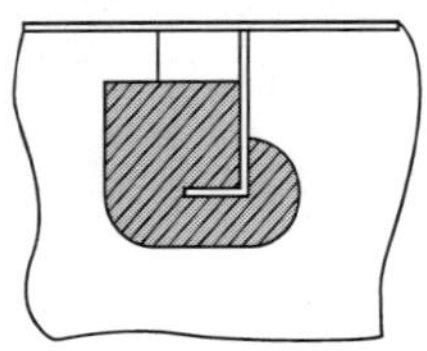

1) 원인

거더에 작용하는 전단력에 의하여 거더의 웨브에 시공된 Slot의 응력집중부에 발생하는 손상이다.

2) 수리 방법

Slot의 개구부를 막는 것이 가장 효과적이나 Slot의 개구부는 구조 상태에 따라 Drain Hole 이나 Air Hole 역할을 하는 경우에는 알맞은 형태의 Collar Plate를 시공한다.

3.2.3.4 거더 단부 손상(균열)

구조	손상	수리
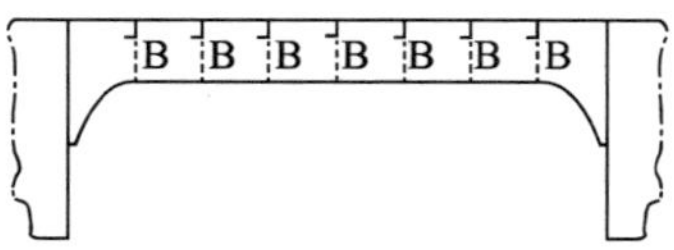	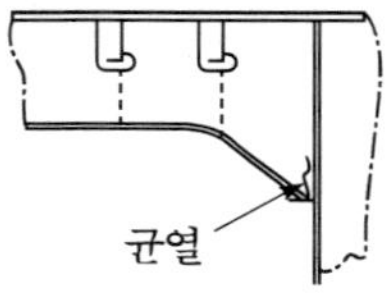	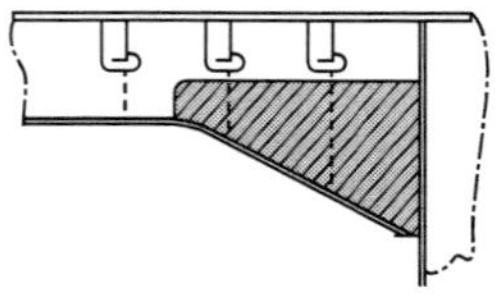

1) 원인

브래킷 부위는 구조적인 불연속으로 인한 응력집중으로 균열이 발생하기 쉽다.

2) 수리 방법

브래킷의 크기를 조절하여 브래킷의 형상을 유연하게 하고 손상은 주로 면재의 단부에서 발생하므로 면재 단부에 대한 tapering 등의 조치를 한다.

3.2.3.5 거더 단부 손상(좌굴)

구조	손상	수리
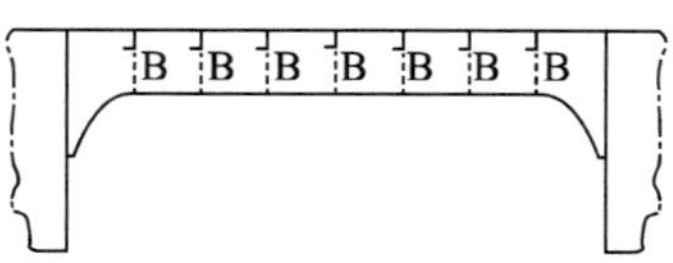	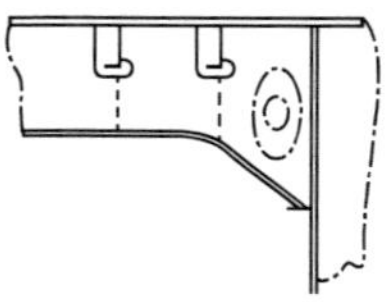	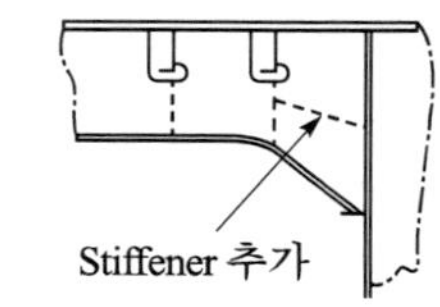

1) 원인

거더 단부의 웨브 두께가 얇거나 부식/쇠모로 인한 웨브의 두께가 감소하거나 또는 단부 Panel이 큰 경우에는 전단응력으로 인한 좌굴이 발생한다.

2) 수리 방법

(1) 웨브 손상부에 좌굴강도를 높이기 위한 휨보강재를 추가하는 것이 일반적인 방법이다.

(2) 만약 판의 좌굴이 부식/쇠모에 따른 원인인 경우에는 판의 신환도 고려하여야 한다.

3.2.3.6 판 손상

구조	손상	수리
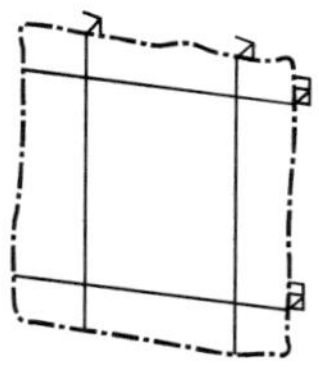	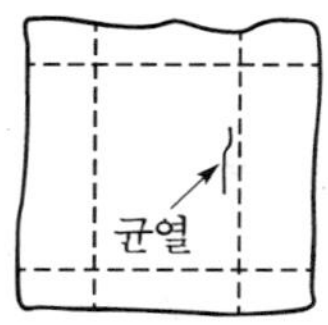	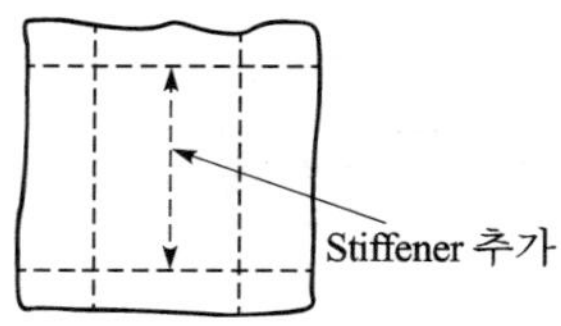

1) 원인

판 면에 직각방향의 하중이나 진동에 의한 반복하중이 작용하는 경우 판넬의 긴 변 중앙부에 가장 큰 응력이 걸리기 때문에 이곳에서 균열이 발생하기 쉽다.

2) 수리 방법

휨보강재를 신설하는 방법이 일반적이다.

3.2.4 수리 기준

선체구조의 균열, 변형, 부식 등과 같은 손상 발생 시 이에 대한 수리방법은 손상종류, 손상위치, 손상부재의 종류 등에 대한 적절한 수리기준에 따르는 것이 좋다.

선체구조에 발생한 손상에 대한 수리는 여러가지 방법이 있을 수 있지만 여기서는 국제선급연합회(IACS)에서 각 회원 선급들이 제공한 자료를 바탕으로 가장 적절한 수리방안을 마련하여 제공한 자료를 참고하여 주요 부분에 대한 내용을 기술하였으니 실제 현장에서 손상부에 대한 수리방안 검토 시 이들 기준을 참고로 하면 많은 도움이 될 것이다.

3.2.4.1 재료 (판재 및 골재)

1) 일반사항

(1) 일반적으로 수리에 사용되는 재료는 신조선시 선급규정에 따라 사용된 것과 동일한 재료를 사용한다.

(2) 신환되는 재료는 원래 승인된 것과 동일한 등급의 재료를 사용하며, 선급에서 동등하다고 인정된 재료도 사용할 수 있다.

(3) 선급에서 특별히 인정한 경우를 제외하고 고장력강 대신으로 일반강재를 사용할 수 없다.

2) 동등한 재료

(1) 동등한 재료에 대한 평가기준은 최소한 다음을 포함한다.

- 화학성분, 기계적 성질, 열처리/배송조건, 허용값

(2) 평가기준

평가기준	요구사항	비고
화학성분	– C : 동일 또는 낮음 – P & S : 동일 또는 낮음 – Mn : 근사값, (단,1.6% 미만) – 미세성분 : 동등한 량	Cu, Ni, Cr, Mo 성분의 합이 0.8% 미만
기계적성질	– 인장강도 : 동등 또는 높음 항복강도 : 동등 또는 높음 – 연신율 : 동등 또는 높음 – 충격치 : 동등 또는 높음 (동일 또는 낮은 온도)	– 실제 항복강도는 선급규정 만족 – 최소값 : 80 N/mm^2
열처리/ 배송조건	동일 또는 좋음	열처리 표시 – as rolled (AR) – controlled rolled (CR) – normalised (N) – thermo–mechanically rolled (TM) – quenched and tempered (QT) * TM 및 QT는 고온성형 부적절
허용값	동일 또는 엄격	

3.2.4.2 용접

1) 서로 재질 등급이 다른 구조부재에 사용하는 용접봉은 다음 표에 따른다.
2) 용접전 예열은 재료의 화학성분, WPS 및 용접부 조건에 따라 결정한다.
3) 상온이 0℃ 이하인 경우 최소 예열온도는 50℃ 이다.
4) 재용접 또는 수리용접을 하는 경우에는 규정된 값에 25℃를 증가한다.
5) 고장력강에 대한 최소예열온도는 다음 표에 따른다.
6) 부상상태의 수면하 구조부재에 대한 내부용접의 허용은 다음과 같다.
   (1) 항복강도가 355MPa를 초과하지 않는 일반강 및 고장력강에 적용
   (2) 작은 부위의 수리용접 및 저수소계 용접봉 사용
   (3) 다른 고장력강 또는 넓은 범위의 용접에 대하여는 선급이 인정하는 WPS에 따라 수행
   (4) 충분한 건조와 냉각속도를 줄이기 위하여 구조물은 용접전에 WPS에 규정된 온도 또는 최소 5℃의 온도까지 토치 등을 이용하여 예열한다.

용접봉 등급	재료 등급											
	A	B	D	E	A32/36	D32/36	E32/36	F32/36	A40	D40	E40	F40
1S, 1T, 1M, 1TM, 1V	×											
1YS, 1YT, 1YM, 1YTM, 1YV	×				×2)							
2S, 2T, 2M, 2TM, 2V	×	×	×									
2Y, 2YS, 2YT, 2YM, 2YTM, 2YV	×	×	×		×	×						
2Y40, 2Y40S, 2Y40T, 2Y40M, 2Y40TM, 2Y40V	D	D	D		×	×			×	×		
3S, 3T, 3M, 3TM, 3V	×	×	×	×								
3Y, 3YS, 3YT, 3YM, 3YTM, 3YV	×	×	×	×	×	×	×					
3Y40, 3Y40S, 3Y40T, 3Y40M, 3Y40TM, 3Y40V	D	D	D	D	×	×	×		×	×	×	
4Y, 4YS, 4YT, 4YM, 4YTM, 4YV	×	×	×	×	×	×	×	×				
4Y40, 4Y40S, 4Y40T, 4Y40M, 4Y40TM, 4Y40V	D	D	D	D	×	×	×	×	×	×	×	×

* 재료 등급;
- 일반강 : A, B, D, E
- 고장력강 : A32, D32, E32, A36, D36, E36
- 고장력강(최소 항복강도 390N/mm^2) : A40, D40, E40
- 고장력강(저온용) : F32, F36, F40

* 용접봉 등급
- 일반강용 : 1, 2, 3
- 고장력강(항복강도 355N/mm^2 이상) : 1Y, 2Y, 3Y, 4Y
- 고장력강(항복강도 390N/mm^2 이상) : 2Y40, 3Y40, 4Y40

* A40, D40, E40, F40 용 용접봉은 선급이 인정하는 경우 일반강에 사용할 수 있다.

* 1Y 등급 용접봉을 사용하는 고장력강의 두께는 25mm를 초과하지 않아야 한다.

탄소당량	최소 예열 온도 (℃)		
	$t_{comb} \leq 50mm$	$50mm < t_{comb} \leq 70mm$	$t_{comb} > 70mm$
$Ceq \leq 0.39$	–	50	–
$Ceq \leq 0.41$	–	75	–
$Ceq \leq 0.43$	–	50	100
$Ceq \leq 0.45$	50	100	125
$Ceq \leq 0.47$	100	125	150
$Ceq \leq 0.50$	125	150	175

비고
* $Ceq = C + Mn/6 + Cr+Mo+V/5 + Ni+Cu/15$ (%)
* $t_{comb} = t_1 + t_2 + t_3 + t_4$

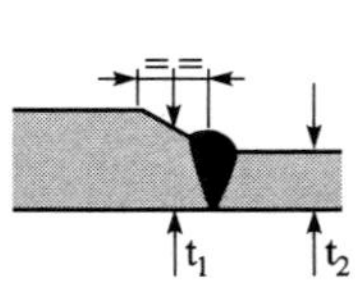

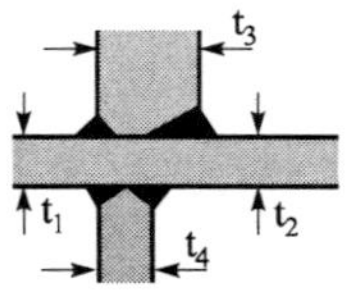

3.2.4.3 수리 기준

1) 용접

항목	상세	기준	허용한도	비고
재료	등급	동등 또는 이상		

항목	상세	기준	허용한도	비고
용접봉		3.2.4.2의 표 참조	국제기준	

항목	상세	기준	허용한도	비고
거칠기	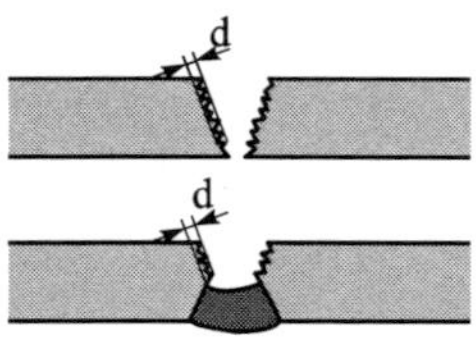	d < 1.5mm, 슬래그, 불순물, 기름, 먼지, 페인트, 프라이머 등 제거	그라인딩	

항목	상세	기준	허용한도	비고
예열		3.2.4.2의 표 참조	온도 ≥ 5℃	

항목	상세	기준	허용한도	비고
얼라인먼트 (맞대기)	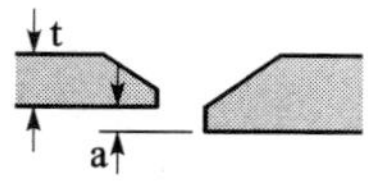	a≤0.15t: 강도부재 a≤0.15t: 기타부재 * 최대: 4 mm	t < 판두께	
	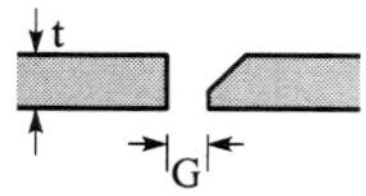	G ≤ 3 mm	G = 5 mm	
	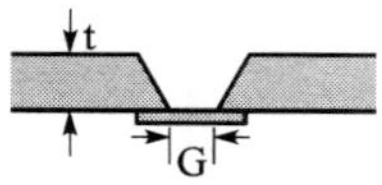	G = 3~9 mm	G = 16 mm	
	Flange, T-bar 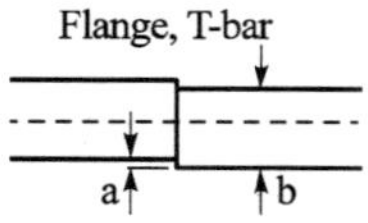	a≤0.04b: 강도부재	a = 8 mm	
	T-bar, Angle 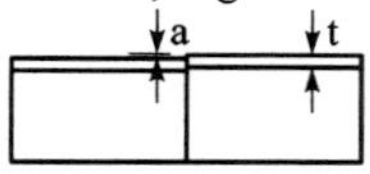	a≤0.15t: 강도부재 a≤0.15t: 기타부재	a = 3 mm	
	Stiffener 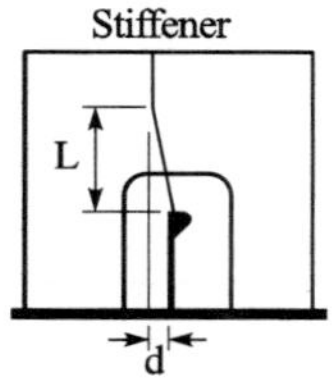	d ≤ L/50		
	브래킷 & Stiffener 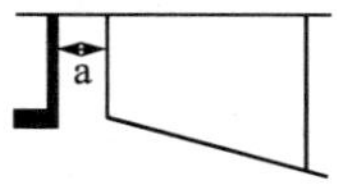	a ≤ 2 mm	a = 3 mm	
	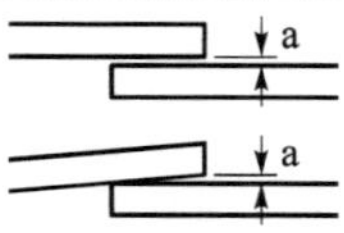	a ≤ 2 mm	a = 3 mm	
	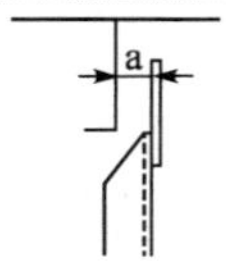	a ≤ 2 mm	a = 5 mm	
	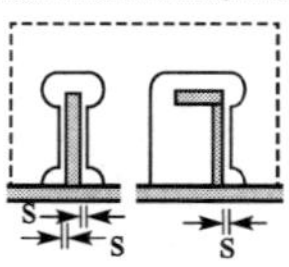	a ≤ 2 mm	a = 5 mm	

항목	상세	기준	허용한도	비고
	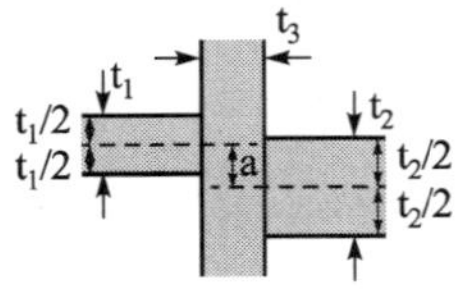		a≤t1/3: 강도부재 a≤t1/2: 기타부재	
	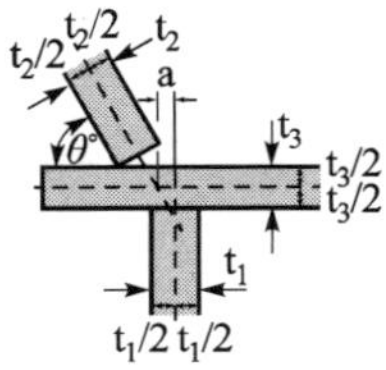		a≤t1/3: 강도부재 a≤t1/2: 기타부재	
얼라인먼트 (필렛)	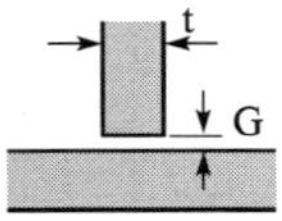	G ≤ 2 mm	G = 3 mm	
	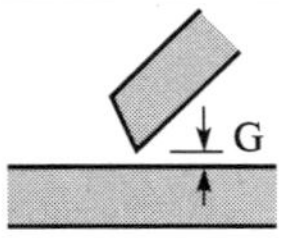	G ≤ 2 mm	G = 3 mm	
	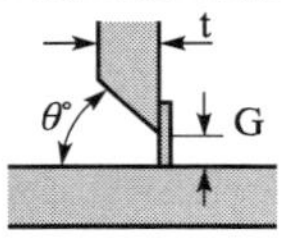	G ≤ 4~6 mm θ° = 30° ~ 45°	g = 16 mm	강도부재 예외
	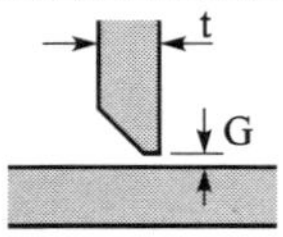	G ≤ 2 mm		

항목	상세	기준	허용한도	비고
	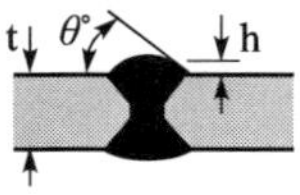	θ ≤ 60° h ≤ 6 mm	θ ≤ 90°	
	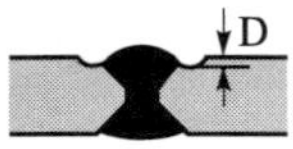		D≤0.5mm: 강도부재 D≤0.8mm: 기타부재	
용접부형상	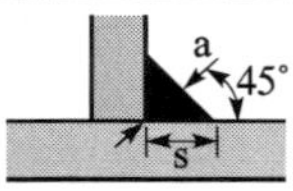		s ≥ 0.9sd a ≥ 0.9ad	sd=설계값 ad=설계값
	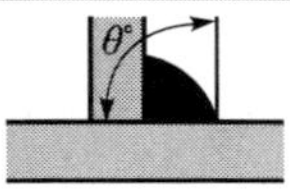		θ ≤ 90°	
	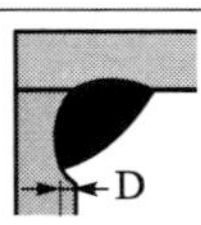		D ≤ 0.8 mm	

항목	상세	기준	허용한도	비고
피팅부위 용접	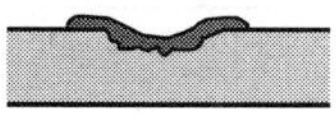	깊이≤1/3t: 용접 깊이>1/3t: 신환	피팅집중 : 신환 잔존두께<6mm : 신환	

2) 판의 신환

항목	상세	기준	허용한도	비고
크기	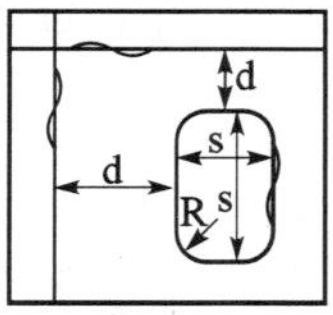	s ≥ 300 mm 원형 Dia ≥ 200 mm	최소 s = 200 mm	
		r ≥ 5×판두께	최소 r = 100 mm	
		d ≥ 300 mm:마진판 d ≥ 30 mm:cut-out	d ≥ 150 mm –	
재료 등급		동등 또는 이상		
용접순서	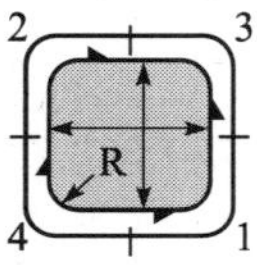	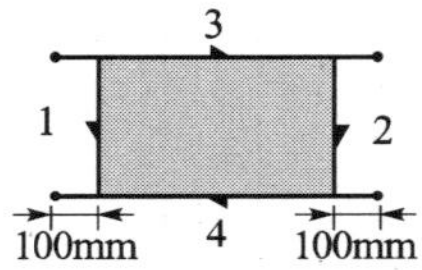	1 → 2 → 3 → 4	

3) 이중판

항목	상세	기준	허용한도	비고
기존판 두께(tp)			t ≥ 5 mm	t≤5mm: 신환
범위/크기	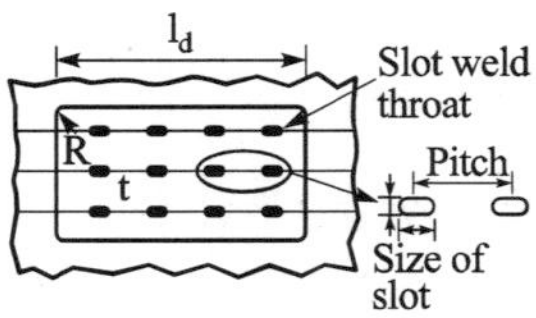	모서리 라운드 처리	Min.: 300×300 R ≥ 50 mm	
이중판 두께(td)		td ≤ tp	td > tp/3	
Slot 용접		크기:(80~100)×2td	Max. Pitch: 200mm	
		거리: d ≤ 15td	dmax = 500mm	
		각목: 0.6×td		

4) 골재 신환

항목	상세	기준	허용한도	비고
재료 등급		동등 또는 이상		
신환 크기	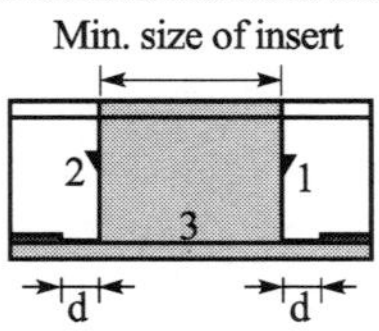	Min. 300 mm	Min. 200 mm	
용접순서		1 → 2 → 3		

3.2.4.4 선체 손상별 수리 예

구조	화물구역 - 갑판구조
내용	횡식 구조의 상갑판부 좌굴

손상부 상세	수리부 상세
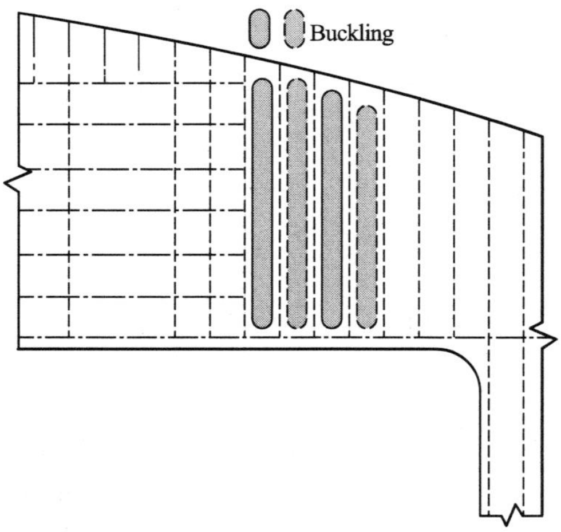	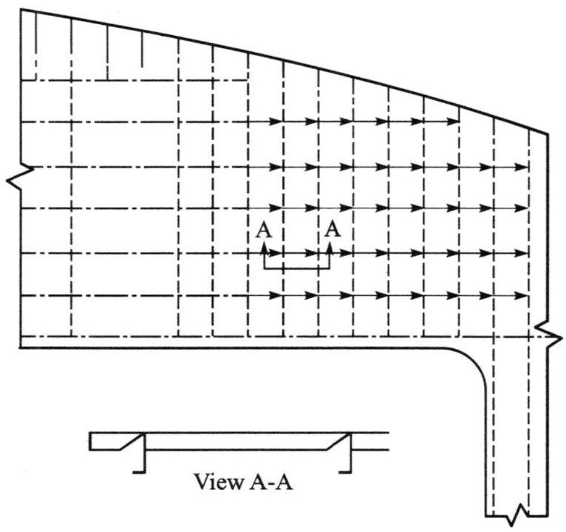
손상원인 1. 슬래밍/Bow flare에 의한 과도한 면내 압축 응력 2. 상갑판부 종방향 휨보강재의 강도 부족	*수리방법* 1. 좌굴된 상갑판부위 신환 2. 종방향 휨보강재 추가 신설 • 종방향 휨보강재를 추가하는 대신 원래보다 두꺼운 판으로 신환도 가능 3. 휨보강재 끝단부의 스닙에 의한 응력집중으로 피로균열이 발생할 수 있으므로 끝단부는 스닙에서 lug-connection으로 변경 필요

구조	화물구역 - 갑판구조
내용	화물창 코너부의 균열

손상부 상세	수리부 상세
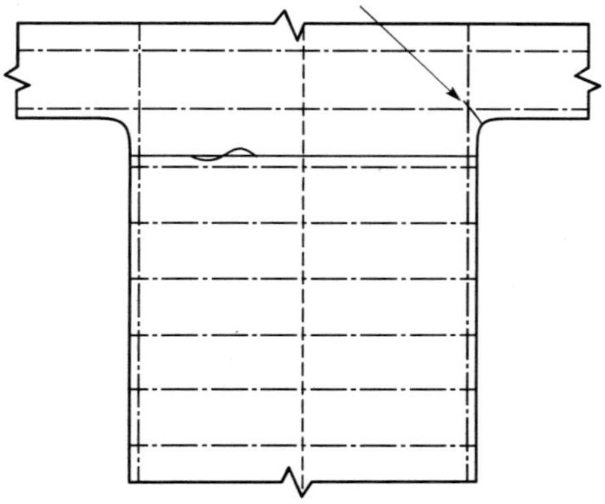	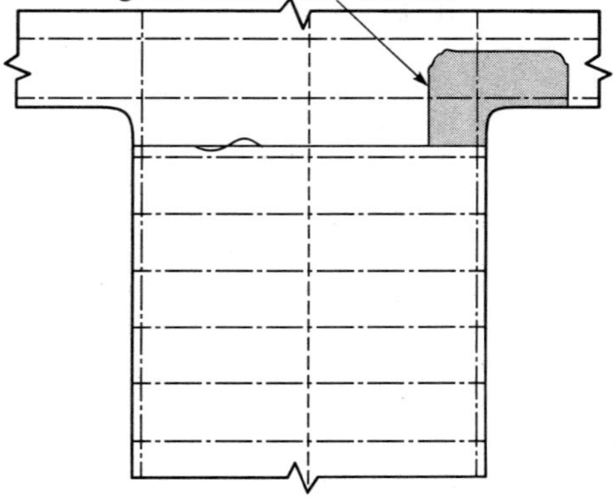
손상원인 1. 창구 모서리부의 응력 집중 2. 창구 모서리부의 쉐더판 취부 3. 작업용 와이어로프에 의한 홈	*수리방법* 1. 균열이 발생한 모서리판 신환 • 주요 원인이 응력집중인 경우 – 신환되는 판의 ① 두께 증가 ② 재료등급 상향 ③ 형상 개선 ④ 모서리부: Round 처리 ⑤ 용접부: 그라인딩 처리 • 주요 원인이 쉐더판 취부 경우 – 갑판과의 접촉부는 용접보류 • 주요원인이 와이어로프인 경우 – 원래 설계대로 신환

구조	화물구역 - 갑판구조
내용	후판과 인접한 크로스갑판(박판) 용접부 균열

<u>손상부 상세</u>

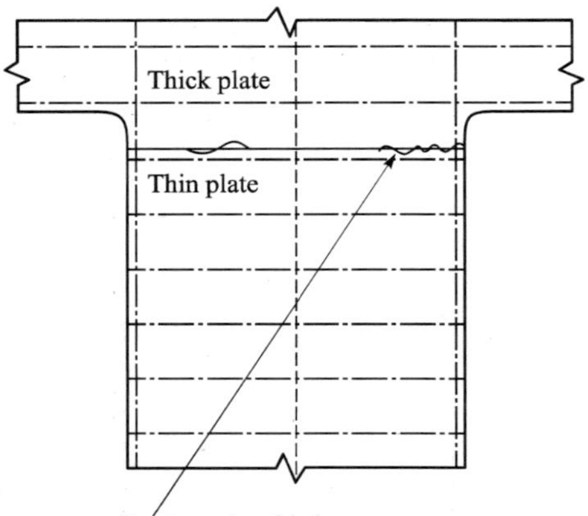

<u>수리부 상세</u>

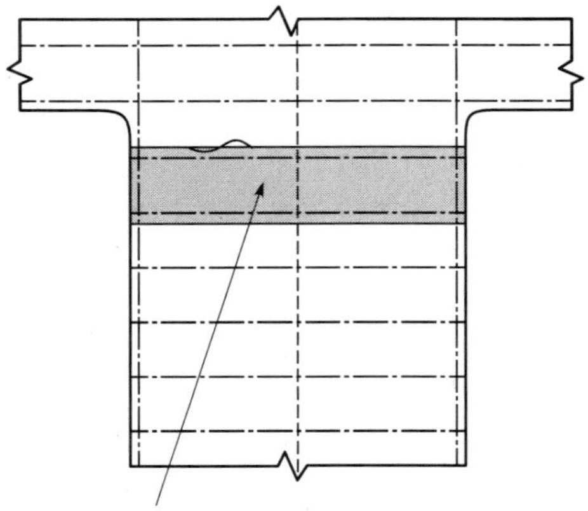

손상원인

1. 급격한 판두께 변화에 따른 응력집중
2. 선측 종방향 비틀림 운동에 따른 크로스갑판의 면내 굽힘
3. 창구모서리부와 크로스갑판 용접부의 근접

수리방법

1. 양쪽 판의 중간두께의 판으로 신환
2. 용접부 후판의 테이퍼링 필요

구조	화물구역 - 갑판구조
내용	후판과 인접한 크로스갑판(박판)의 좌굴

손상부 상세

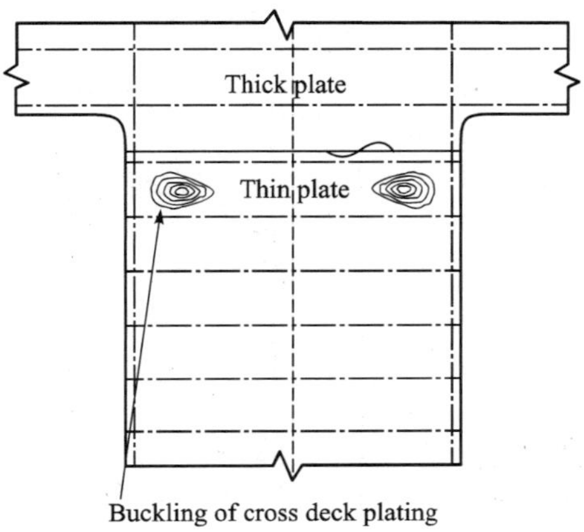

수리부 상세

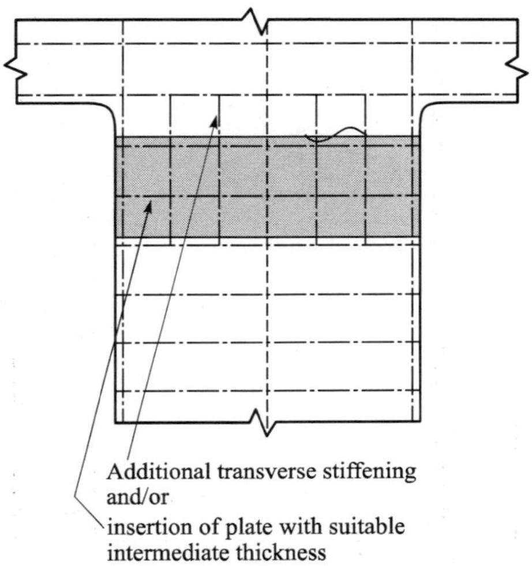

손상원인

1. 선측 종방향 비틀림 운동에 따른 크로스갑판의 면내 굽힘
2. 횡방향 휨보강재의 강도 부족

수리방법

1. 횡방향 휨보강재 추가 신설
2. 증가된 두께의 판으로 신환

구조	화물구역 - 이중갑판구조
내용	갑판 새깅/외팔보 좌굴

손상부 상세

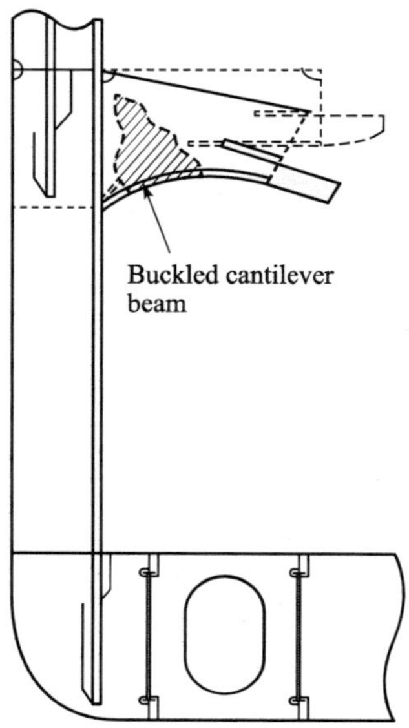

수리부 상세

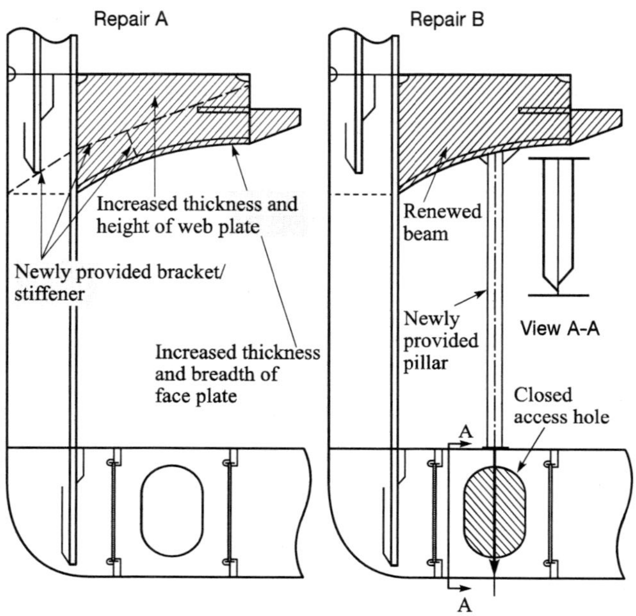

손상원인

1. 설계 불량
2. 과적 및/또는 황천 항해에 따른 하중 초과

수리방법

1. 해당부위 신환
2. 치수 증가 및/또는 추가 보강재 시공 또는 필러 시공

구조	화물구역 - 갑판구조
내용	창구코밍 종방향 단부 브래킷 하부의 웨브/갑판 균열

손상부 상세

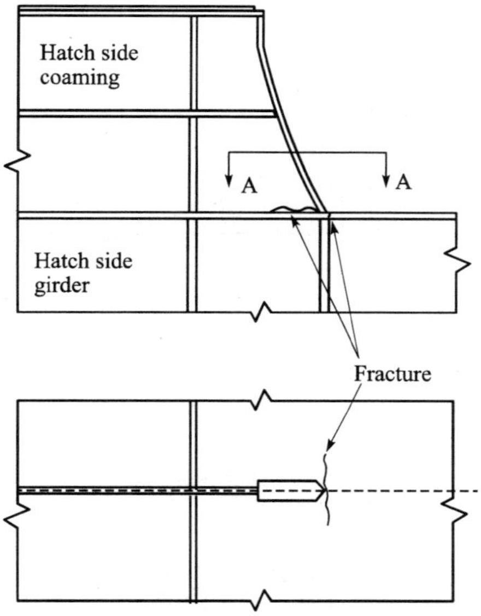

View A-A

수리부 상세

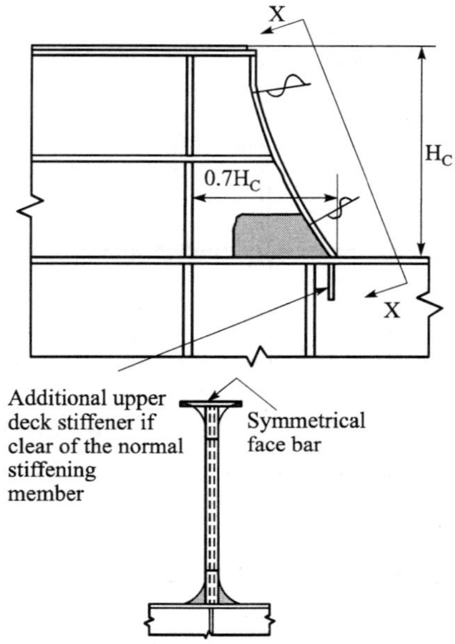

View X-X

손상원인

1. 브래킷 끝단부 응력 집중

수리방법

1. 브래킷 형상의 변경
2. 브래킷 단부에 Gusset 판 설치
    - Gusset 판과 갑판은 완전 용입 용접
3. 브래킷 끝단부 갑판 하부에 휨보강재 추가
4. 갑판 균열부
    - 가우징/용접 또는
    - 부분신환

구조	화물구역 - 갑판구조
내용	창구코밍 종방향 브래킷 하부의 웨브 또는 갑판 균열

손상부 상세

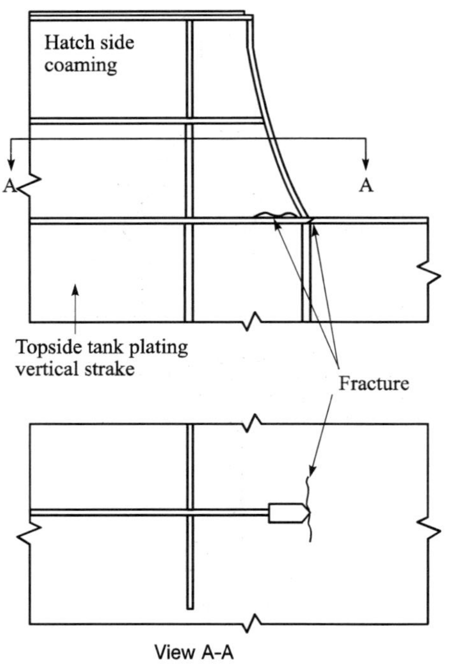

수리부 상세

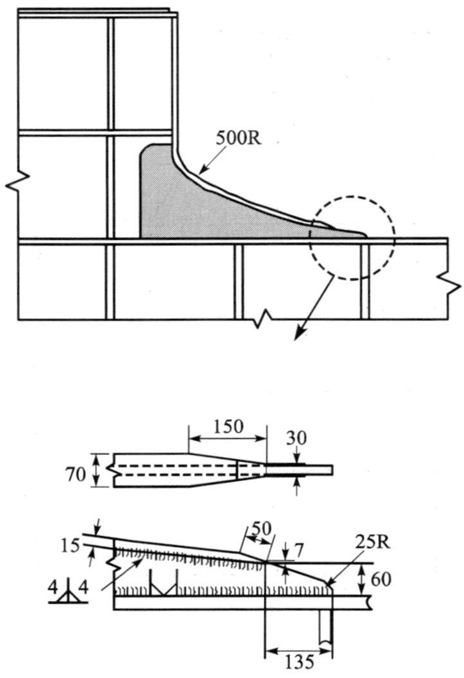

손상원인

1. 단부 브래킷 형상에 의한 응력집중

수리방법

1. 브래킷 형상의 변경 및 갑판 하부 브래킷 끝 단부에 휨보강재 추가
2. 단부 브래킷 끝에서 창구코밍 높이의 0.7%길이 부위 및 gusset 브래킷과 갑판부 완전용입 용접
3. 갑판부 균열은 가우징 후 용접 또는 부분 신환

구조	화물구역 - 갑판구조
내용	창구코밍 종방향 브래킷 하부의 웨브 균열

손상부 상세

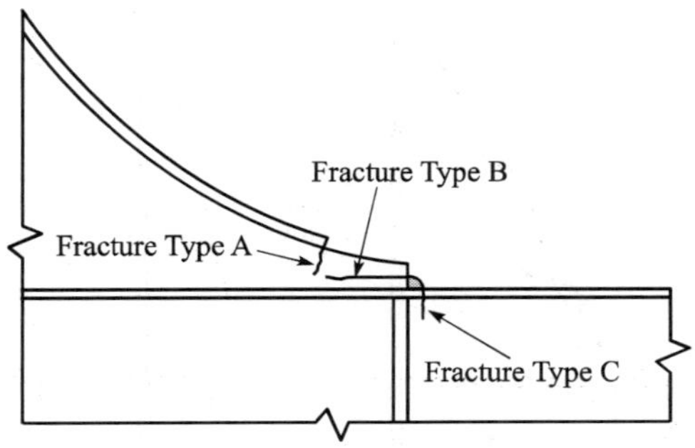

수리부 상세

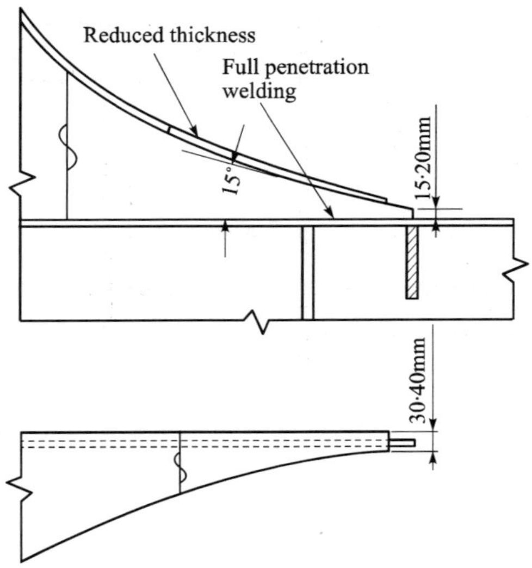

손상원인

1. 불충분한 경사에 따른 플랜지 끝단부의 높은 응력 발생
2. 불충분한 끝단부 웨브 높이 감소에 따른 높은 전단력 발생

수리방법

1. 가능한 한 길게 연장 브래킷의 점진적인 형상 변경
2. 브래킷 단부 웨브 높이 감소
3. 플랜지 단부의 횡단면적 감소

구조	화물구역 - 갑판구조
내용	횡방향 창구코밍 Stay 웨브의 균열

손상부 상세

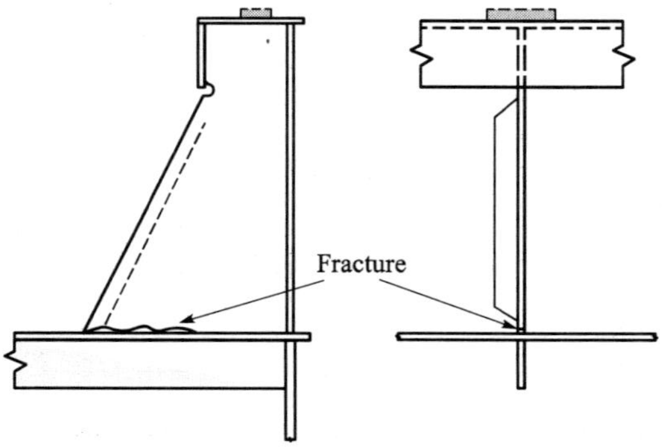

수리부 상세

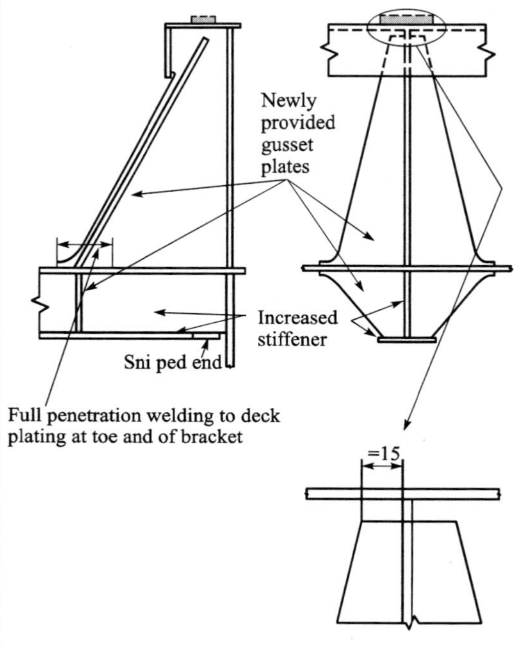

손상원인

1. 창구덮개 지지대 수평 마찰력에 대한 강도 부족

수리방법

1. 해치코밍 Stay의 설계 변경
2. Gusset 판과 갑판부에 대한 완전용입 용접
3. 갑판 하부 연속성 유지 및 보강
4. 마찰계수가 작은 지지대 사용

구조	화물구역 - 갑판구조
내용	횡방향 창구코밍 Stay 웨브의 균열

손상부 상세	수리부 상세
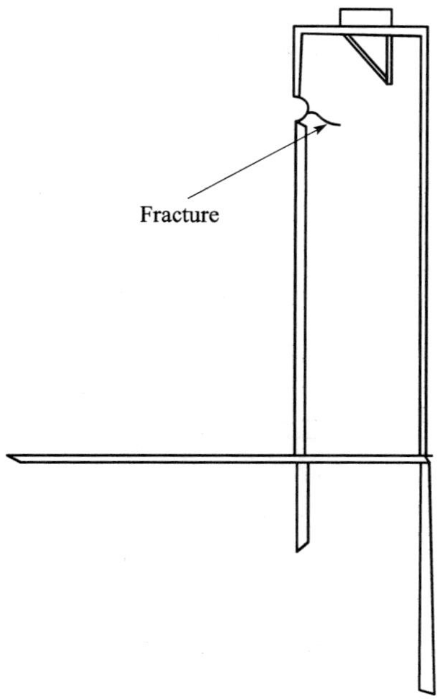	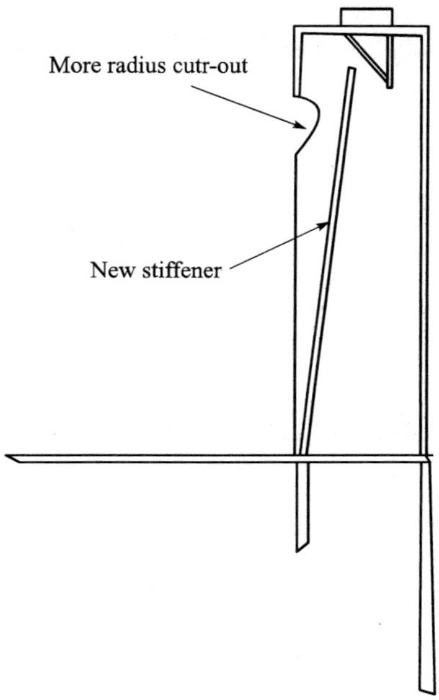
손상원인 1. 창구덮개 지지대 수평 마찰력에 대한 강도 부족	*수리방법* 1. 해치코밍 Stay의 상부 스캘럽 증가 2. 가능한 한 길게 수직 휨보강재 시공 3. 스캘럽 부위 그라인딩

구조	화물구역 - 갑판구조
내용	해치커버 레일 끝단부 해치코밍 정판 균열

손상부 상세

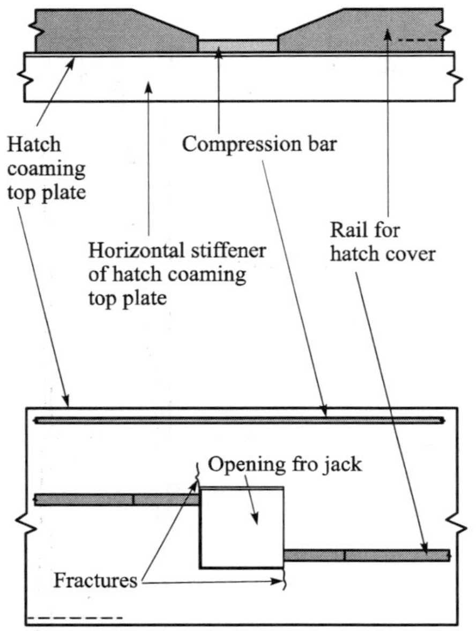

수리부 상세

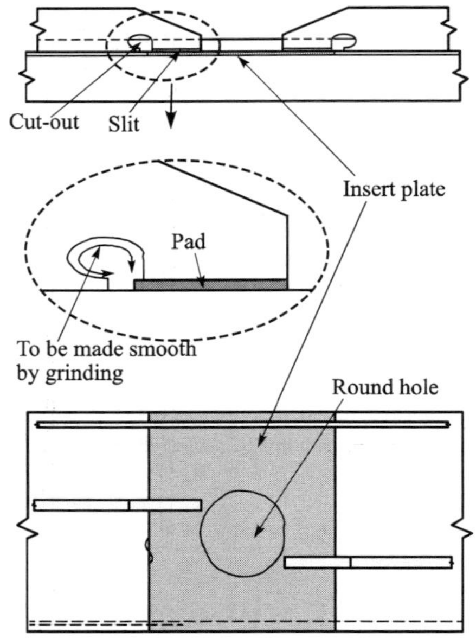

손상원인

1. 부적절한 경감구멍으로 인한 응력집중

수리방법

1. 균열부 신환
2. 응력집중 감소를 위한 두꺼운 판 또는 큰 반경 고려

구조	화물구역 - 갑판구조
내용	Access 맨홀 용접부로부터 발생한 갑판 균열

손상부 상세

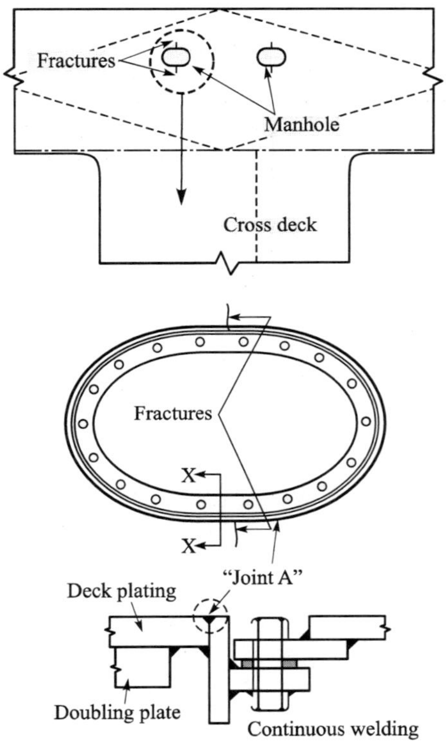

Section X-X

수리부 상세

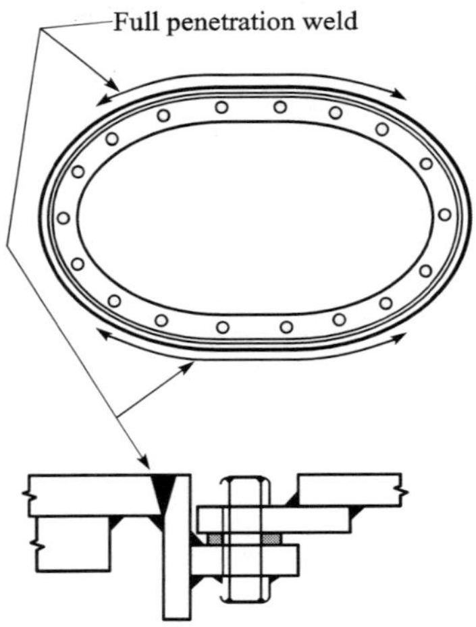

손상원인

1. 황천
2. "A" 조인트부의 용접 불량

수리방법

1. 갑판 균열부는 가우징 후 용접 또는 균열부 신환
2. "A" 조인트부 완전용입 용접

구조	화물구역 - 갑판구조
내용	크로스갑판 하부 거더 slot 부위 균열

손상부 상세

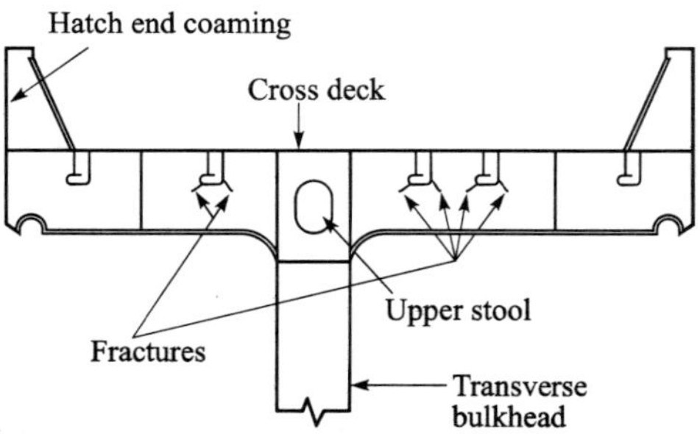

수리부 상세

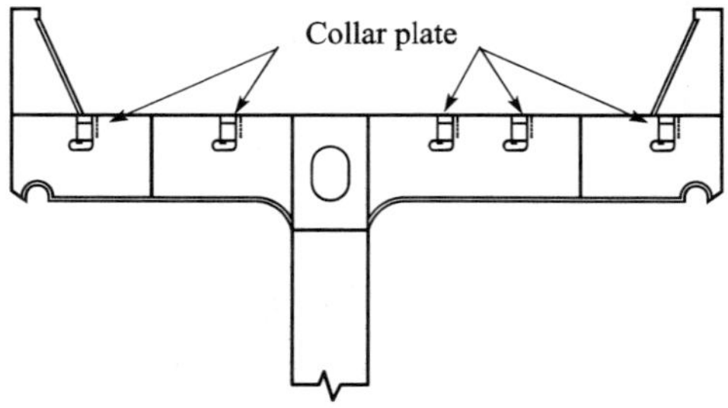

손상원인

1. 크로스갑판 거더 slot 부위 응력집중

수리방법

1. 균열된 크로스 갑판 거더 웨브 신환
2. Collar plate 취부

구조	화물구역 - 갑판구조
내용	갑판 종늑골 균열

손상부 상세

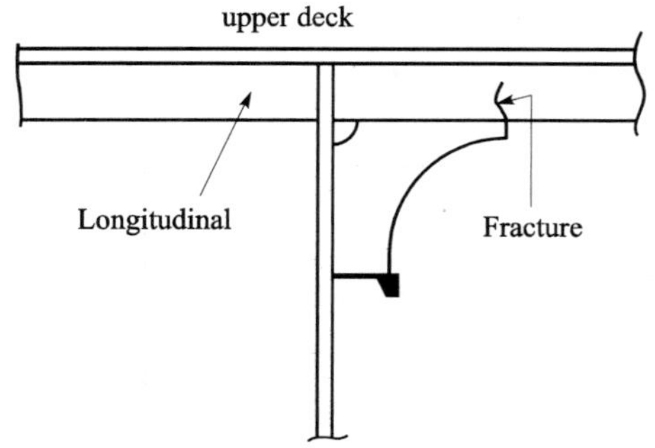

수리부 상세

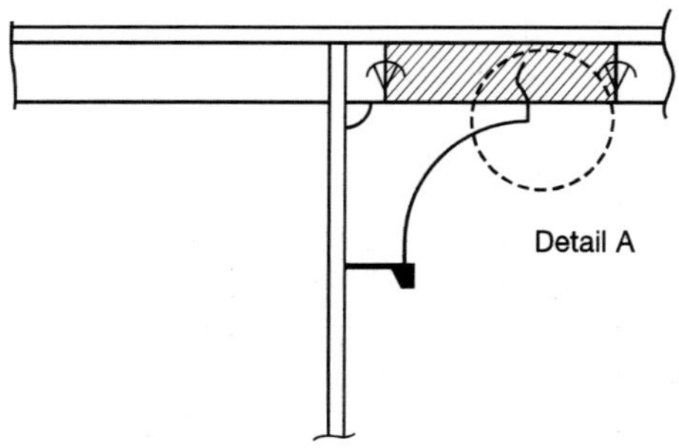

Detail A

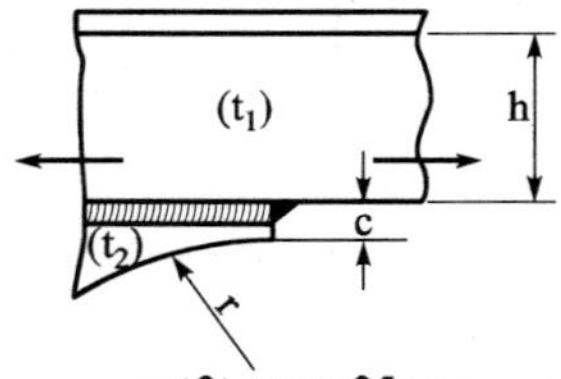

$c \leq 2t_2$ max. 25mm
$r \geq 0.5h$

손상원인

1. 브래킷 끝단부 응력집중
2. 브래킷 끝단부 높이 과다
3. 작업 불량

수리방법

1. 손상부 신환
2. 적절한 끝단부를 가진 새로운 브래킷 추가

구조	화물구역 - 갑판구조
내용	Hatch end beam 및 해치코밍 좌굴

손상부 상세	수리부 상세
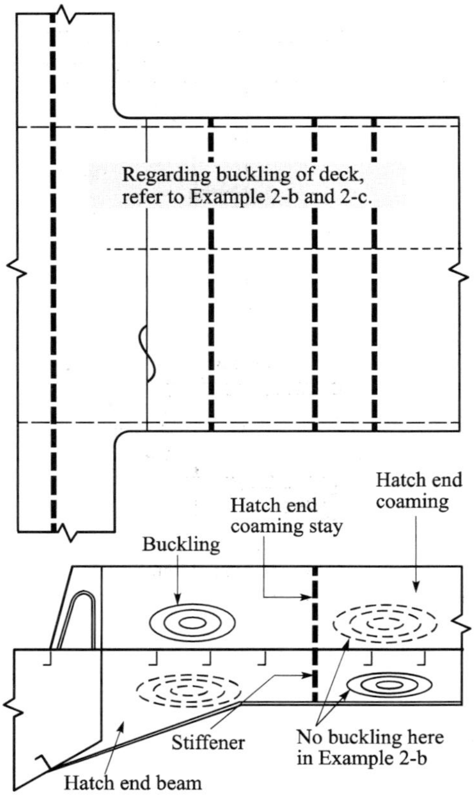	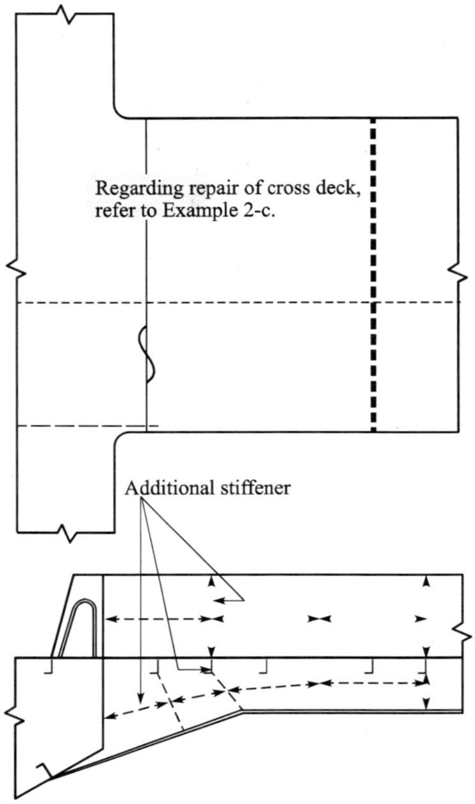

손상원인

1. 비틀림하중 및 황천에 의한 횡하중 추가
2. 화물구역의 과적

수리방법

1. 원인이 부식인 경우
   - 좌굴부위 신환
2. 원인이 강도부족인 경우
   - 좌굴부위 신환 및 휨보강재 추가

구조	화물구역 - 갑판구조
내용	Hatch end beam 너클부 균열

손상부 상세	수리부 상세
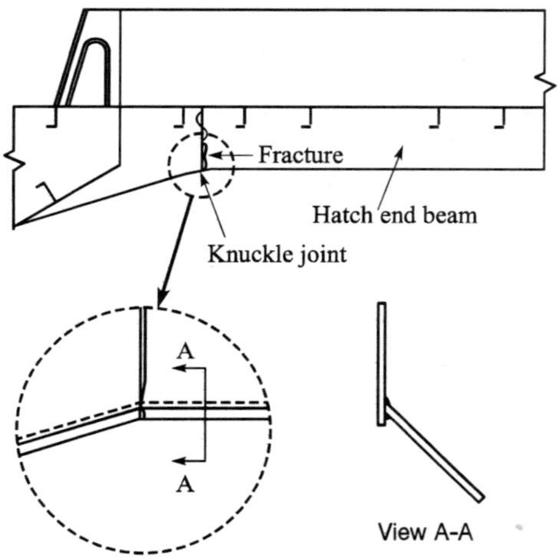	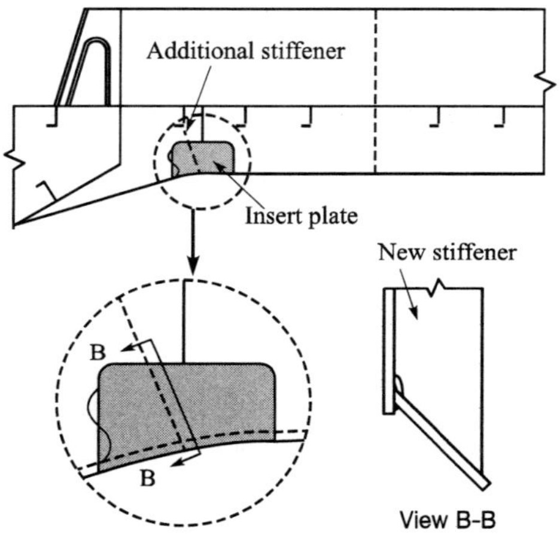
손상원인 1. 너클부의 응력 집중	*수리방법* 1. 균열부 신환 2. 너클부의 응력 집중을 피하기 위한 개선 방안 고려

구조	화물구역 - 갑판구조
내용	Hatch end beam과 톱사이드탱크 결합부 균열

손상부 상세

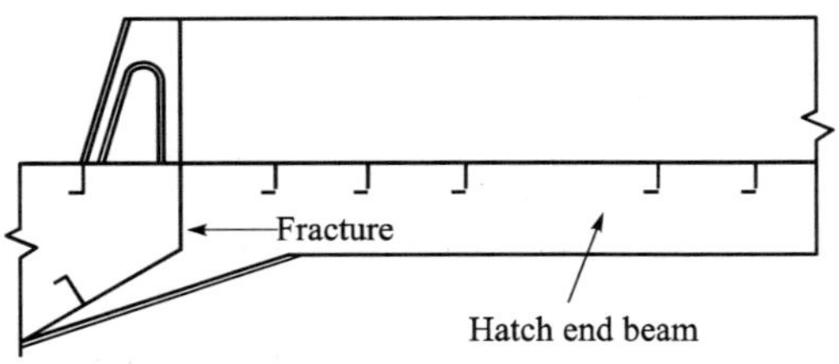

수리부 상세

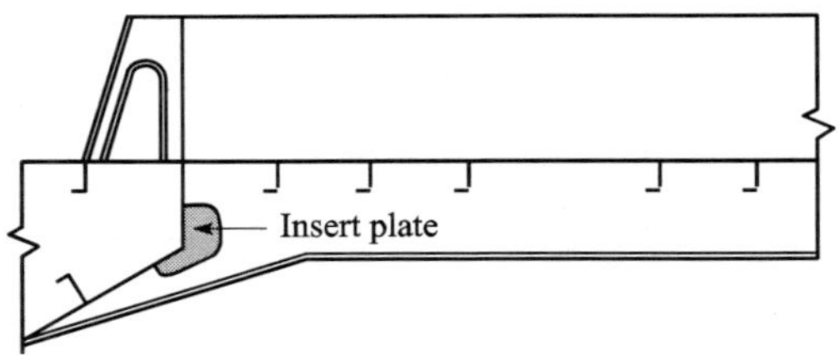

손상원인

1. 응력집중
2. 톱사이드탱크 내 hatch end beam과 트렌스 웨브프레임의 어긋남

수리방법

1. 균열부 신환

구조	화물구역 - 톱사이드탱크구조
내용	제수격벽에 시공된 맨홀 및 경감구멍 부근 균열

손상부 상세

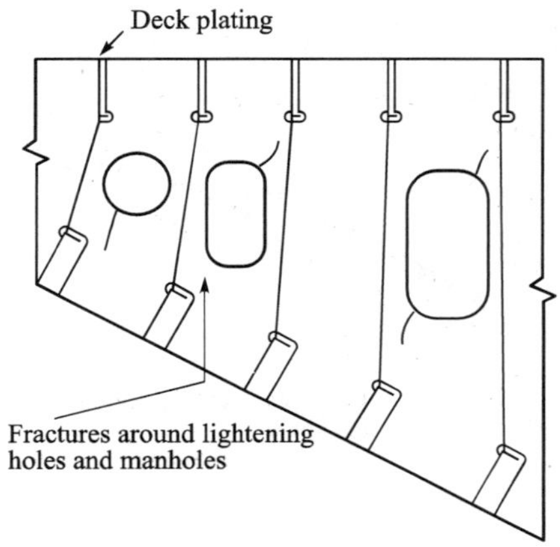

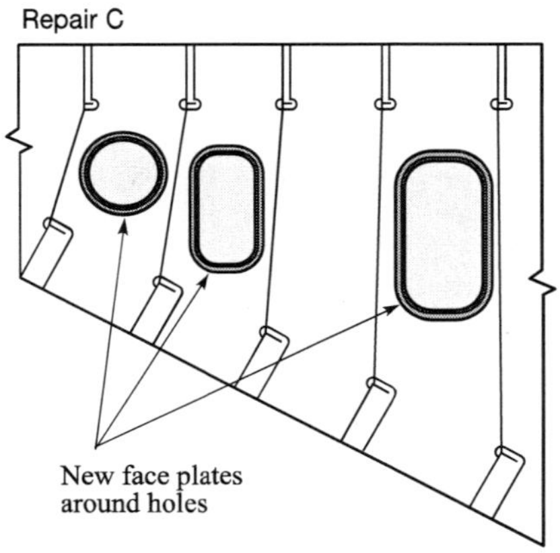

수리부 상세

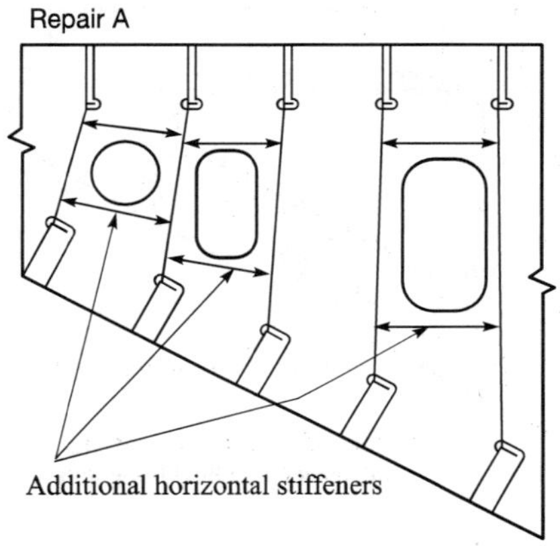

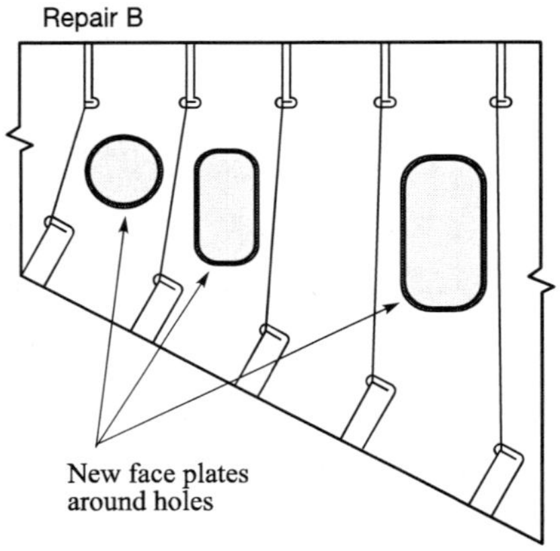

손상원인

1. 일반적인 부식 및 응력집중

수리방법

1. 부식부 및 균열부 두꺼운 판으로 신환
2. 추가 보강방안 고려

구조	화물구역 - 톱사이드탱크구조
내용	Opening 코너부 웨브프레임의 부식 및 이에따른 좌굴

손상부 상세	수리부 상세
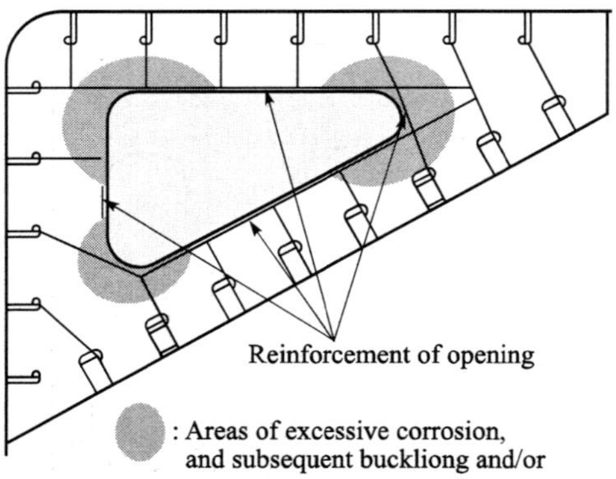	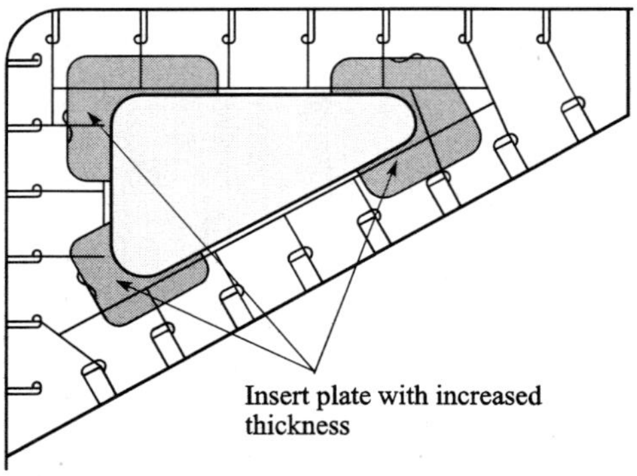
손상원인 1. 트랜스웨브의 자유단의 추가 응력	*수리방법* 1. 부식/좌굴부위 두꺼운 판으로 신환

구조	화물구역 - 톱사이드탱크구조
내용	트랜스웨브의 휨보강재 스닙 단부의 균열

<u>손상부 상세</u>

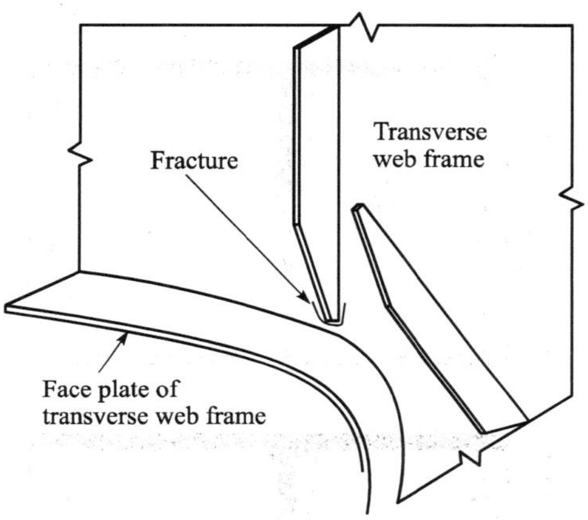

<u>수리부 상세</u>

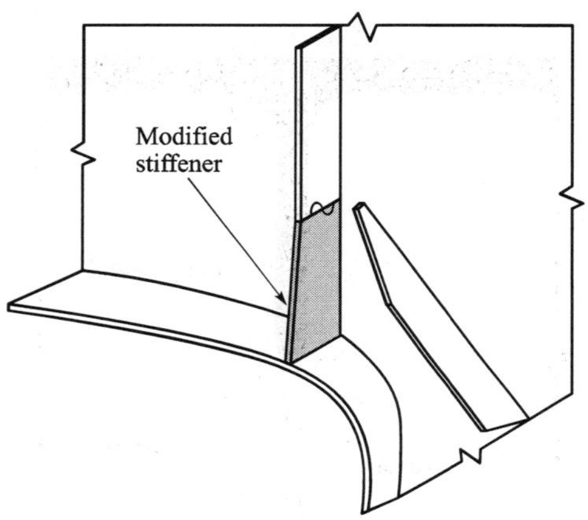

손상원인

1. 응력 집중

수리방법

1. 판에 부식이 없는 경우에는 가우징 및 용접, 필요한 경우 신환
2. 휨보강재 끝단부 응력집중 고려

구조	화물구역 - 톱사이드탱크구조
내용	트랜스웨브 프레임의 슬롯부 균열

<u>손상부 상세</u>

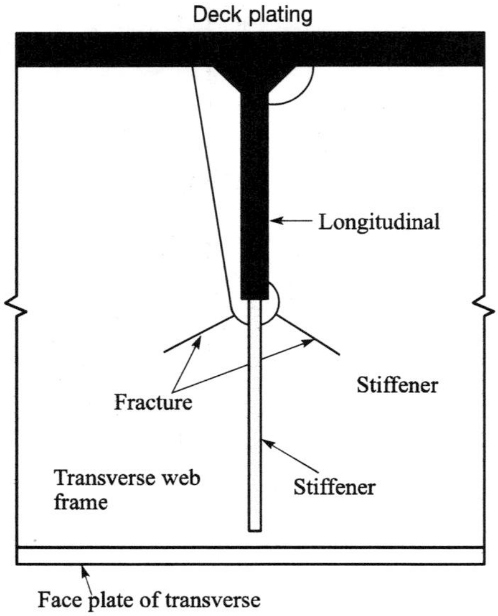

<u>수리부 상세</u>

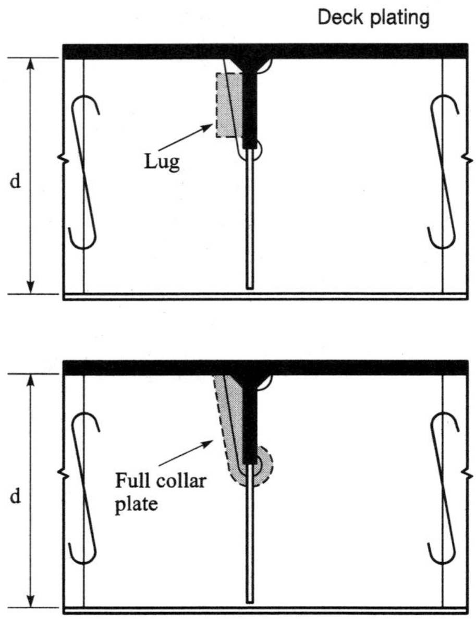

손상원인

1. 큰 슬롯에 따른 국부전단응력에 의한 손상
2. 갑판늑골과 휨보강재 사이의 용접 결함

수리방법

1. 면재판 신환
2. Collar plate 취부

구조	화물구역 - 톱사이드탱크구조
내용	트랜스웨브 프레임 부위의 슬롯부 균열 및 좌굴

손상부 상세

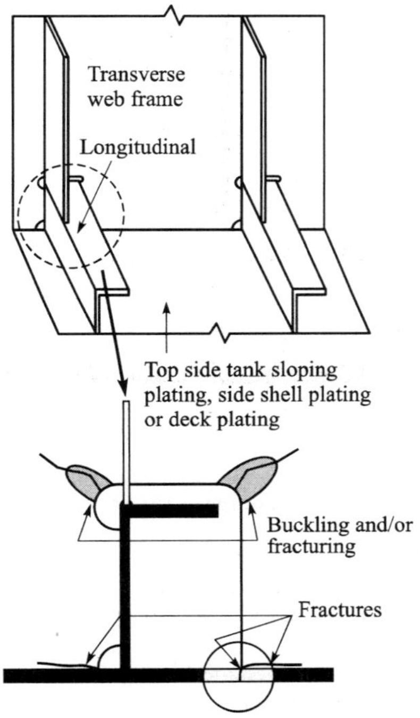

수리부 상세

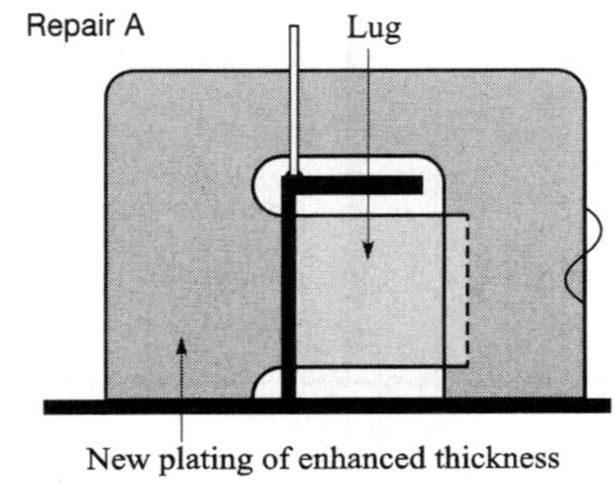

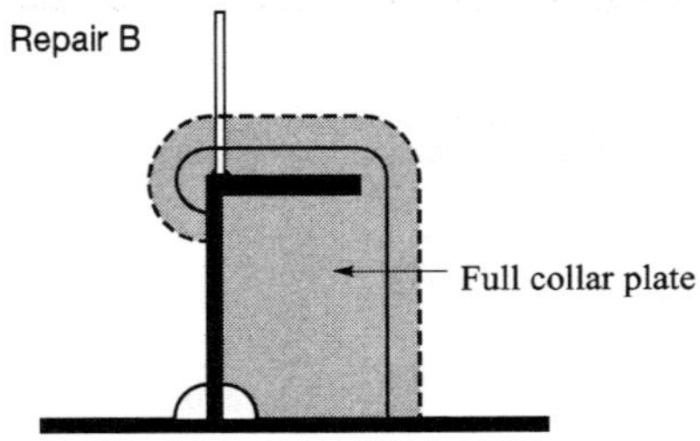

손상원인

1. 일반적인 부식 및 슬롯의 응력집중에 따른 손상

수리방법

1. 현저한 균열의 경우 신환 및 판의 부식이 미미한 경우 가우징후 용접
2. 러그 취부
3. 균열의 깊이가 웨브프레임 깊이의 0.4배 이상인 경우 및 높은 전단력 부위 또는 기존 러그가 불충분한 경우 full collar plate 취부

구조	화물구역 - 톱사이드탱크구조
내용	트랜스웨브 프레임 부위의 종늑골 균열

손상부 상세

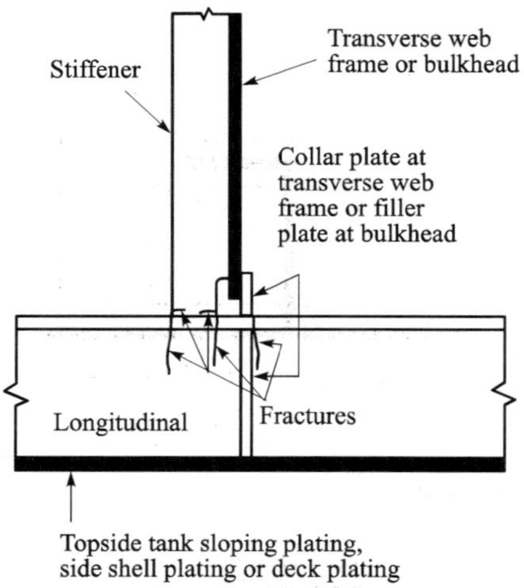

수리부 상세

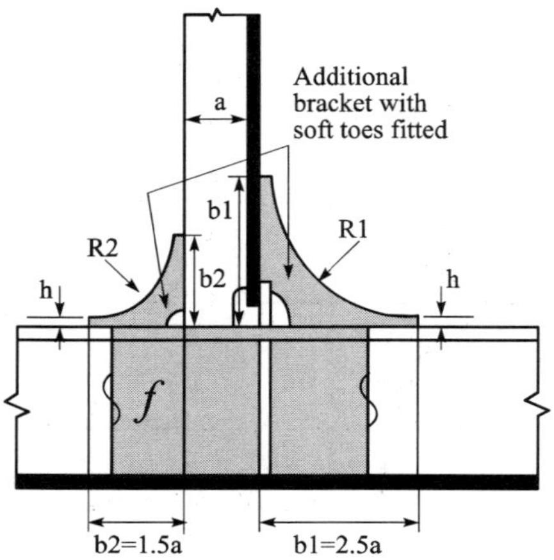

f : Where required, the longitudinal to be cropped and part renewed

1. For a slope at toes max.1:3, R1=(b1−h)×1.6 and R2=(b2−h)×1.6
2. Soft toe bracket to be welded first to longitudinal
3. Scallop in bracket to be as small as possible, recommended max. 35mm
4. If toes of brackets are ground smooth, full penetration welds in way to be provided
5. Maximum length to thickness ratio = 50:1 for unstiffened bracket edge
6. Toe height, h, to be as small as possible (10-15mm)

손상원인

1. 축적된 피로에 의한 응력집중에 따른 손상

수리방법

1. 균열이 종늑골 깊이의 1/3 이상인 경우 : 부분 신환
2. 균열이 종늑골 깊이의 1/3 이하인 경우 : 가우징후 용접

구조	화물구역 - 선측구조
내용	트랜스웨브와 선측종늑골 연결부 균열

손상부 상세

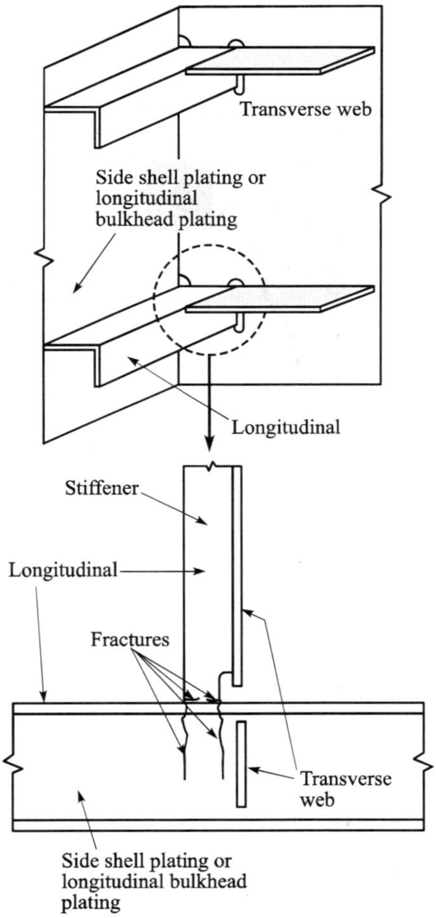

수리부 상세

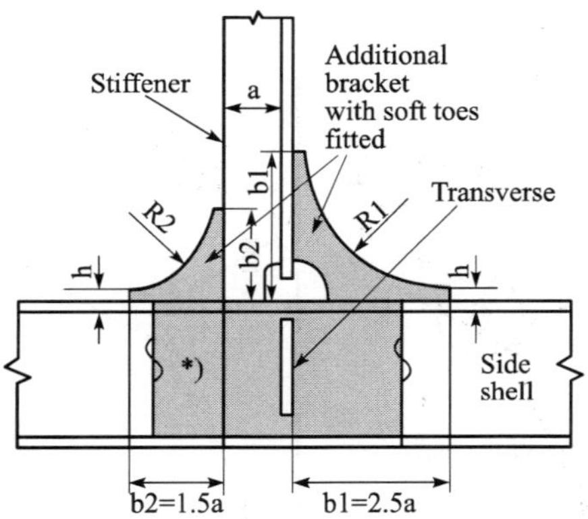

*) Where required, the longitudinal to be cropped and part renewed

1. For a slope at toes max.1:3, R1=(b1−h)×1.6 and R2=(b2−h)×1.6
2. Soft toe bracket to be welded first to longitudinal
3. Scallop in bracket to be as small as possible, recommended max. 35mm
4. If toes of brackets are ground smooth, full penetration welds in way to be provided
5. Maximum length to thickness ratio = 50:1 for unstiffened bracket edge
6. Toe height, h, to be as small as possible (10-15mm)

손상원인

1. 피로증가 및 응력집중에 의한 손상

수리방법

1. 균열범위>1/3 : 신환
   상기이외 : 가우징후 용접

구조	화물구역 - 톱사이드탱크구조
내용	트랜스웨브 최하부 늑골의 균열

손상부 상세	수리부 상세
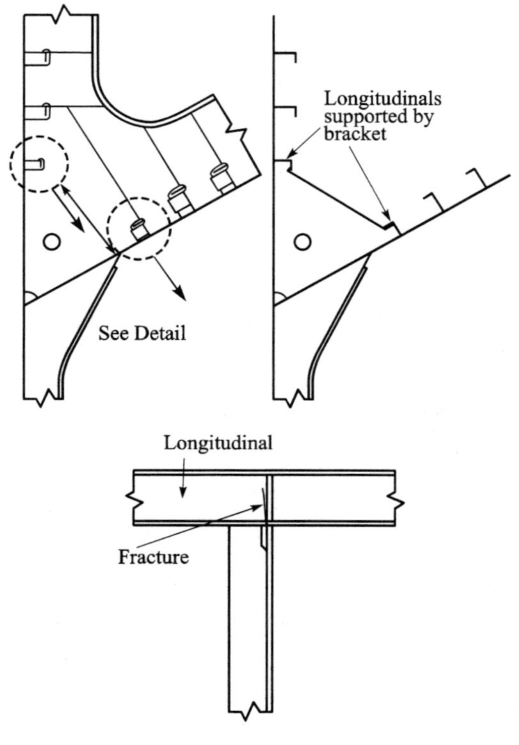	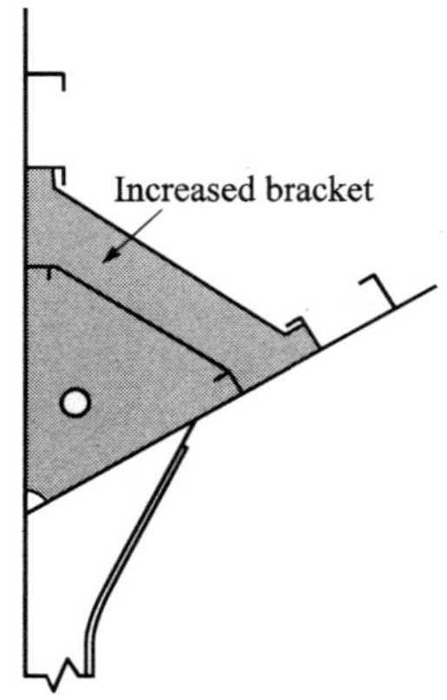

손상원인	*수리방법*
1. 비틀림 강도 부족	1. 균열부 신환 2. 브래킷 크기 증가

구조	화물구역 - 톱사이드탱크구조
내용	횡 브래킷 균열

손상부 상세	수리부 상세
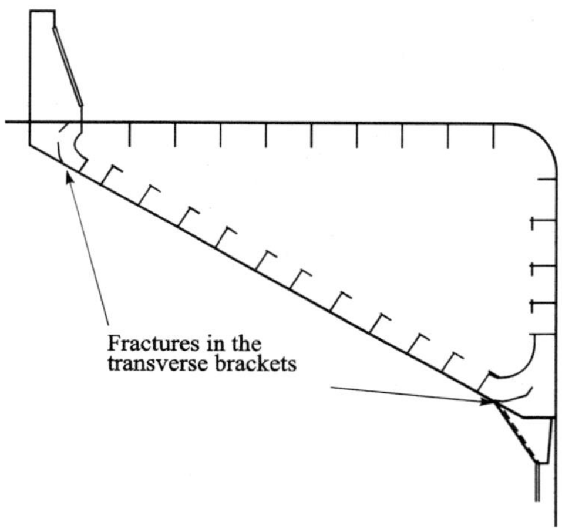	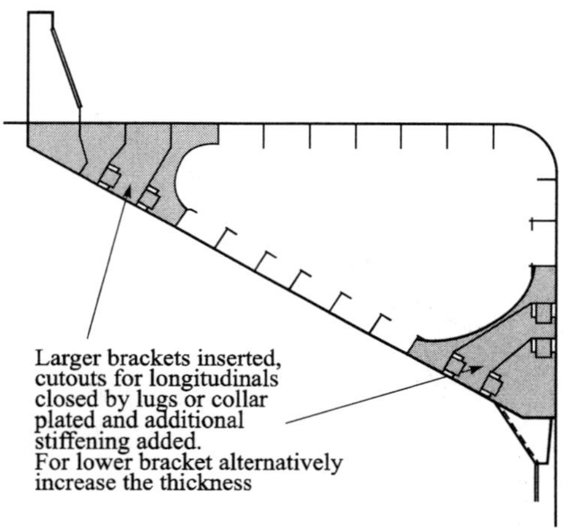

손상원인	*수리방법*
1. 부식 및 응력집중 2. 결합되는 구조물과 브래킷 어긋남 3. 브래킷 크기 부적정에 의한 높은 전단응력 4. 부적절한 초과 하중	1. 어긋남에 의한 균열의 경우 어긋남 조정

구조	화물구역 - 톱사이드탱크구조
내용	횡 브래킷 균열

손상부 상세

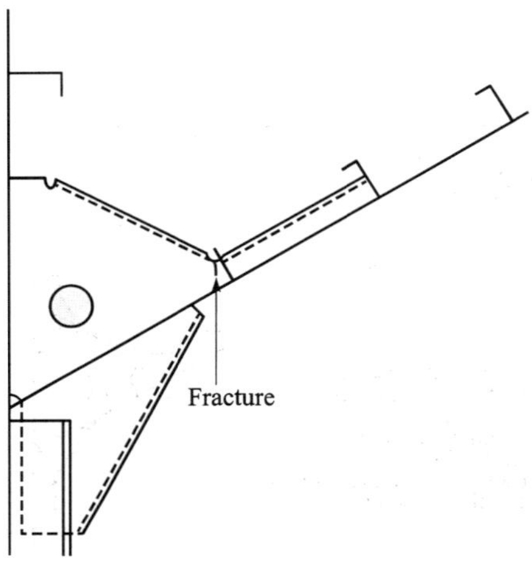

수리부 상세

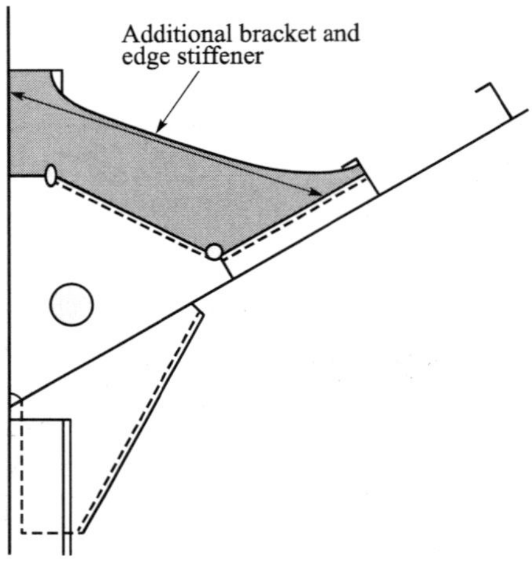

손상원인

1. 브래킷 형상에 의한 응력 집중

수리방법

1. 균열부 가우징후 용접 및 추가 브래킷 및 보강재 시공

구조	화물구역 - 톱사이드탱크구조
내용	충돌격벽부와 톱사이드탱크 교차부 균열

손상부 상세

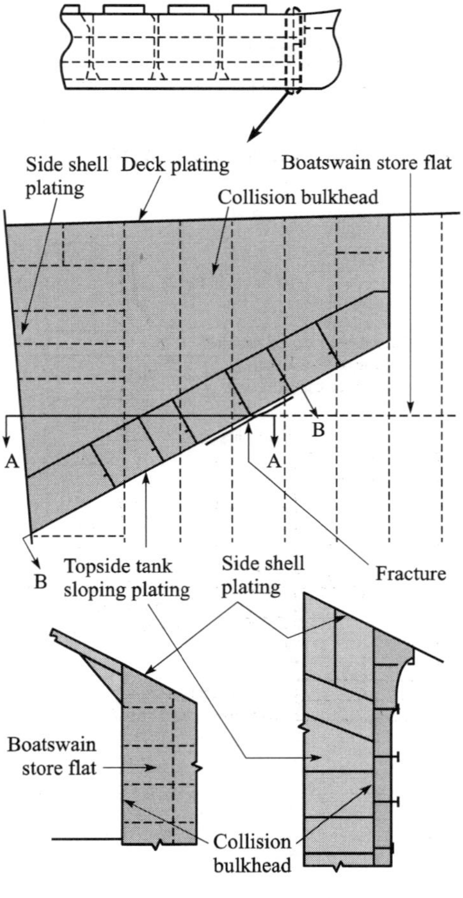

Section A-A　　Section B-B

수리부 상세

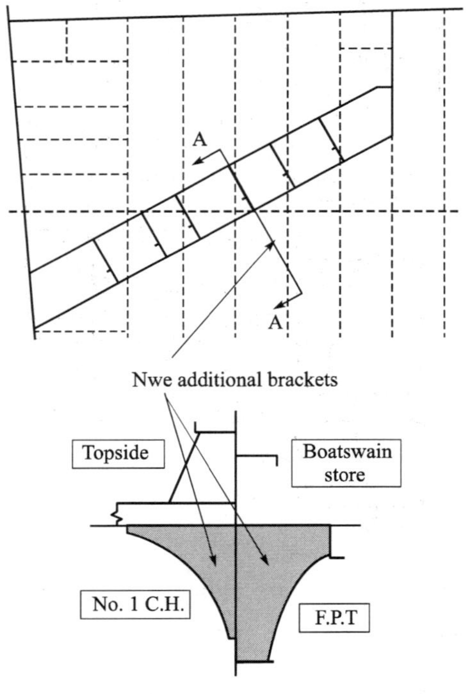

Section A-A

손상원인

1. FPT 정판과 톱사이드탱크 경사판과의 교차부의 hot spot에 의한 손상

수리방법

1. 균열부 신환
2. 응력집중에 대한 고려

구조	화물구역 - 톱사이드탱크구조
내용	톱사이드탱크 구조와 기관실 전단격벽 교차부 균열

손상부 상세

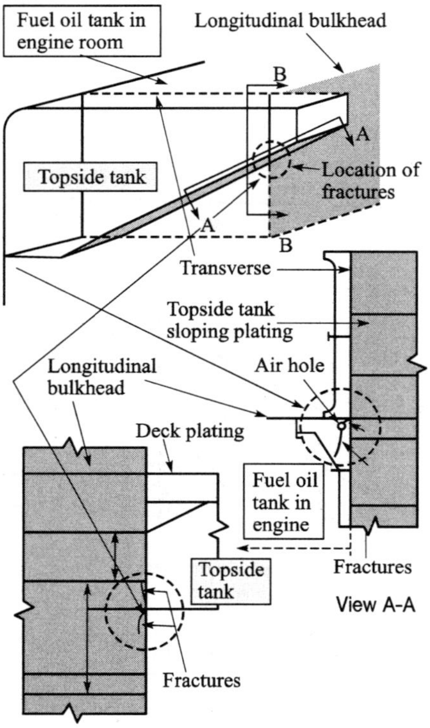

수리부 상세

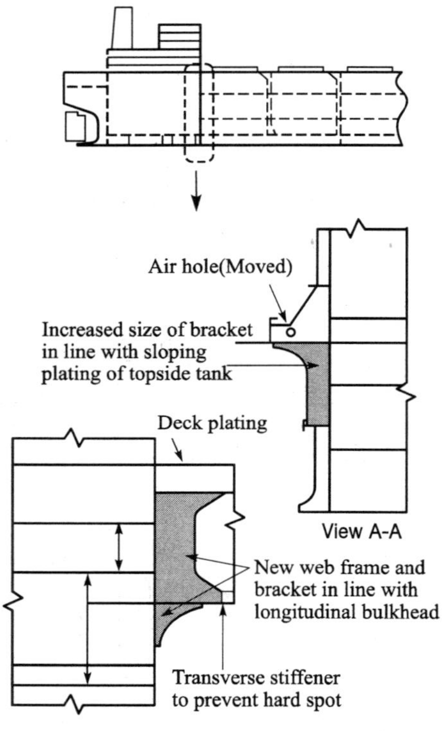

손상원인

1. 톱사이드탱크 경사판과 종격벽 및 기관실 FOT 종격벽과의 교차부의 hot spot에 의한 손상

수리방법

1. 균열부 신환
2. Air hole 위치 변경

구조	화물구역 - 선측구조
내용	선측늑골 하부 브래킷 균열

손상부 상세	수리부 상세
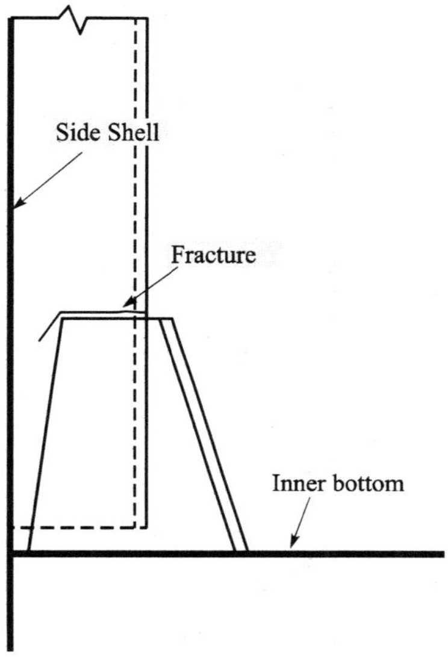	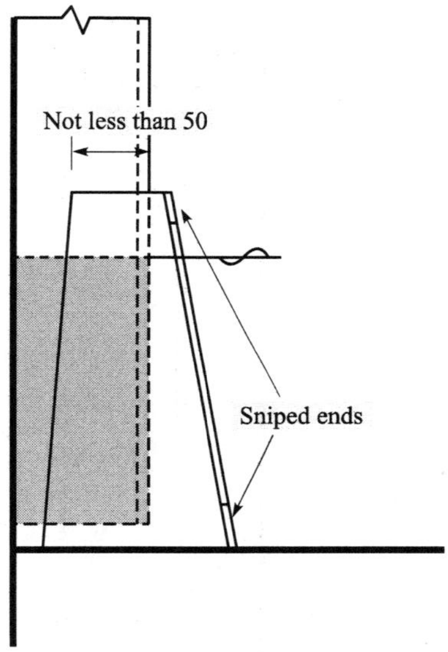
손상원인 1. 하부 브래킷 단부의 응력집중	*수리방법* 1. 미세균열, • 가우징 후 용접 2. 큰 균열, • 늑골/브래킷 신환 3. 브래킷 단부 스닙

구조	화물구역 - 선측구조
내용	늑골 단부 브래킷 균열

손상부 상세

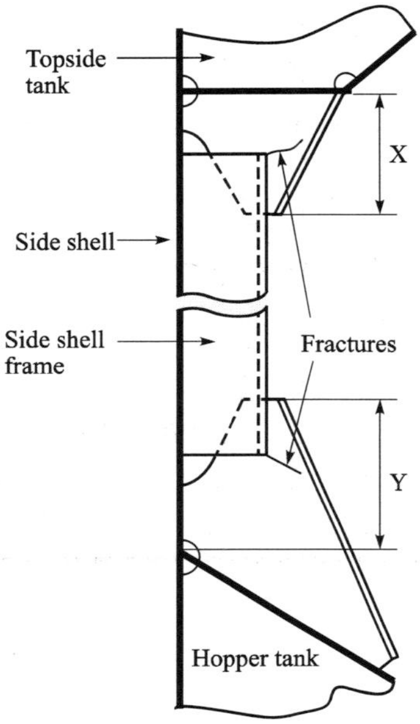

Separate bracket configuration

수리부 상세

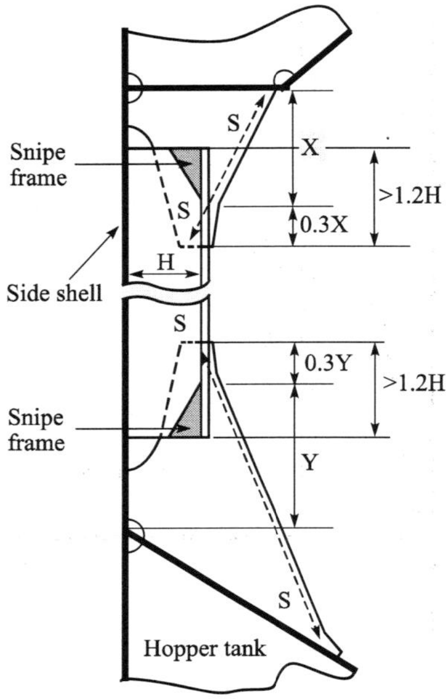

S=Snipped end

손상원인

1. 응력집중

수리방법

1. 미세균열과 같은 작은 손상은 파내기 후 NDT 시행 후 용접
2. 큰 손상인 경우 신환 및 플랜지 브래킷의 플랜지 단부 스닙
3. 브래킷 길이가 연장되는 경우 보강 고려

구조	화물구역 - 선측구조
내용	선측늑골 하부 브래킷 균열

<u>손상부 상세</u>

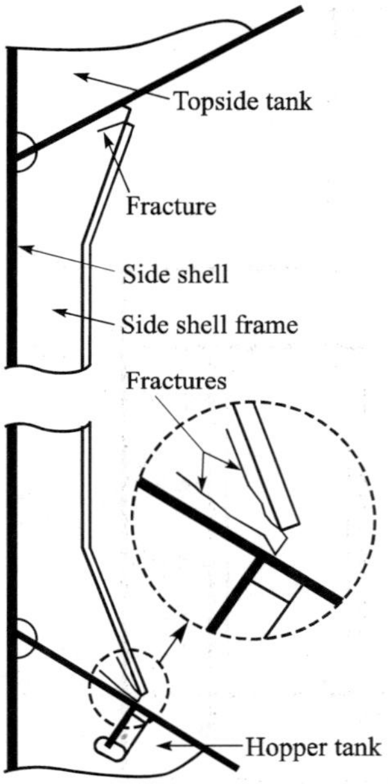

<u>수리부 상세</u>

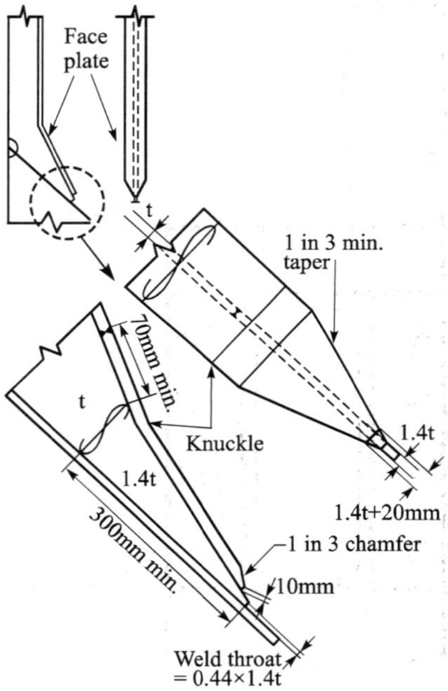

손상원인

1. 응력집중에 의한 손상

수리방법

1. 브래킷 정판의 각도를 조정하여 브래킷 arm 증대
2. 정판의 두께 테이퍼링 등 상기 그림 참조

구조	화물구역 - 선측구조
내용	선측탱크부위 선측구조 좌굴

손상부 상세	수리부 상세
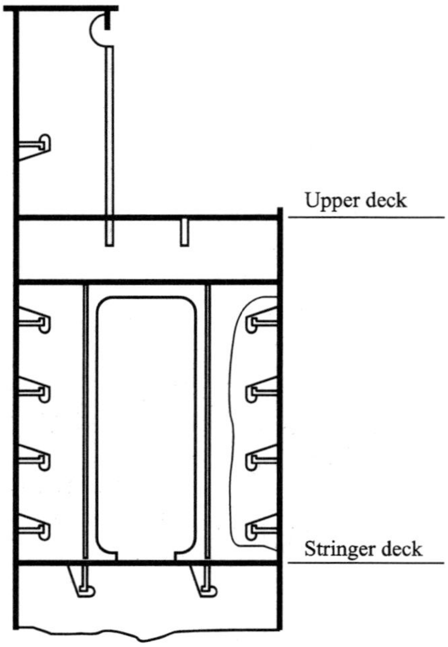	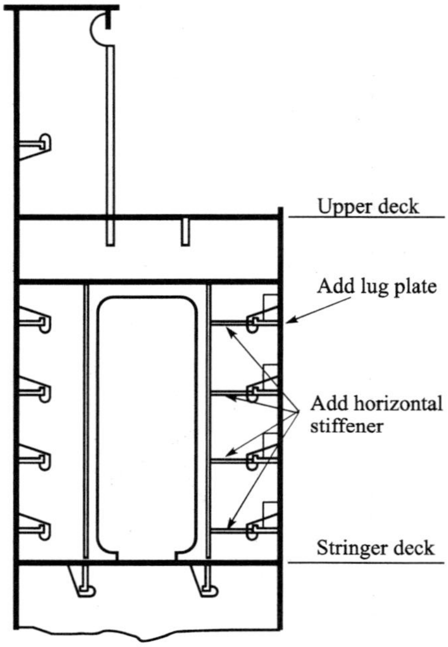
손상원인 1. 좌굴강도 부족 2. 선측구조의 강도 부족	*수리방법* 1. 좌굴부위 강도 보강 또는 신환 2. 선측종늑골웨브에 수평휨보강재 추가 3. 터그/펜더 구역에 강도 보강 4. 기타 그림 참조

구조	화물구역 - 선측구조
내용	트랜스웨브의 종늑골 관통부 스캘럽부위 균열 및 좌굴

손상부 상세

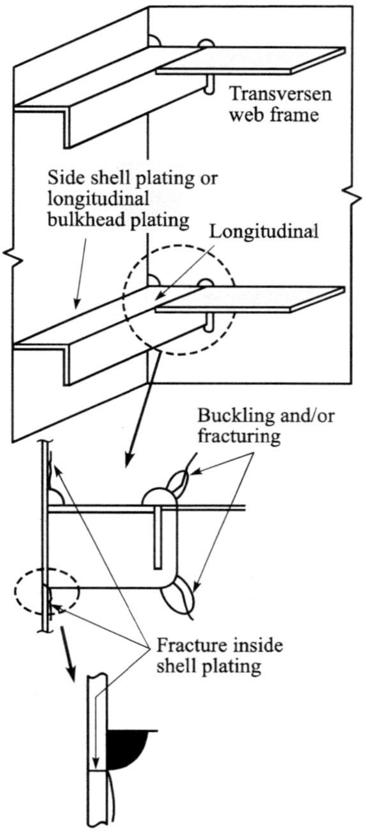

수리부 상세

Repair A

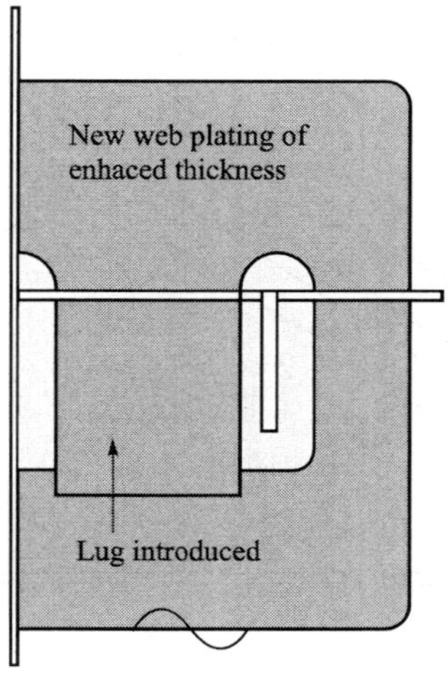

Repair B

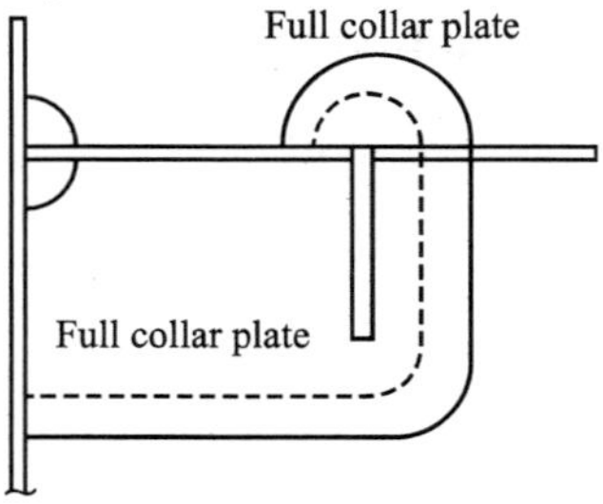

손상원인

1. 응력집중 및 부식에 의한 손상

수리방법

1. 현저한 균열 : 신환
   상기이외 : 가우징후 용접
2. 기타 그림 참조

구조	화물구역 - 선측구조
내용	선측외판/종격벽판 부위의 종늑골 배수구 단부 균열

손상부 상세

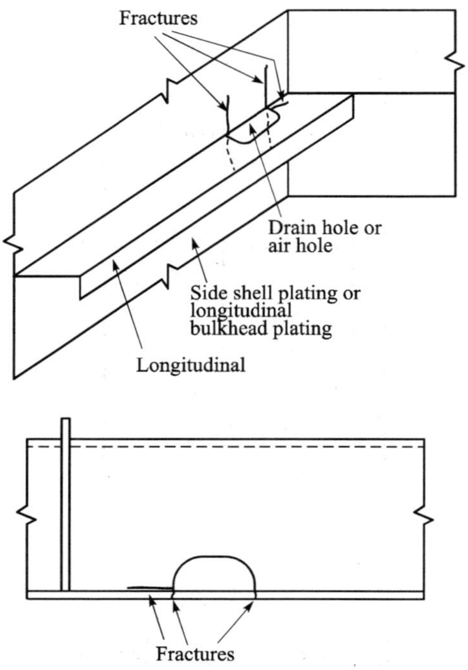

수리부 상세

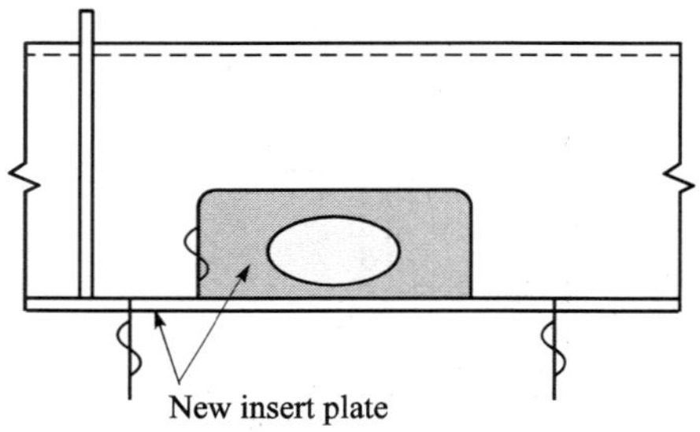

손상원인

1. 응력집중 및/또는 부식

수리방법

1. 손상부 신환
2. 피로수명이 검증된 경우 배수구 모양 변경 고려

구조	화물구역 - 선측구조
내용	선측늑골 하부 브래킷 균열

<u>손상부 상세</u>

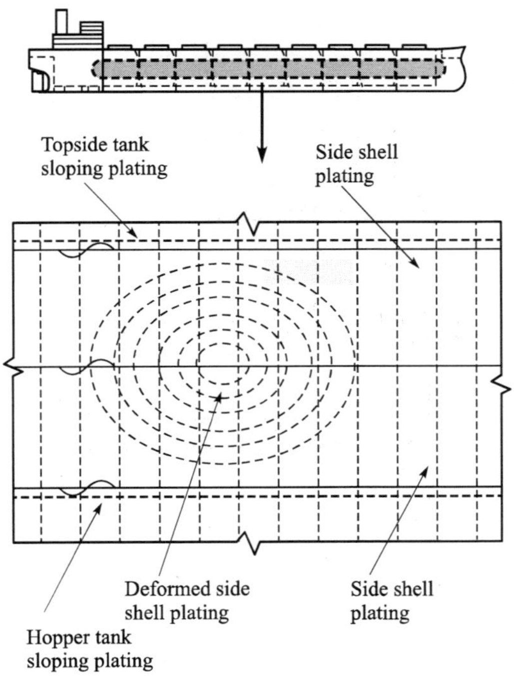

<u>수리부 상세</u>

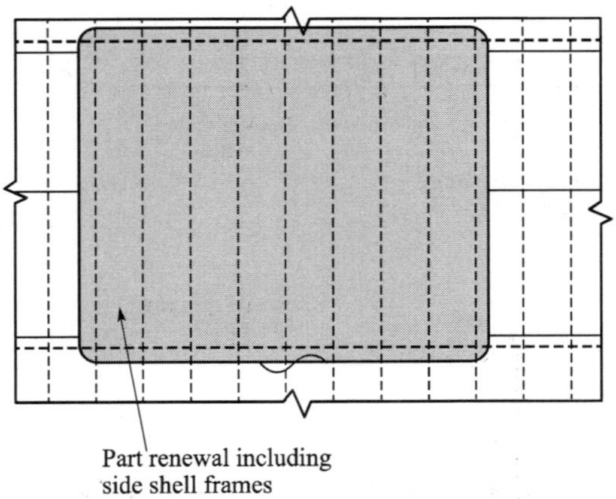

손상원인

1. 부식에 의한 선측늑골의 탈락 및/또는 선측늑골의 휨보강재 불충분에 의한 좌굴
2. 황천

수리방법

1. 선측늑골을 포함한 변형된 외판부위 신환

구조	화물구역 - 선측구조
내용	선측늑골 하부 브래킷 균열

손상부 상세

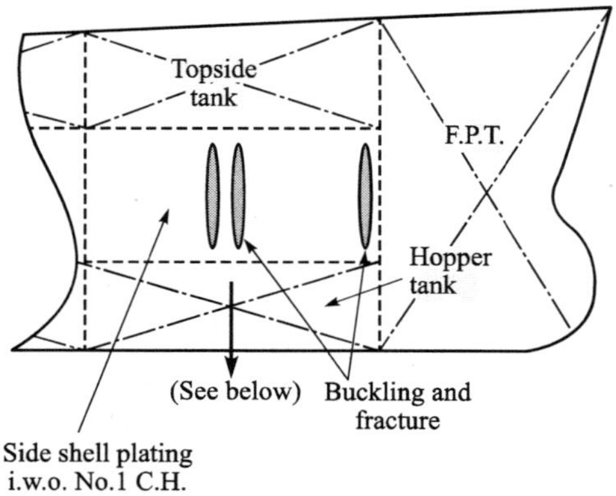

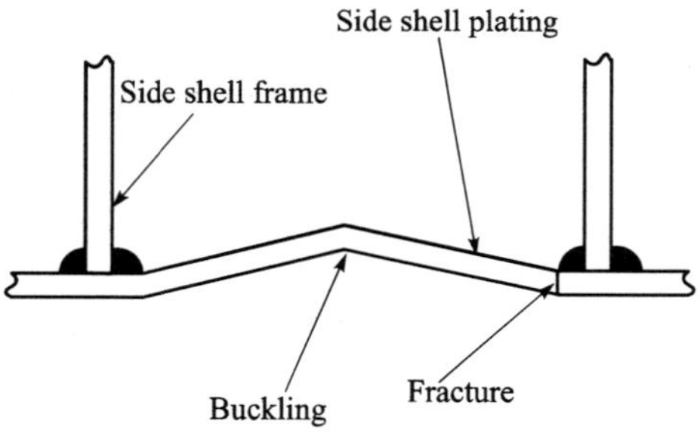

수리부 상세

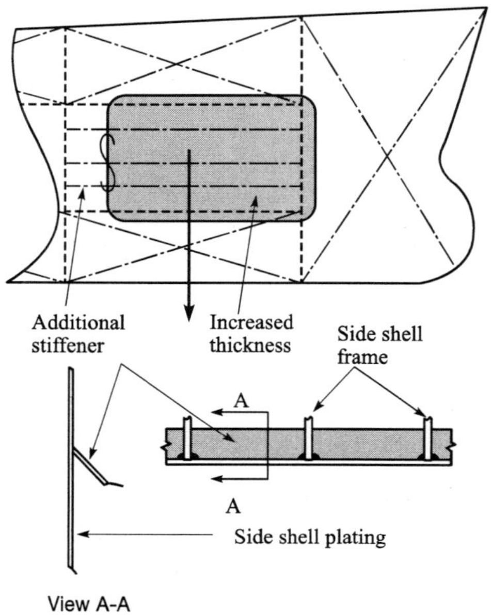

손상원인

1. 황천
2. 고장력강 또는 전반적인 심한 부식에 의한 좌굴강도 부족
3. 교차부 구조의 부적정

수리방법

1. 좌굴/균열부 외판부 신환
2. 판두께 증가 및/또는 추가의 휨보강재 취부

구조	화물구역 - 선측구조
내용	선수격벽 후방 선측 브래킷의 균열

손상부 상세

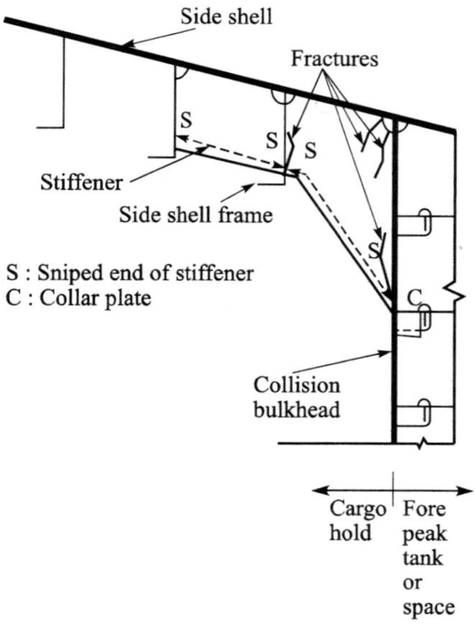

수리부 상세

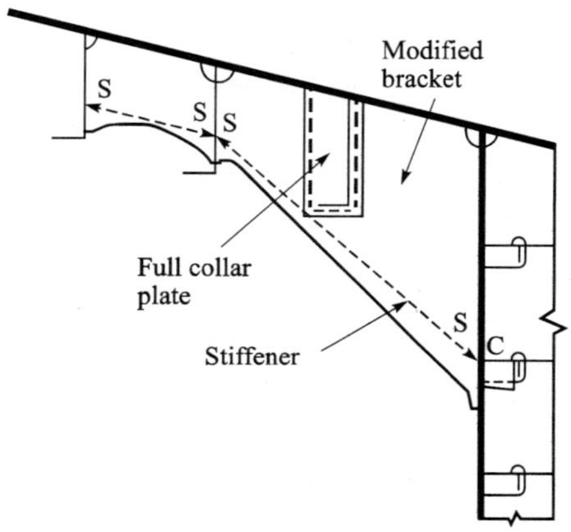

손상원인

1. 브래킷 크기의 부적절로 선측늑골과 연결부의 자유단에 응력 집중
2. 브래킷 단부의 응력집중
3. 브래킷과 충돌격벽 전방 스트링거판과의 어긋남

수리방법

1. 균열부위 신환
2. 충돌격벽에 접하는 브래킷 단부를 유연하게 변경
3. 브래킷 단부에 위치한 충돌격벽 전방의 스트링거에 시공된 홀 메공

구조	화물구역 - 선측구조
내용	기관실 격벽 전방의 연장 브래킷 균열

손상부 상세

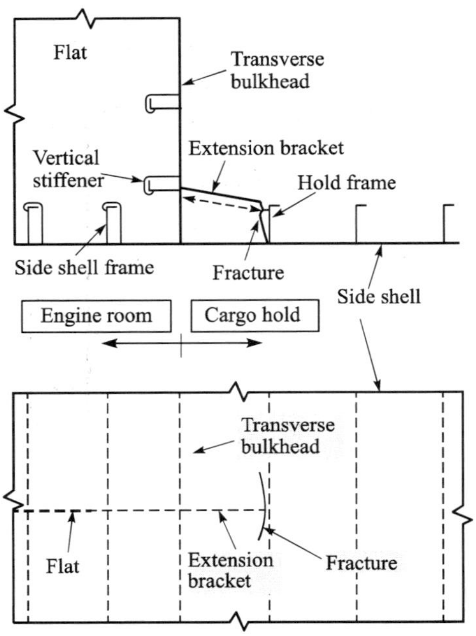

수리부 상세

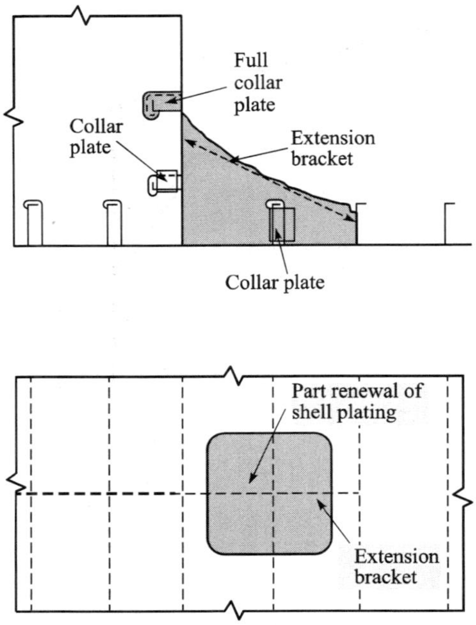

손상원인

1. 외판의 응력집중에 의한 피로균열

수리방법

1. 균열된 선측외판 신환.
2. 브래킷 연장 및 슬롯부에 Collar Plate 취부

구조	화물구역 - 횡격벽구조
내용	스툴판 연결부 균열

손상부 상세

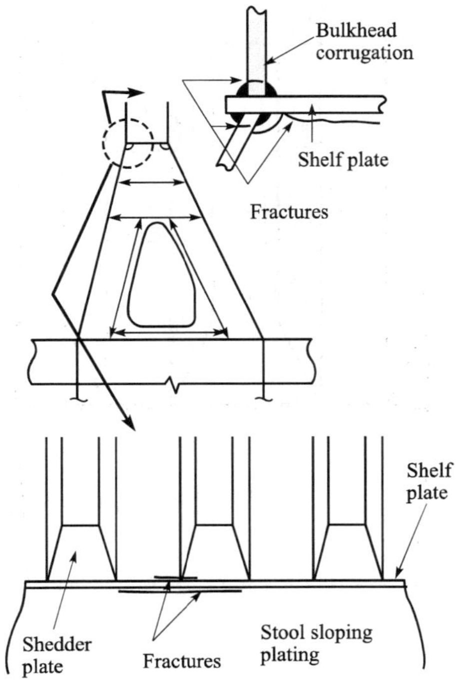

수리부 상세

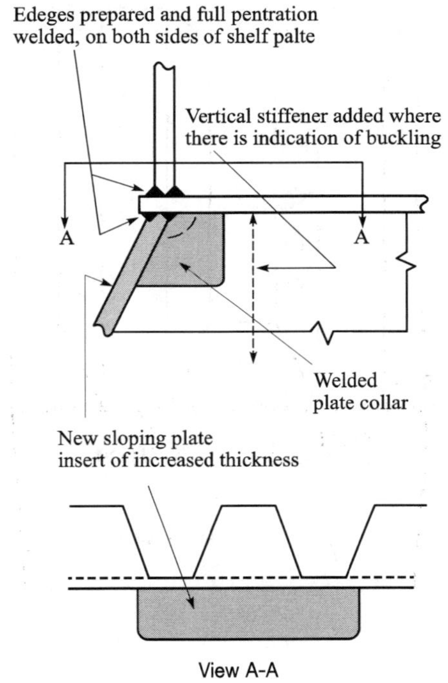

손상원인

1. 스캘럽 인접부위 용접부 응력 집중
2. 스툴 정판과 파형격벽 연결부 용접 부적절
3. 스툴 정판 두께와 파형격벽 두께의 부적절
4. 파형격벽 너클부 응력 집중

수리방법

1. 균열부 가우징 후 재용접
2. 스캘럽에 collar plate 취부하여 응력집중 감소
3. 스툴판에 삽입판 추가 시공

구조	화물구역 - 횡격벽구조
내용	수직 파형격벽의 변형 및 좌굴

<u>손상부 상세</u>

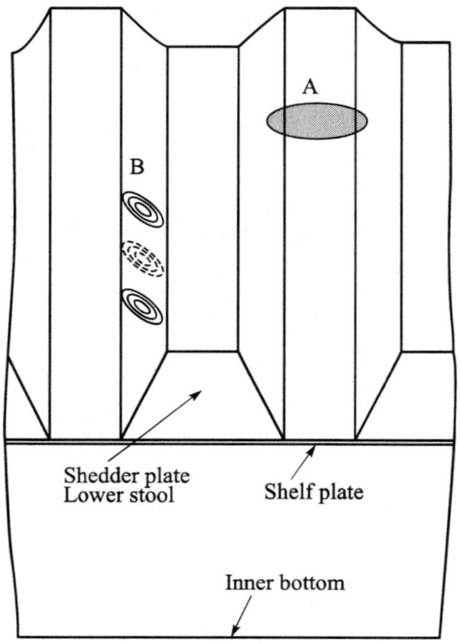

<u>수리부 상세</u>

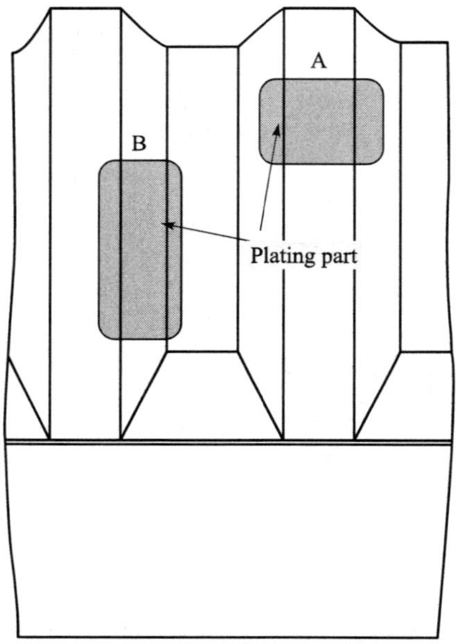

손상원인

1. 하역시 그랩 등에 의한 기계적 손상
2. 부식에 의한 판 두께 감소에 따른 손상
3. 굽힘 또는 전단에 의한 좌굴

수리방법

1. 순수한 기계적 손상 : 판 페어링
   심한 변형 및 두께 감소 손상 : 신환

구조	화물구역 - 종격벽 및 스툴구조
내용	덕트킬 부위 이중저와 하부스툴 연결 용접부 균열

<u>손상부 상세</u>

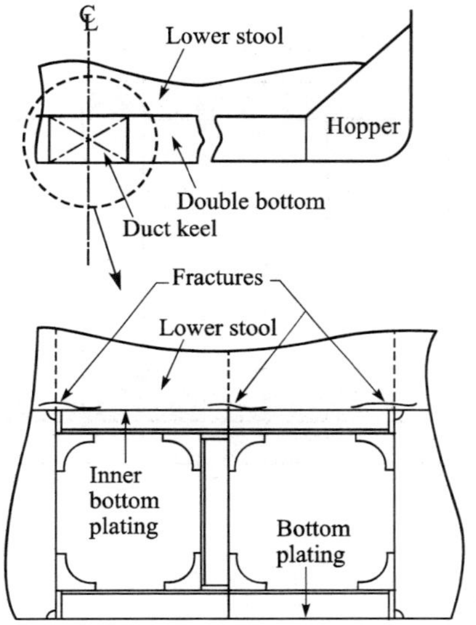

<u>수리부 상세</u>

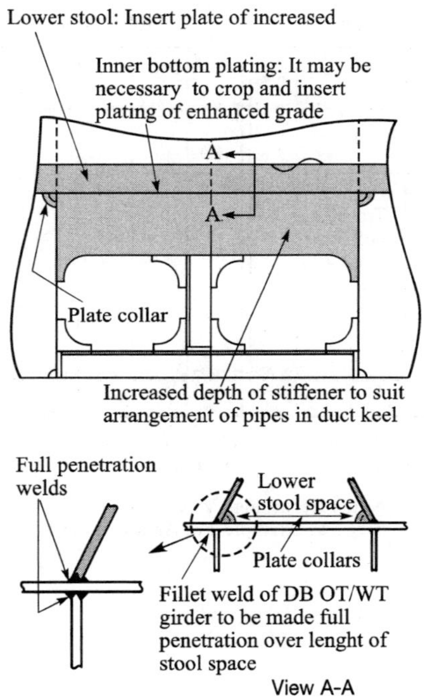

손상원인

1. 밸러스트 hold 경계에서 주로 발생
2. 응력 집중

수리방법

1. 재발방지를 위하여 상기 수리부 상세 방법으로 추가 보강

구조	화물구역 - 횡격벽구조
내용	이중저판 또는 제2갑판 부위 부식

<u>손상부 상세</u>

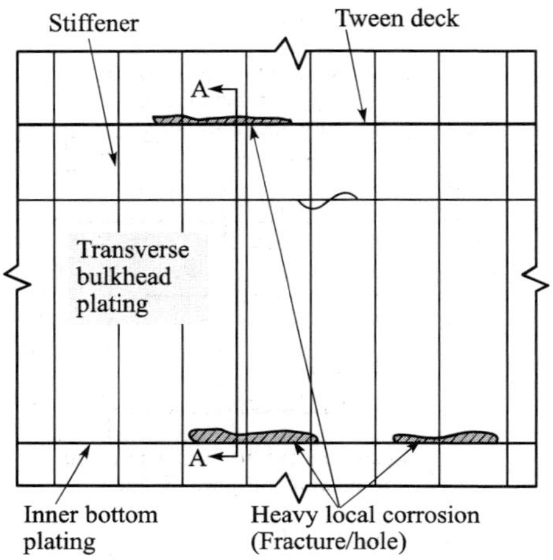

Note : Regarding "View A-A", refer to Example 2 of Area 2 of this part

<u>수리부 상세</u>

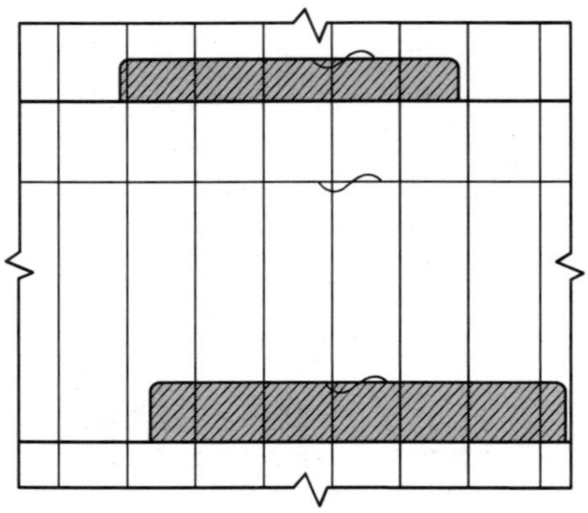

손상원인

1. 불충분한 배수로 인한 심한 부식

수리방법

1. 부식부위 신환
2. 보호도장 시공

구조	화물구역 - 횡격벽구조
내용	횡격벽 전단 좌굴

손상부 상세	수리부 상세
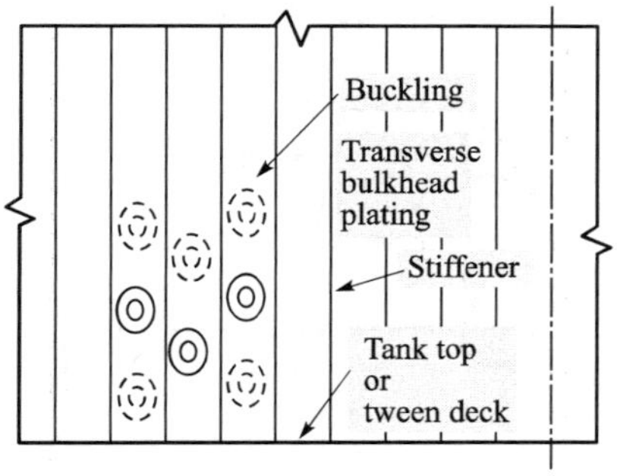	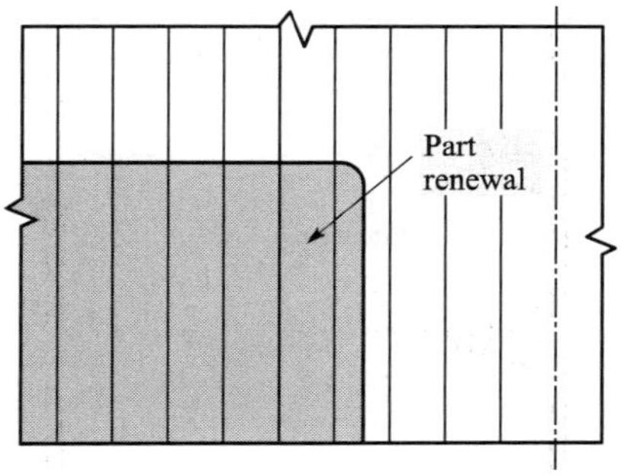
손상원인 1. 전반적인 심한 부식	*수리방법* 1. 부식부위 신환 2. 보호도장 시공

구조	화물구역 - 횡격벽구조
내용	수직휨보강재 스캘럽부위 균열

손상부 상세

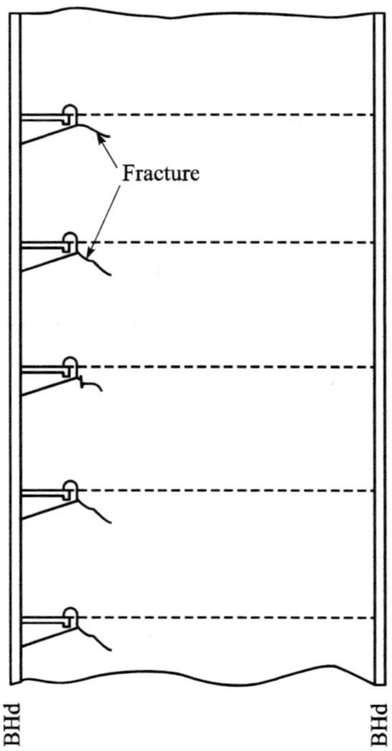

수리부 상세

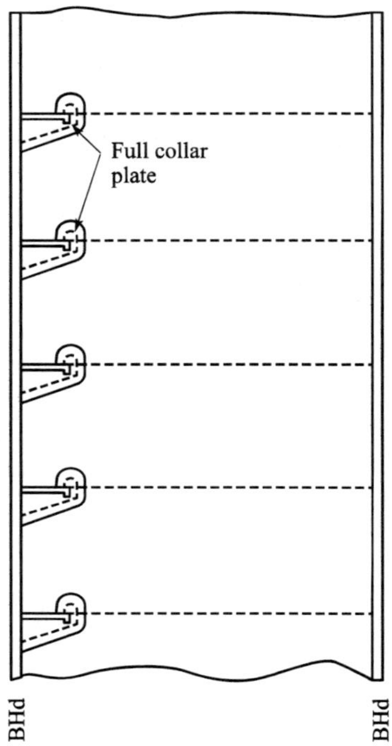

손상원인

1. 응력집중에 의한 피로균열

수리방법

1. 균열부위 신환
2. Collar plate 추가 시공

구조	화물구역 - 횡격벽구조
내용	출입구 홀 코너부 균열

<u>손상부 상세</u>

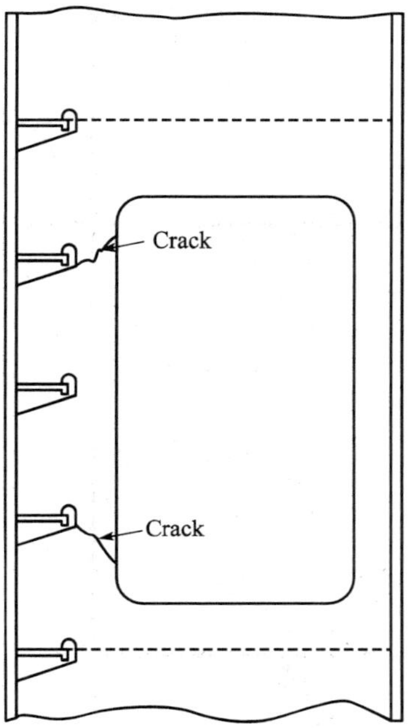

<u>수리부 상세</u>

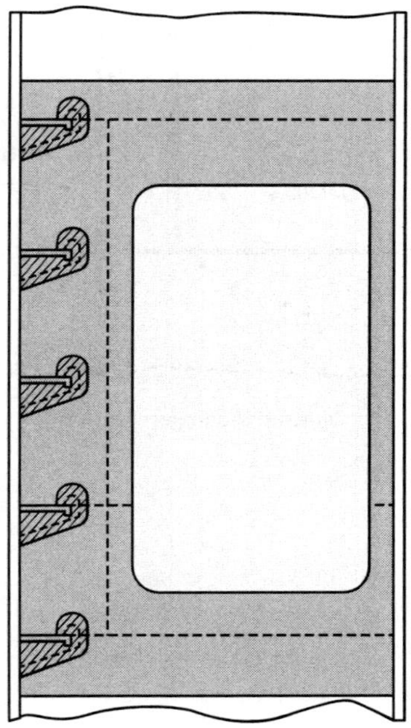

손상원인

1. 응력집중에 의한 피로균열

수리방법

1. 증가된 두께로 판 신환
2. Collar plate 취부
3. 출입구 홀 주위에 휨보강재 취부
4. 출입구 홀 크기 감소

구조	화물구역 - 횡격벽구조
내용	스트링거와 종늑골 연결부 균열

손상부 상세

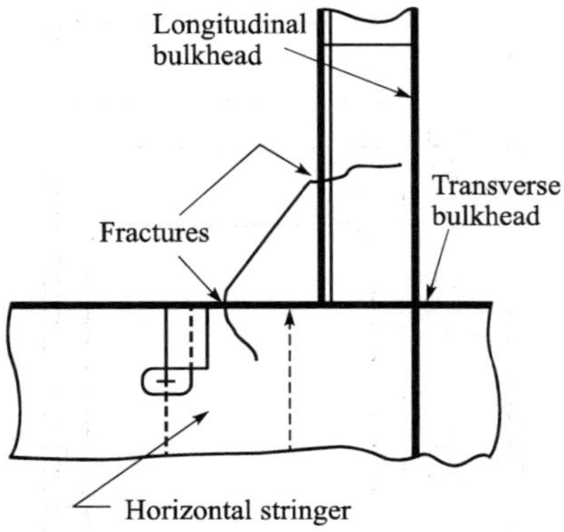

수리부 상세

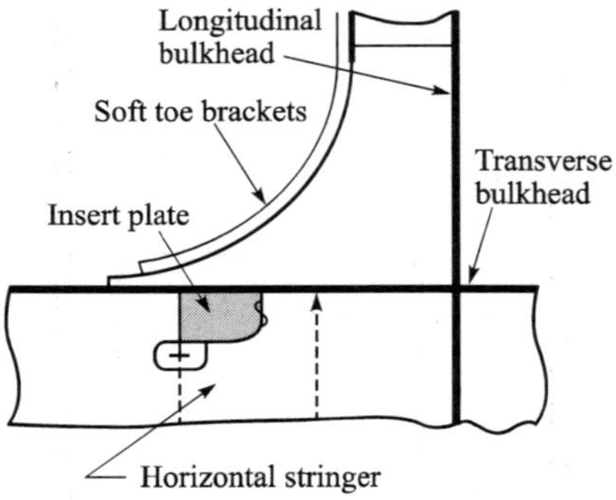

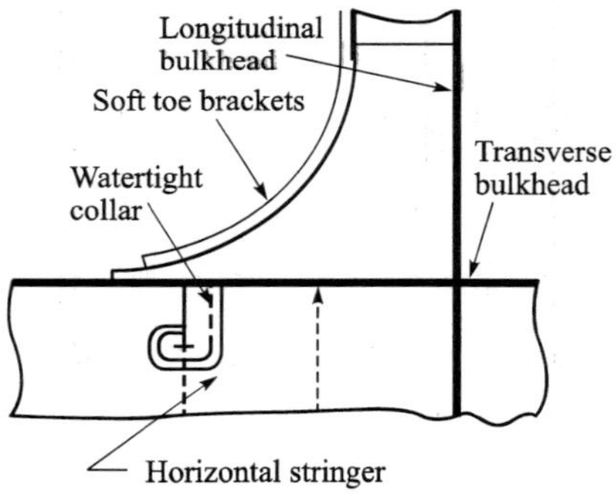

손상원인

1. 응력집중
2. 횡격벽부 웨브 처짐

수리방법

1. 상기 수리부 상세 참조

구조	화물구역 - 횡격벽구조
내용	격벽 수직 트랜스버스 웨브

<u>손상부 상세</u>

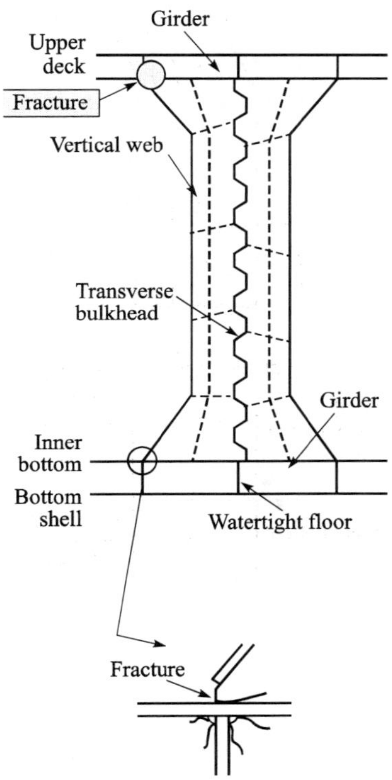

<u>수리부 상세</u>

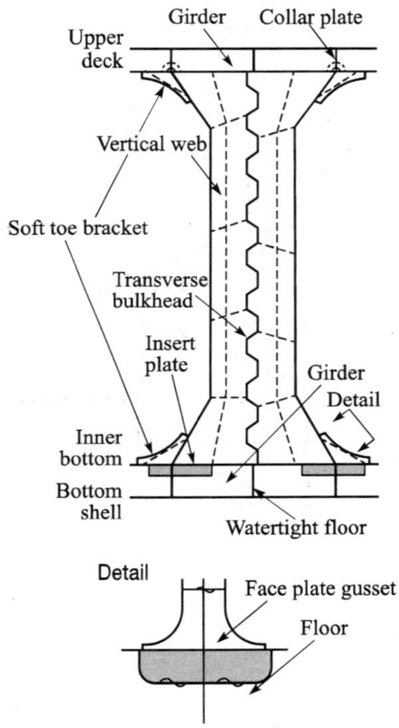

손상원인

1. 브래킷 끝단부 응력집중

수리방법

1. 상기 수리부 상세 참조

구조	화물구역 - 횡격벽구조
내용	스툴이 없는 수직파형격벽

<u>손상부 상세</u>

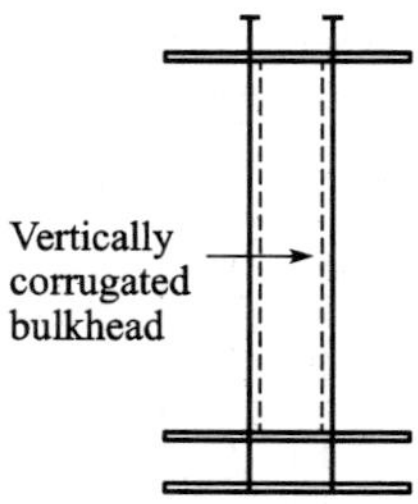

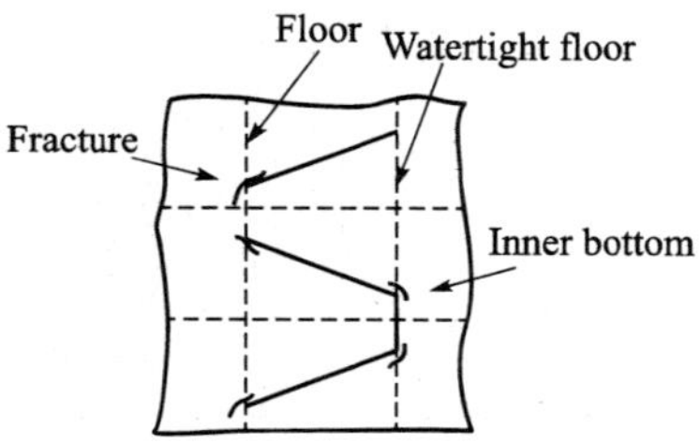

<u>수리부 상세</u>

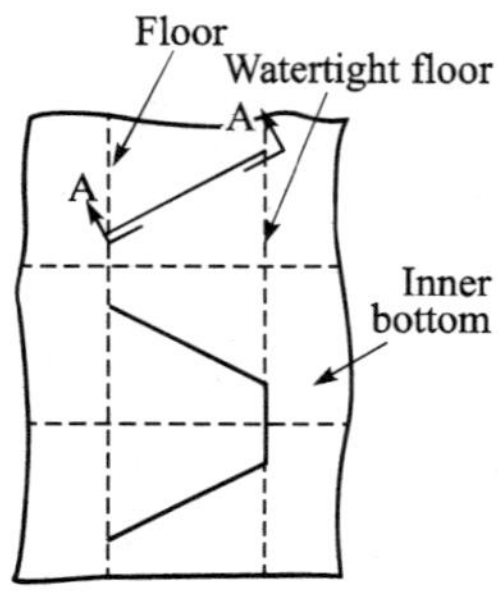

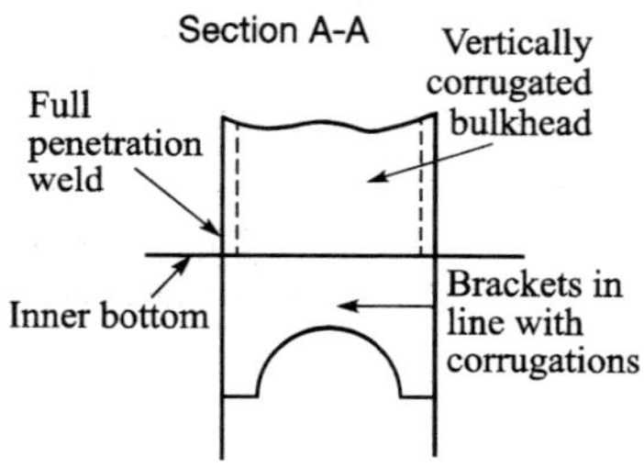

손상원인

1. 응력집중
2. 두께방향 응력 과대
   (Lamella Tearing)
3. 파형격벽 및 늑판의 어긋남

수리방법

1. 상기 수리부 상세 참조

구조	화물구역 - 횡격벽구조
내용	수직파형격벽 연결부 균열

손상부 상세

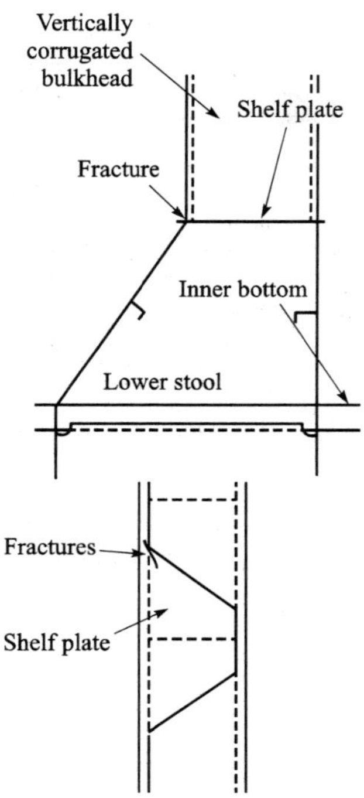

수리부 상세

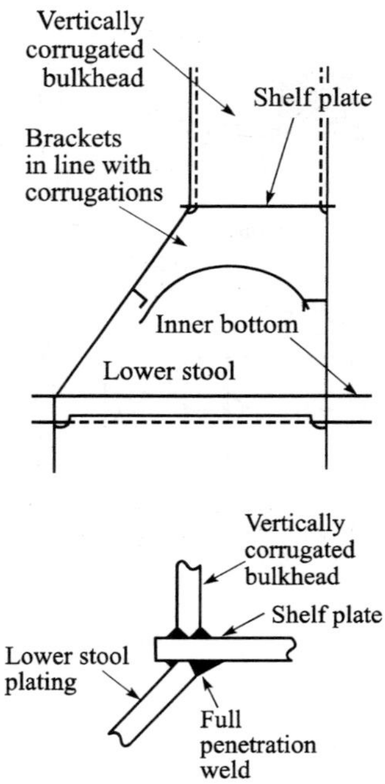

손상원인

1. 응력집중
2. 두께방향 응력 과대
   (Lamella Tearing)
3. 파형격벽 및 늑판의 어긋남

수리방법

1. 상기 수리부 상세 참조

구조	화물구역 - 웨브프레임, 횡격벽구조
내용	이중저판과 웨브프레임 브래킷 끝단부 균열

<u>손상부 상세</u>

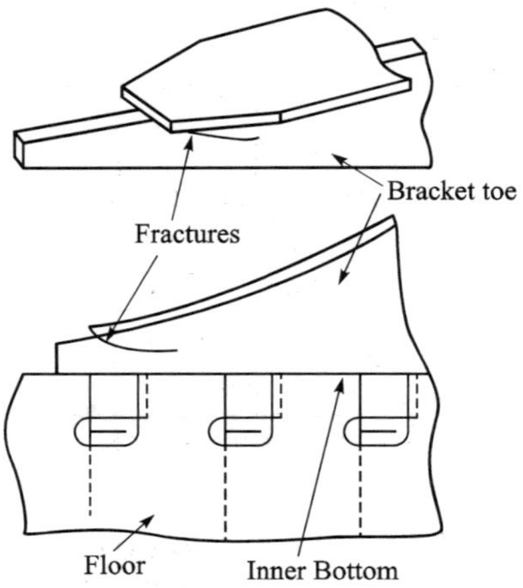

<u>수리부 상세</u>

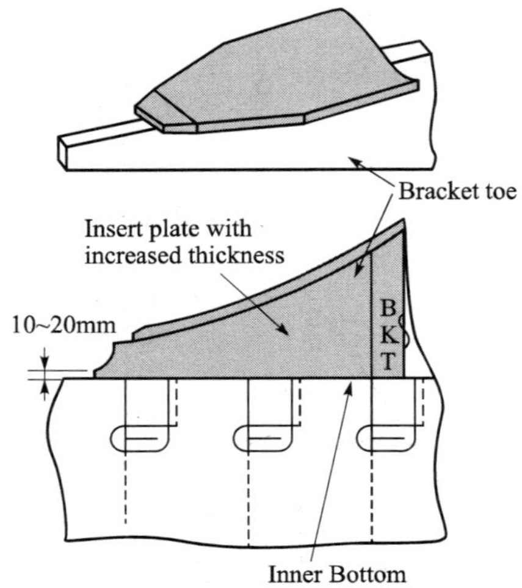

손상원인

1. 브래킷 토우 끝단부 테이퍼링 부적절
2. 브래킷 토우 플랜지 테이퍼링 부적절
3. 브래킷 변형

수리방법

1. 상기 수리부 상세 참조

구조	화물구역 - 웨브프레임, 횡격벽구조
내용	크로스타이 끝단부 균열

손상부 상세

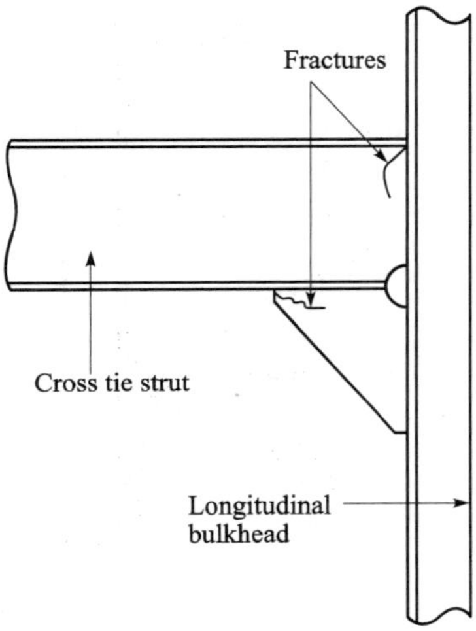

수리부 상세

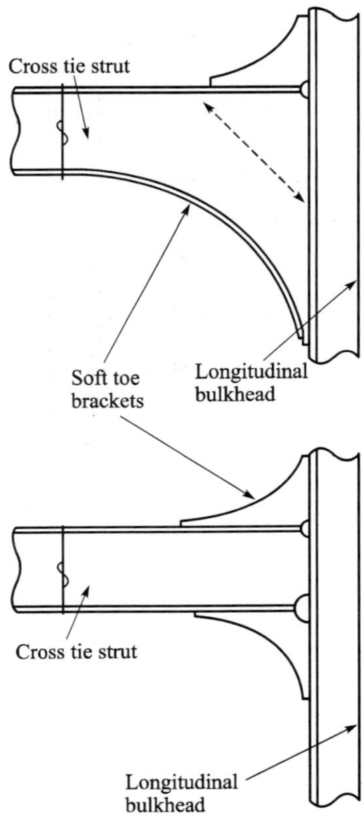

손상원인

1. 응력 집중
2. 크로스타이 웨브용 브래킷 부적절

수리방법

1. 상기 수리부 상세 참조

구조	화물구역 - 웨브프레임, 횡격벽구조
내용	트랜스버스 트리핑브래킷 끝단부 균열

손상부 상세	수리부 상세
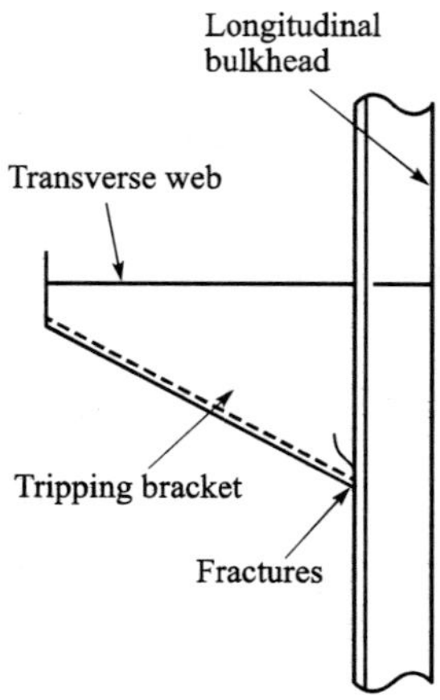	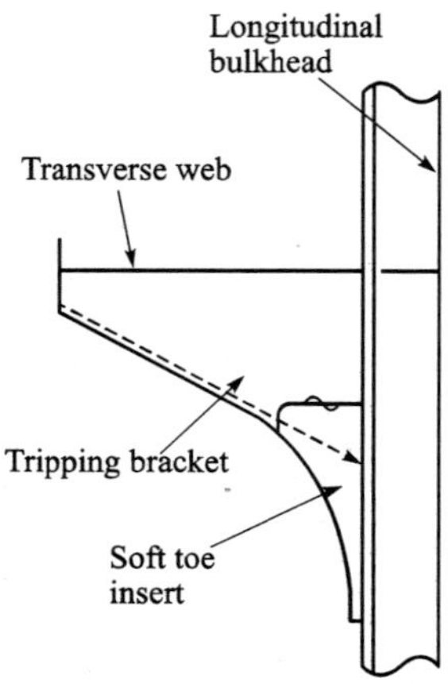
손상원인 1. 브래킷 연결부 단부 유연성 부족	*수리방법* 1. 상기 수리부 상세 참조

구조	화물구역 - 종격벽 및 스툴구조
내용	쉐더판 부근 교차부에서 시작되는 횡격벽 웨브 균열

손상부 상세	수리부 상세
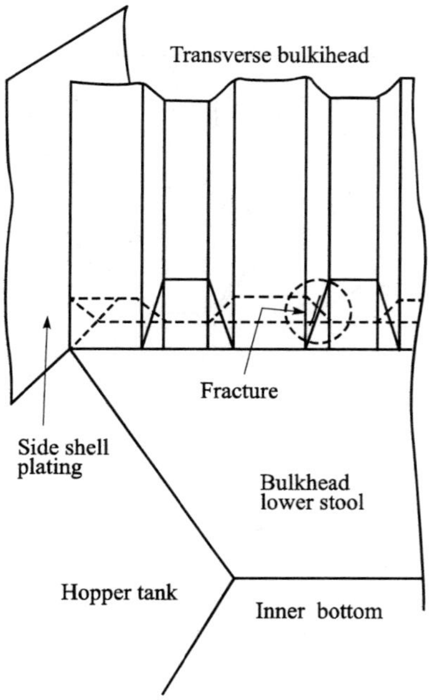	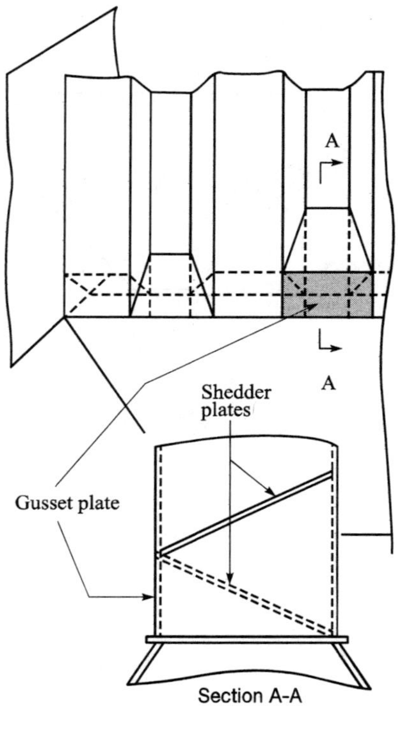
손상원인 1. 쉐더판 교차부의 응력집중 • 파형격벽 웨브의 부식 및 두께감소에 의한 약화	*수리방법* 1. 부식/마모의 경우, 파형격벽 및 쉐더판 신환

구조	화물구역 - 종격벽 및 스툴구조
내용	Hatch end beam 지지용 스트러트 좌굴

<u>손상부 상세</u>

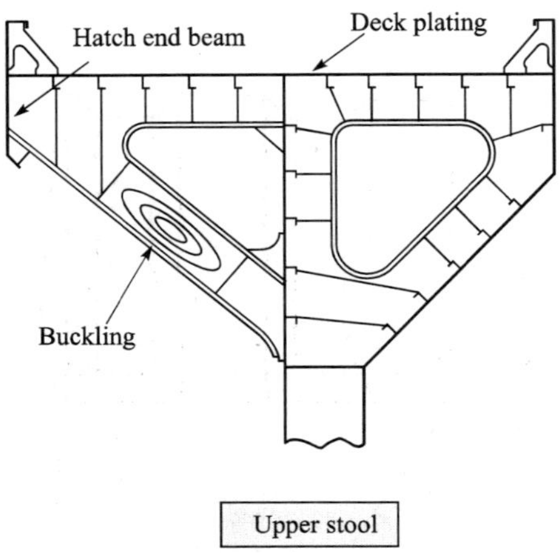

<u>수리부 상세</u>

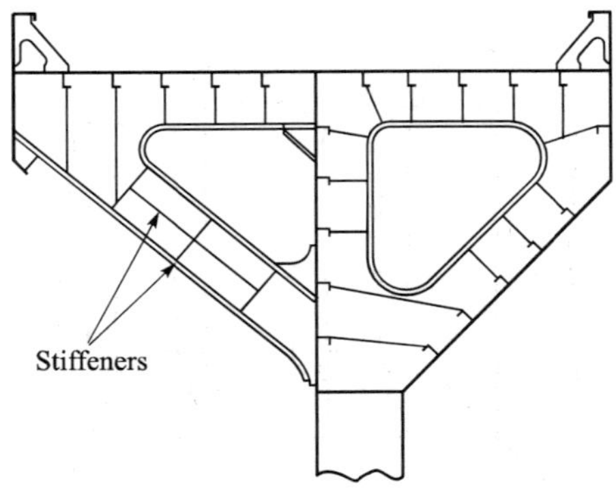

손상원인

1. 강도 부족
2. 슬로싱(sloshing) 영향
3. 부식

수리방법

1. 필요시, 변형부 신환
2. 강도 부족에 의한 손상 시, 적절한 보강 고려
   - (두께증가 / 추가 보강재 시공)

구조	화물구역 - 종격벽 및 스툴구조
내용	경감구멍 주위 늑판/거더의 부식, 좌굴 및 균열

손상부 상세

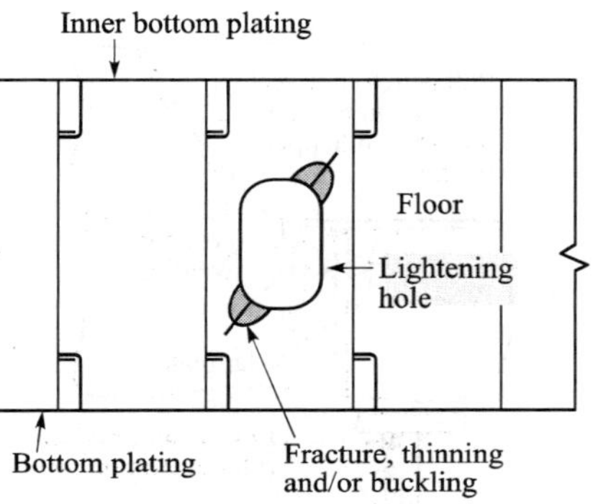

수리부 상세

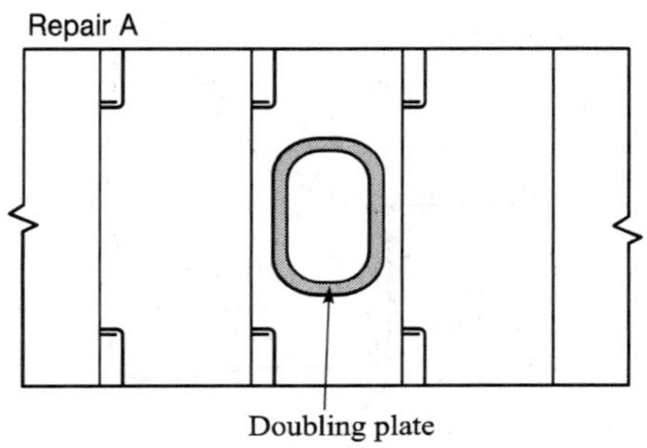

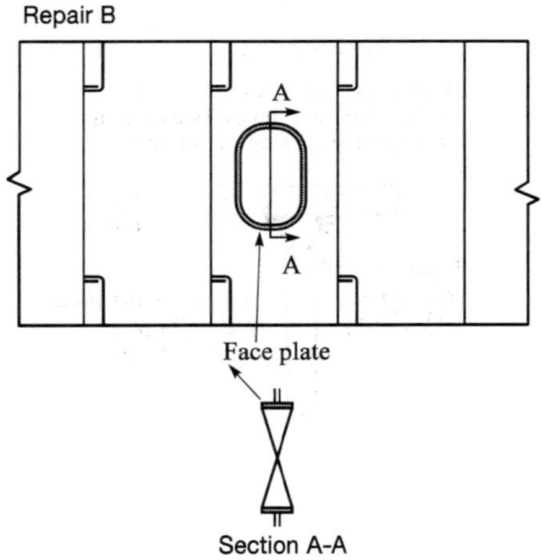

손상원인

1. 경감구멍에 의한 강도 부족
2. 높은 응력에 의한 경감구멍 부위에 균열, 부식 및 좌굴 발생

수리방법

1. 필요시, 균열, 부식 및 좌굴부위 신환
2. 적절한 보강 고려

구조	화물구역 - 종격벽 및 스툴구조
내용	호퍼/이중저 부위 늑판 용접연결부 균열

손상부 상세

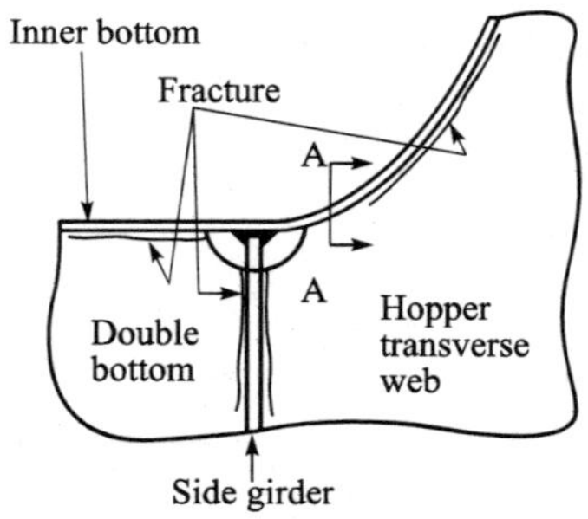

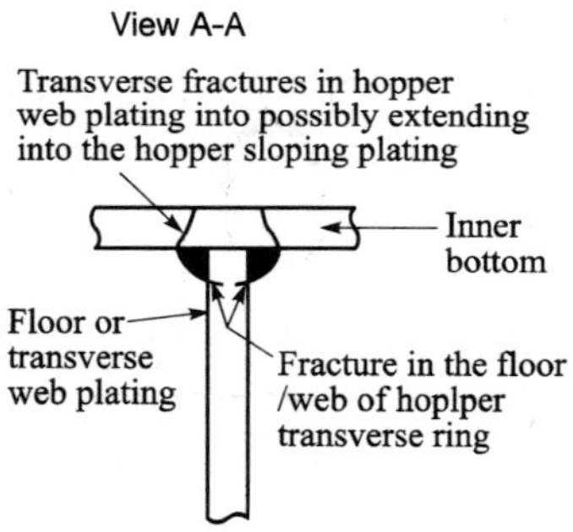

수리부 상세

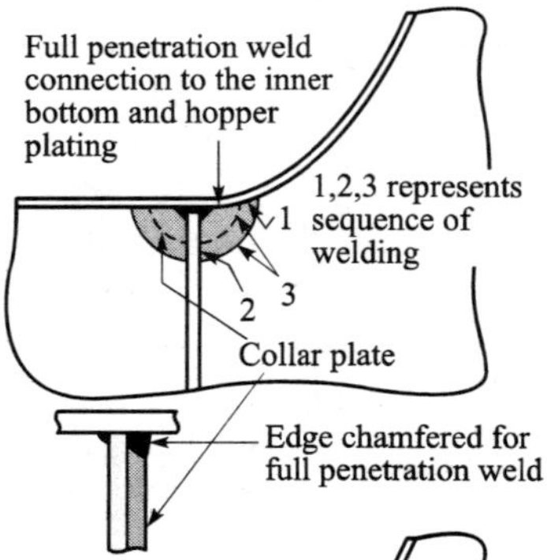

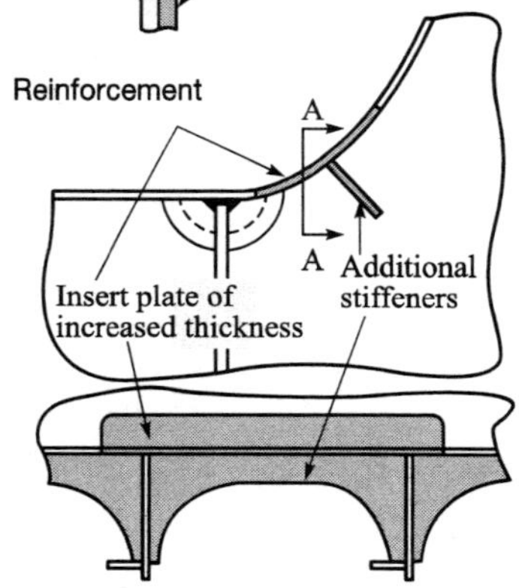

손상원인

1. cut-out에 따른 응력 집중

수리방법

1. 균열부 신환
2. cut-out부 제거
3. 선급과 협의하여 추가 보강

구조	화물구역 - 종격벽 및 스툴구조
내용	이중저 및 격벽스툴 주위 선저 및 내저종늑골 균열

손상부 상세	수리부 상세
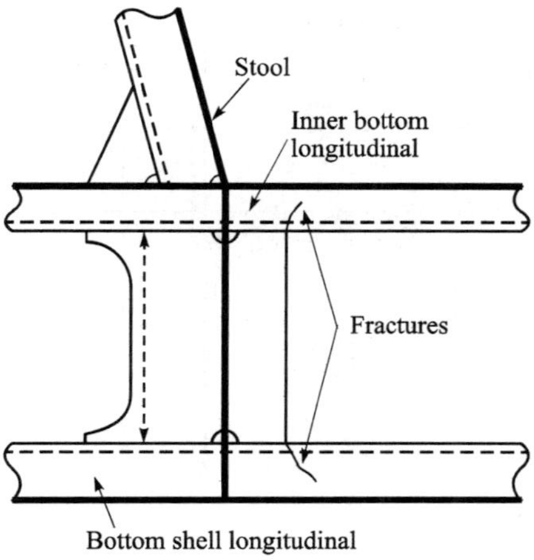 	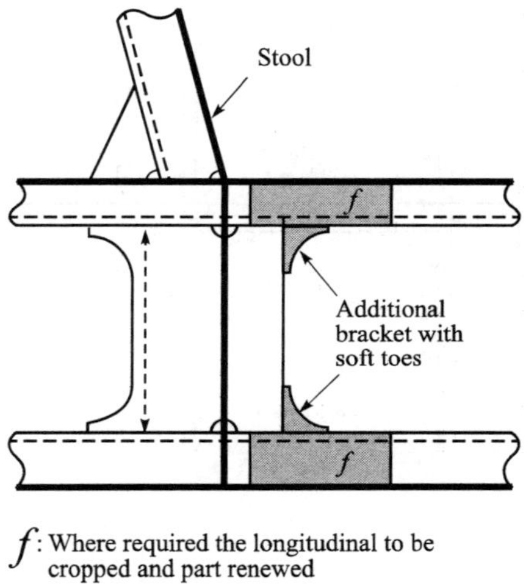
손상원인 1. 피로에 의한 응력집중	*수리방법* 1. 균열이 경미한 경우 • 미세균열 제거 및 용접 2. 균열이 깊이의 1/3 이상인 경우 • 부분적으로 신환

구조	화물구역 - 윙 밸러스트탱크구조
내용	횡격벽 늑골 연결부 균열

<u>손상부 상세</u>

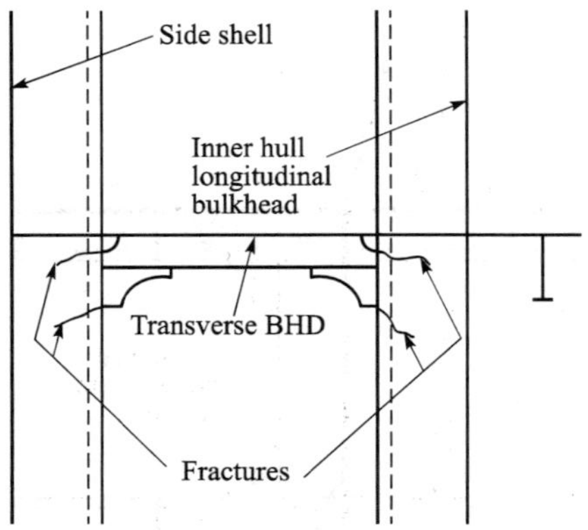

<u>수리부 상세</u>

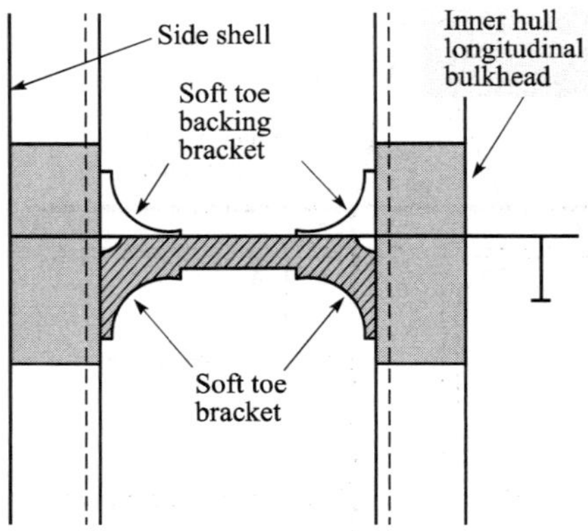

손상원인

1. 백 브래킷이 없는 브래킷 연결부 비대칭
2. 횡격벽부 트랜스버스 웨브 연결부의 처짐
3. 비대칭 축 굽힘응력
4, 수선부의 동적하중
5. 브래킷 끝단부 길이 과대

수리방법

1. 상기 수리부 상세 참조

구조	화물구역 - 윙 밸러스트탱크구조
내용	횡격벽 부 선측 수평거더 판

손상부 상세	수리부 상세
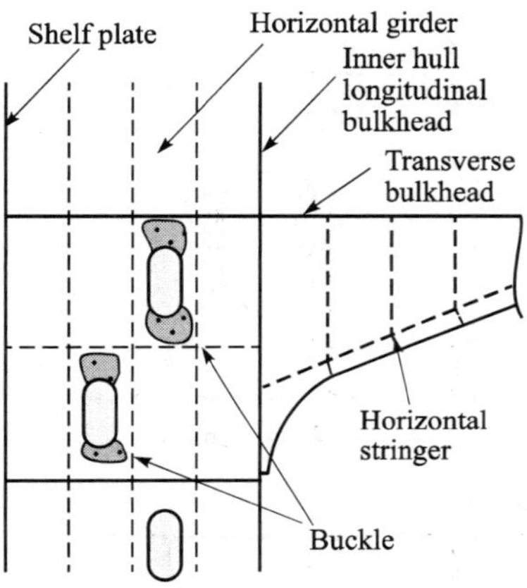	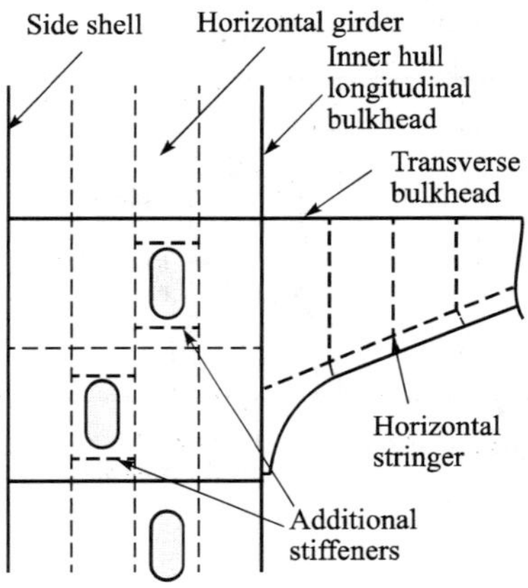
손상원인 1. 스트링거의 높은 전단력 또는 압축응력 2. 좌굴강도 부족	*수리방법* 1. 상기 수리부 상세 참조

구조	화물구역 - 이중저구조
내용	경감구멍 부위 균열, 부식 및/또는 좌굴

손상부 상세

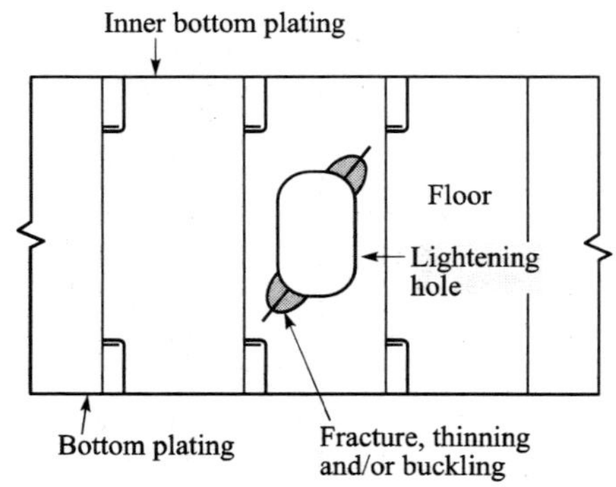

수리부 상세

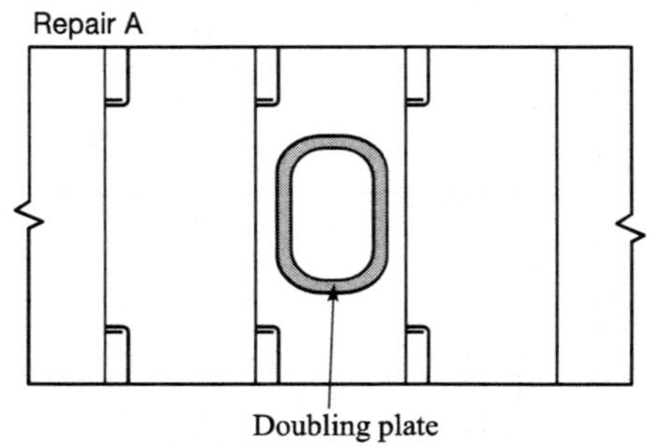

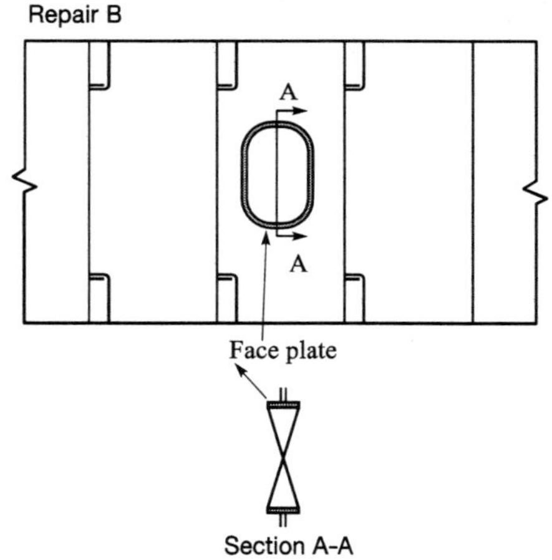

손상원인

1. 경감구멍에 의한 강도 부족
2. 경감구멍 부위 높은 응력에 따른 균열, 부식 및/또는 좌굴

수리방법

1. 손상된 부위 판 신환
2. 적절한 보강방안 모색

구조	화물구역 - 이중저구조
내용	필러 하부의 이중저 판 변형 및 늑판 좌굴/균열

손상부 상세

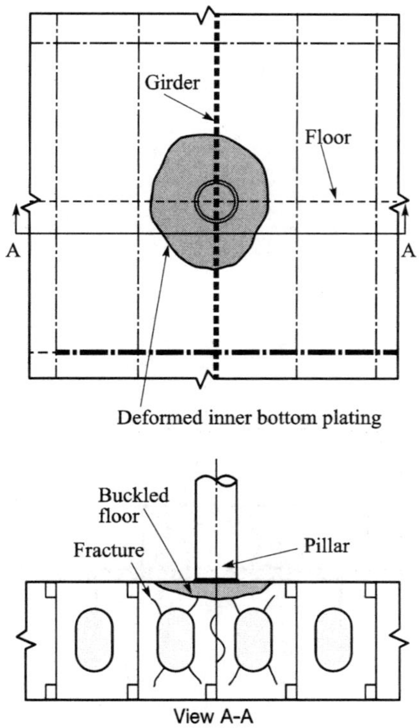

수리부 상세

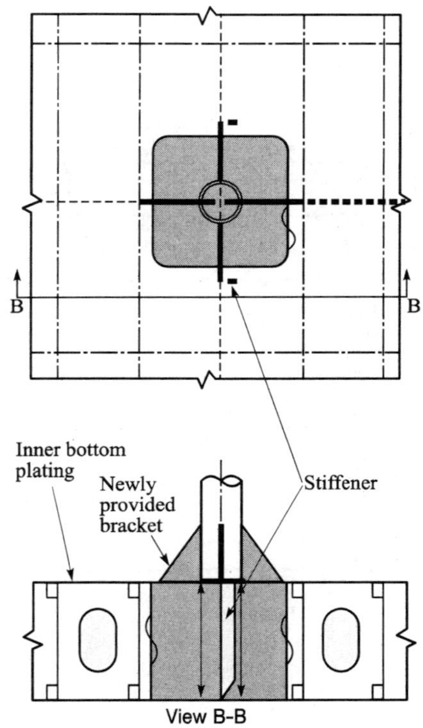

손상원인

1. 부적절한 경감구멍
2. 갑판상 초과 하중

수리방법

1. 변형된 이중저판 신환
2. 균열된 늑판 신환
3. 경감구멍 메공
4. 늑판/거더에 휨보강재 시공

구조	화물구역 - 이중저구조
내용	선저/내저 종늑골의 Air/Drain Hole 코너부 균열

<u>손상부 상세</u>

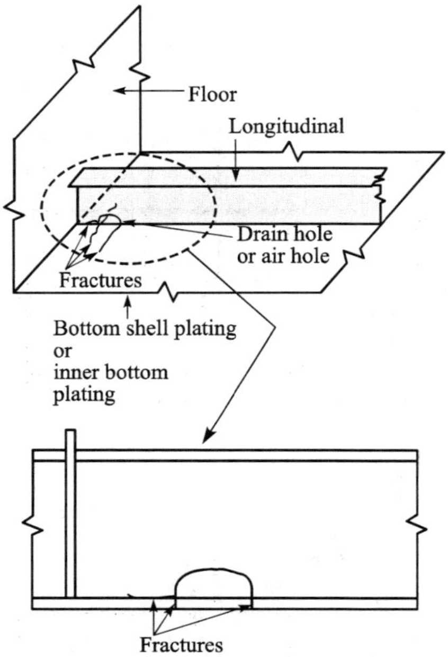

<u>수리부 상세</u>

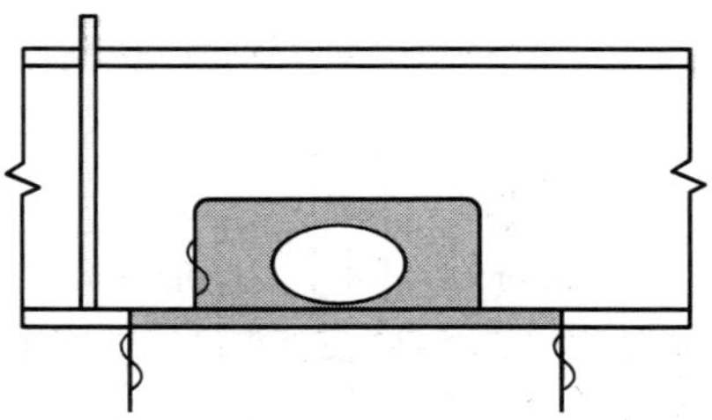

손상원인

1. Drain/Air Hole 코너부의 응력집중
2. Drain/Air Hole 코너부의 응력집중에 의한 부식

수리방법

1. 균열판은 신환
2. Air/Drain Hole의 형상 변화

구조	화물구역 - 이중저구조
내용	종늑골이 관통하는 횡방향 주부재의 절단부의 균열 및 좌굴

손상부 상세

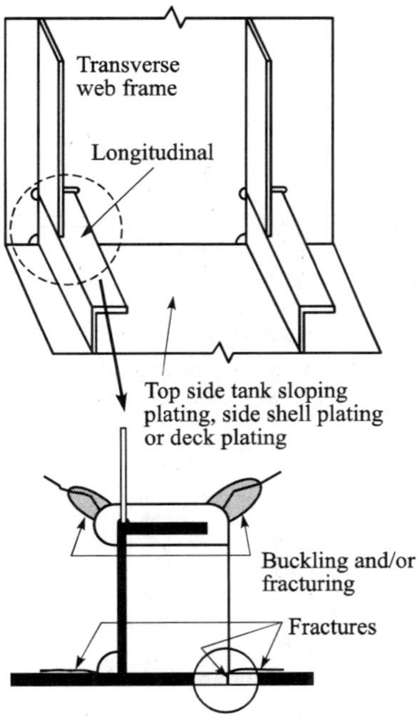

수리부 상세

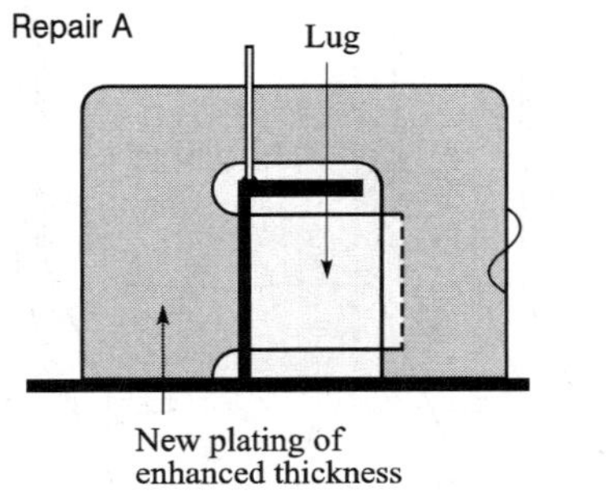

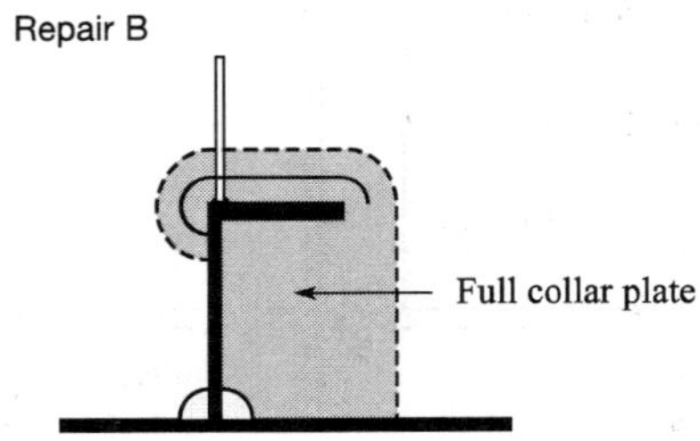

손상원인

1. 관통부의 응력집중 및 부식에 의한 손상

수리방법

1. 현저한 균열의 경우에는 신환하고 이외의 경우에는 가우징 후 용접

구조	화물구역 - 이중저구조
내용	늑판 또는 격벽부위 종늑골 균열

손상부 상세

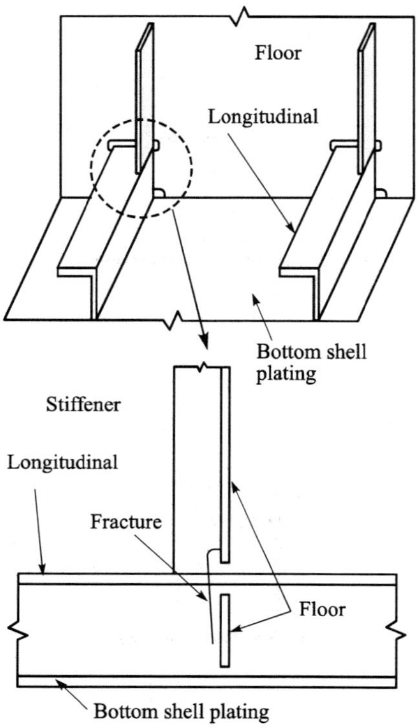

Note : same damage may occur at similar connection to inner bottom plating

수리부 상세

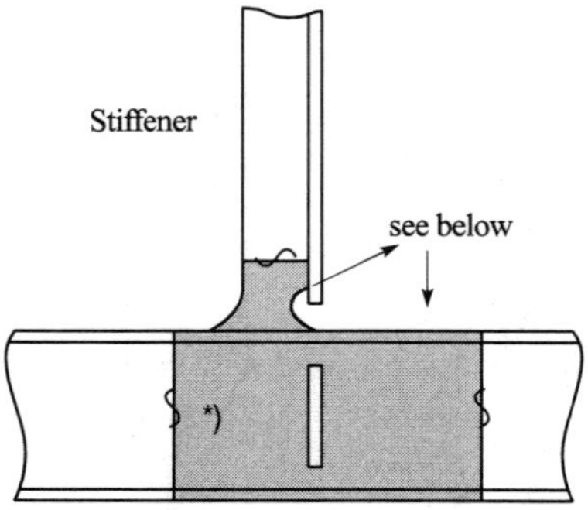

*) : Where required, the longitudinal to be cropped and part renewed

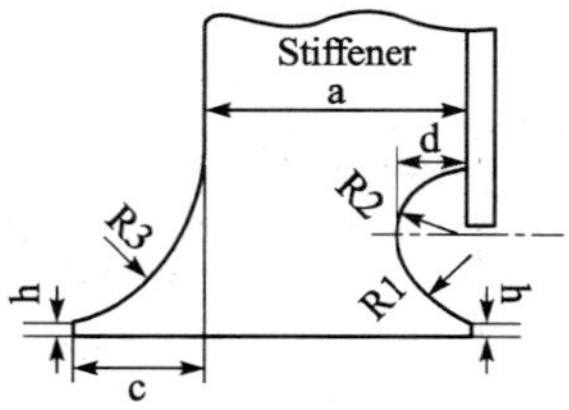

Various cut/out shapes have been developed.
The following ist one example.

1. Toe height as small as possible (h=10−15mm)
2. Depth "d" of key hole notch as small a possible, max. 30mm
3. For a slope at toe max. 1:3
4. R1 = 1.5d
   R2 = d and
   R3 = 1.5c

손상원인

1. 피로증가 및 응력집중에 의한 손상

수리방법

1. 균열이 1/3 이상 진전 시 신환
2. 기타의 경우 가우징 및 용접

구조	화물구역 - 이중저구조
내용	거더/선저종늑골 인접 선저외판의 균열

손상부 상세	수리부 상세
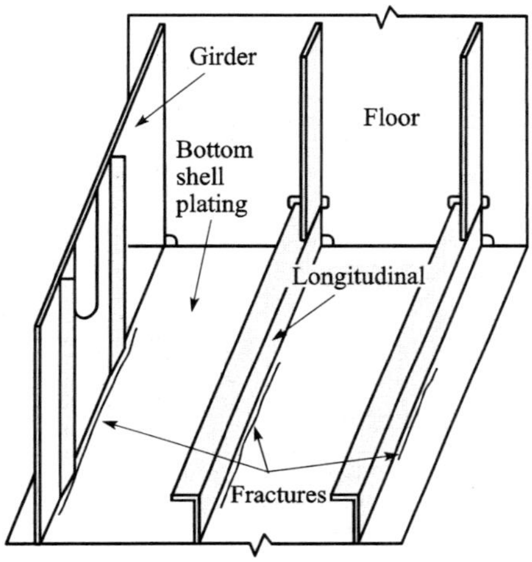	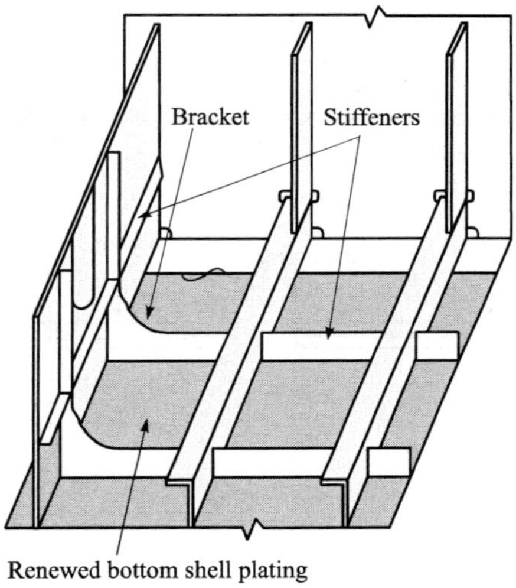
손상원인 1. 진동	*수리방법* 1. 균열부 신환 2. 추가의 휨보강재/브래킷으로 보강하여 진동수 변경

구조	화물구역 - 이중저구조
내용	빌지킬 끝단부 외판 균열

손상부 상세

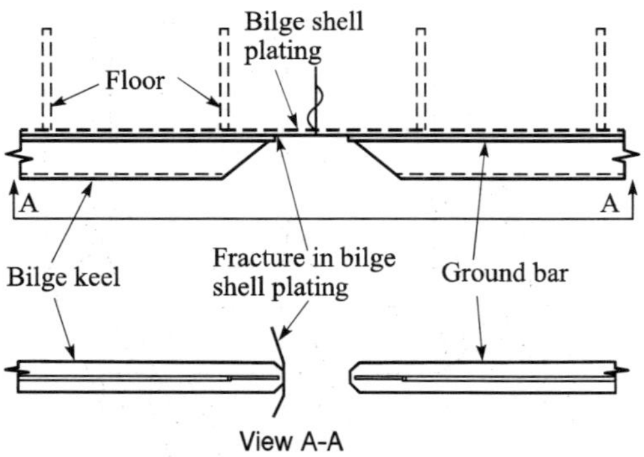

수리부 상세

Repair A

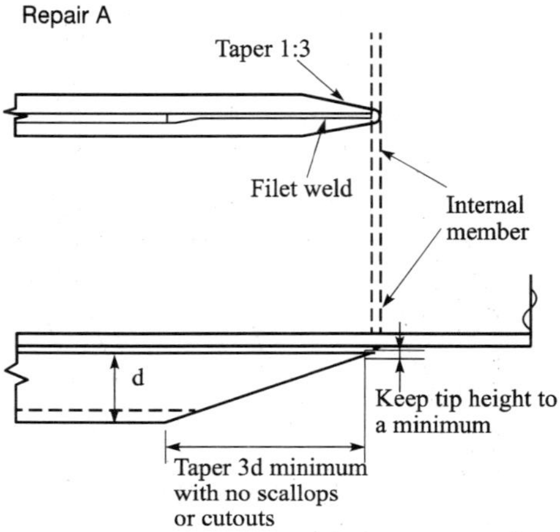

Repair B

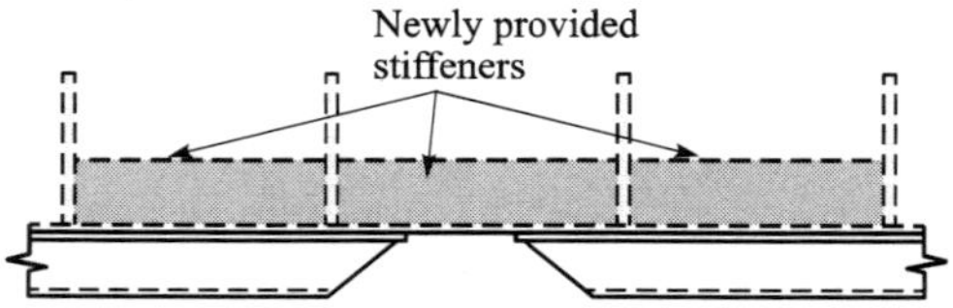

손상원인

1. 설계불량에 의한 응력집중

수리방법

1. 균열 외판 신환
2. 수리 A
   - 끝단부 형상 변화
   - 끝단부에 내부재 신설
3. 수리 B
   - 내부에 휨보강재 신설
4. 수리 A,B 대신 연속된 빌지킬 고려

구조	화물구역 - 이중저구조
내용	벨마우스 하부 선저판 부식

손상부 상세	수리부 상세
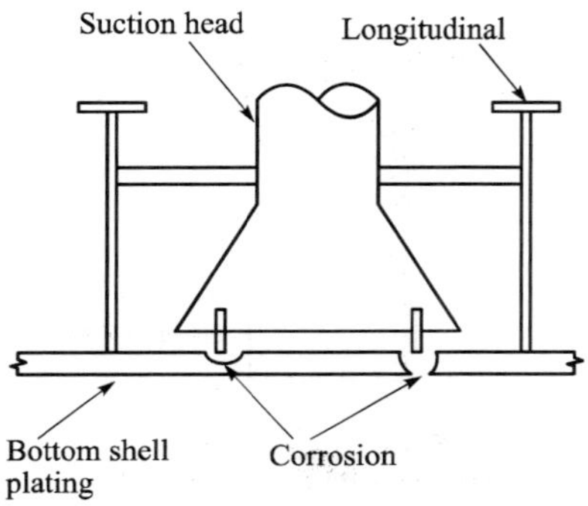	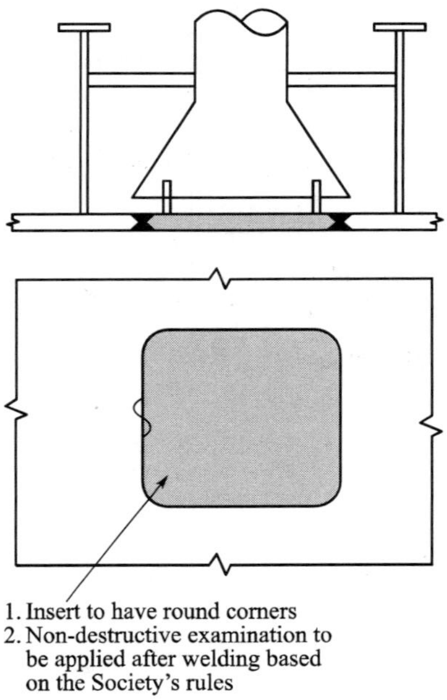
손상원인 1. 높은 흡입량에 대한 불충분한 부식방지 시스템	*수리방법* 1. 부식부위 신환 • 부식이 적은 범위로 제한될 경우 용접 육성 허용

구조	화물구역 - 이중저구조
내용	측심관 하부 선저판 부식

손상부 상세	수리부 상세
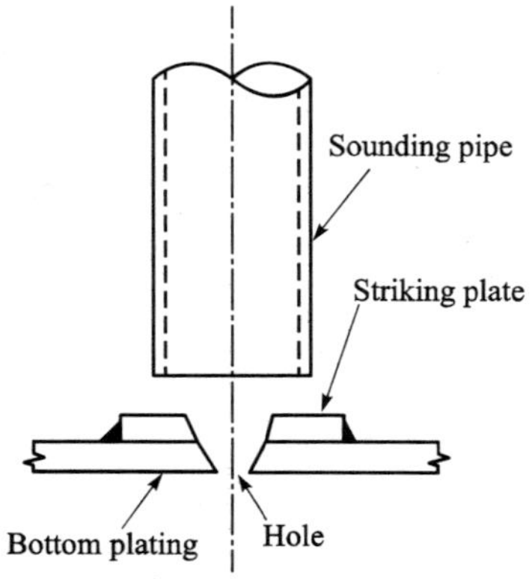	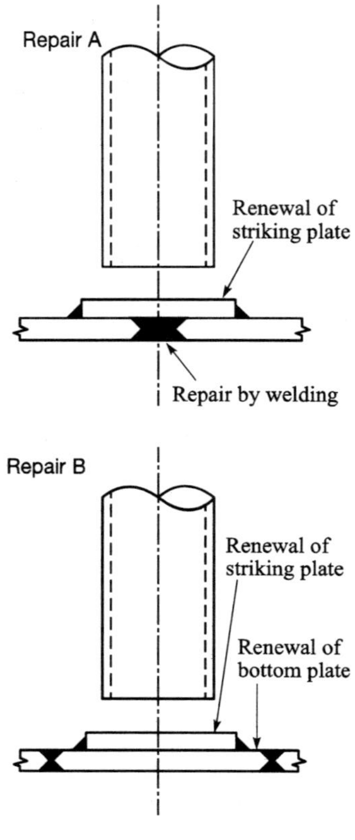
손상원인 1. 측심추의 타격에 의한 지속적인 스트라이킹 판의 부식	*수리방법* 1. 부식 선저판 용접 육성 또는 신환 2. 부식된 스트라이킹판 신환

구조	화물구역 - 호퍼/이중저 밸러스트탱크구조
내용	이중저판 선상 gusset 판 균열

손상부 상세	수리부 상세
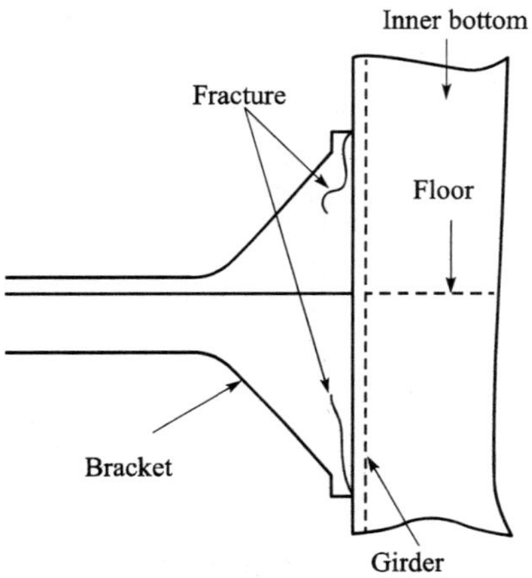	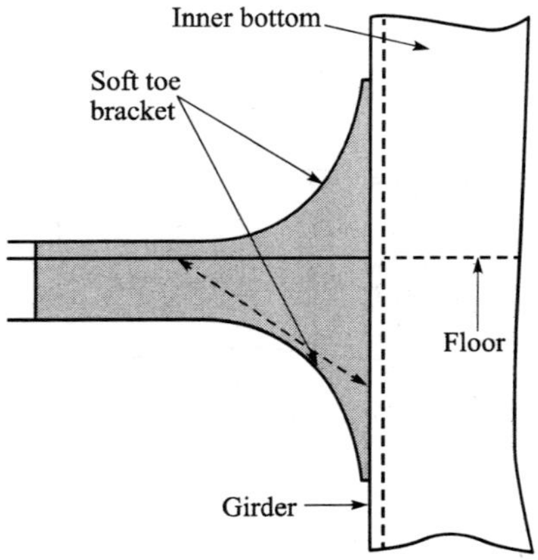
손상원인 1. 브래킷 끝단부의 부족한 라운드 및 부적절한 형상에 의한 응력 집중 2. 용접 부족 3. 브래킷 연결부 단면적 부족	*수리방법* 1. 상기 수리부 상세 참조

구조	화물구역 - 호퍼/이중저 밸러스트탱크구조
내용	호퍼/이중저와 교차부의 늑판 연결부 용접부 균열

손상부 상세

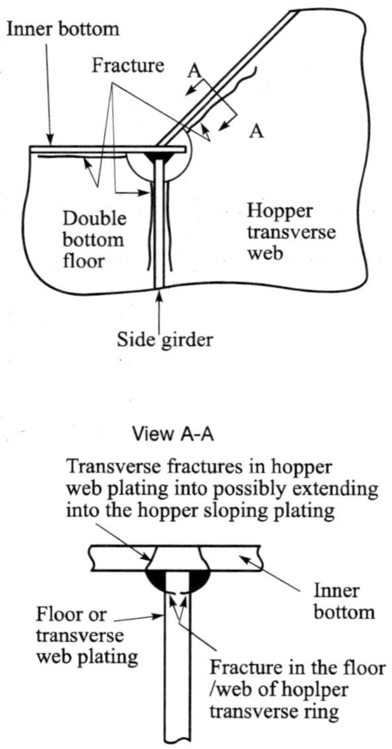

수리부 상세

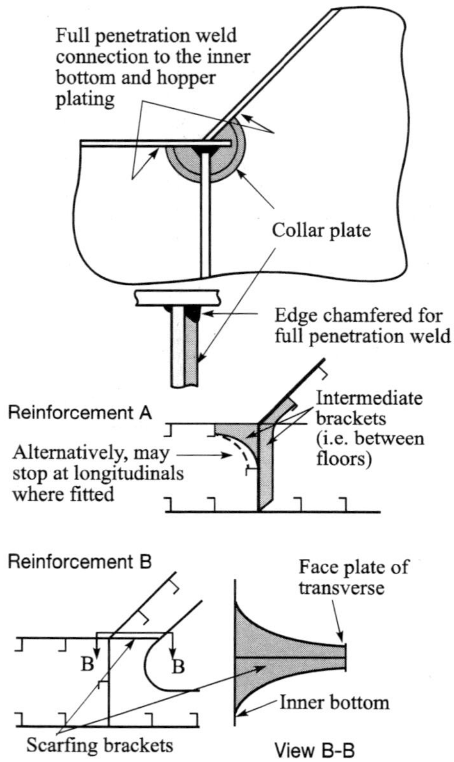

손상원인

1. 용잡부 가장자리 응력집중에 따른 국부 손상

수리방법

1. 용접부 균열부는 가우징 후 용접 및 균열부 판은 신환
2. 기타 사항은 상기 그림 참조

구조	화물구역 - 호퍼/이중저 밸러스트탱크구조
내용	이중저/측거더 및 격벽 스툴판과 늑판 연결부 용접부 균열

<u>손상부 상세</u>

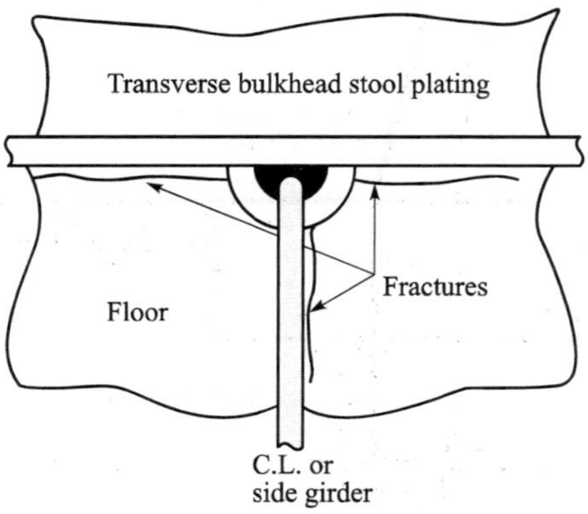

<u>수리부 상세</u>

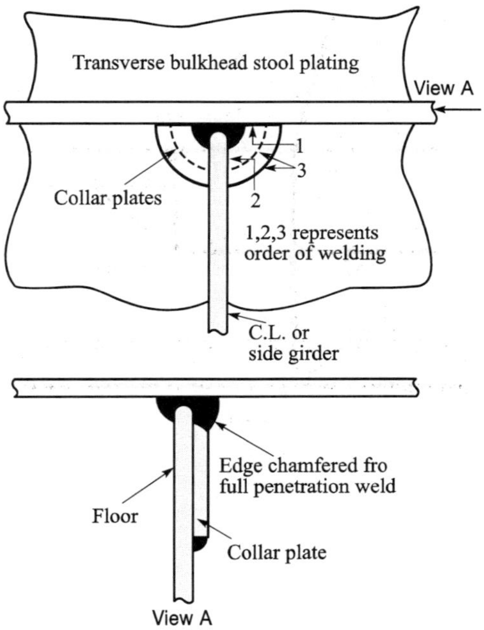

손상원인

1. 스캘럽에 의한 용접부 응력집중

수리방법

1. 응력 완화를 위한 collar plate 취부

구조	화물구역 - 호퍼/이중저 밸러스트탱크구조
내용	빌지웰 부위 종늑골 균열

손상부 상세

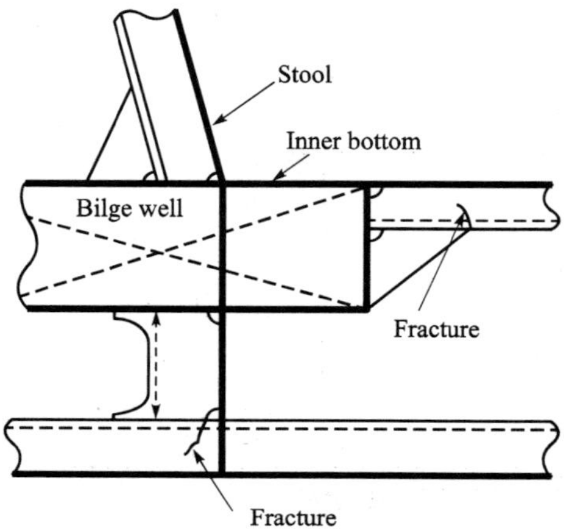

수리부 상세

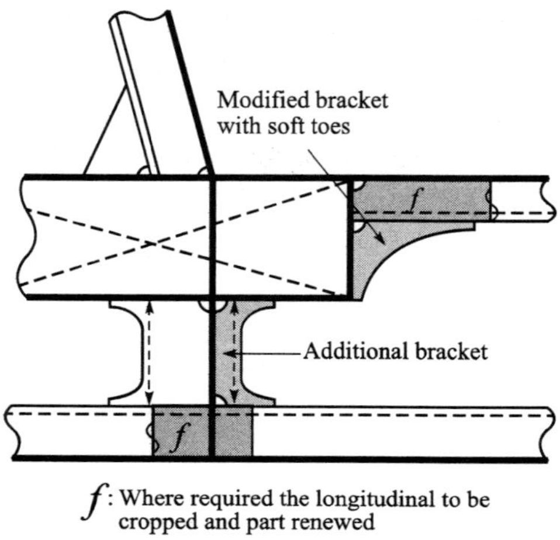

손상원인

1. 증가된 피로에 의한 응력집중에 따른 균열

수리방법

1. 균열이 1/3 이상인 경우 부분 신환
2. 균열이 1/3 이하인 경우 가우징 후 용접

구조	화물구역 - 호퍼/이중저 밸러스트탱크구조
내용	호퍼판과 이중저판 연결부 이중저판의 균열

손상부 상세

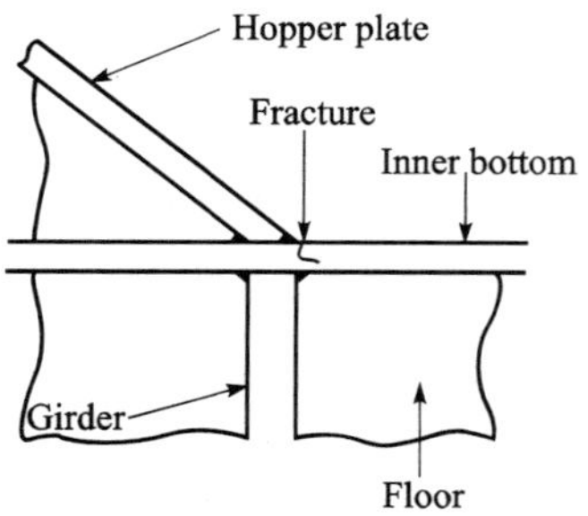

수리부 상세

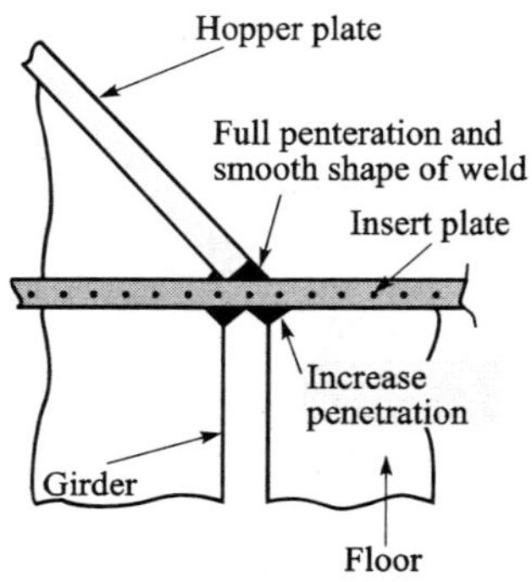

New Construction

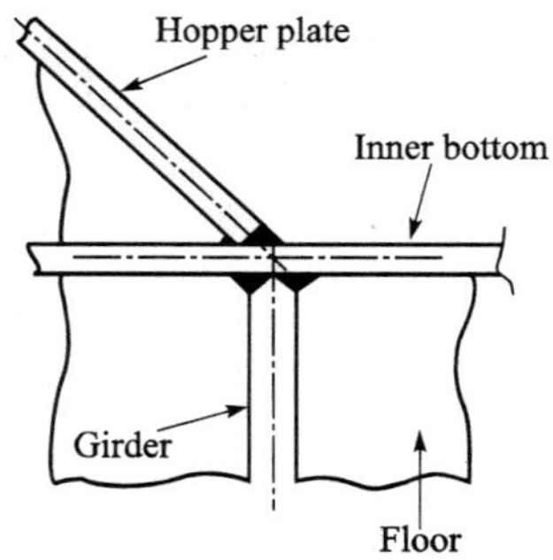

손상원인

1. 호퍼판과 이중저 연결부위 응력 집중
2. 연결부 용접 부족
3. 호퍼판, 이중저 및 거더의 어긋남

수리방법

1. 상기 수리부 상세 참조

구조	화물구역 - 호퍼/이중저구조
내용	늑판의 좌굴

손상부 상세	수리부 상세
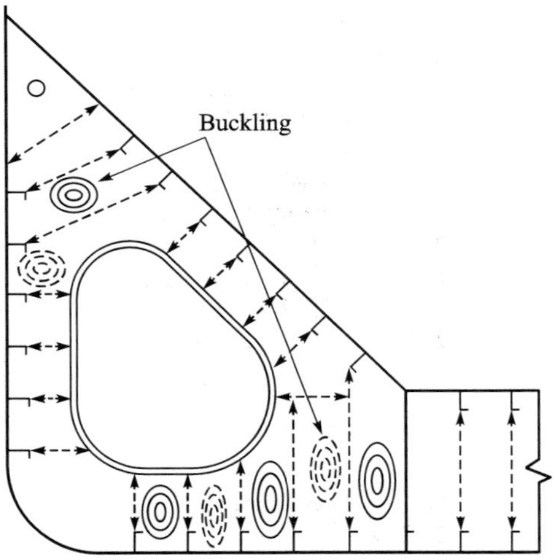	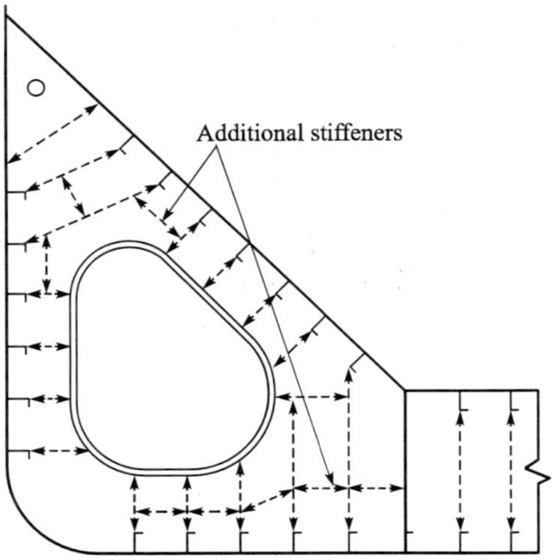
손상원인 1. 불충분한 늑판의 좌굴응력 2. 고응력 부위의 부식	*수리방법* 1. 상기 수리부 상세 참조

구조	화물구역 - 호퍼구조
내용	횡브래킷 용접 연결부 균열

<u>손상부 상세</u>

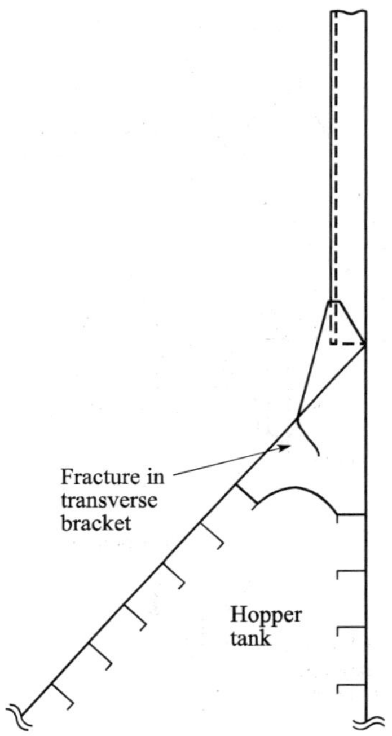

<u>수리부 상세</u>

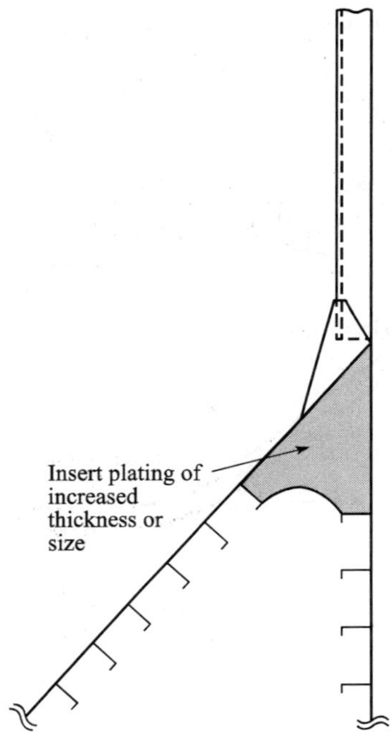

손상원인

1. 부식 및 응력집중
2. 브래킷의 어긋남

수리방법

1. 어긋난 브래킷 신환

구조	화물구역 - 호퍼/이중저 밸러스트탱크구조
내용	늑판부위 둥근 호퍼판 변형

손상부 상세

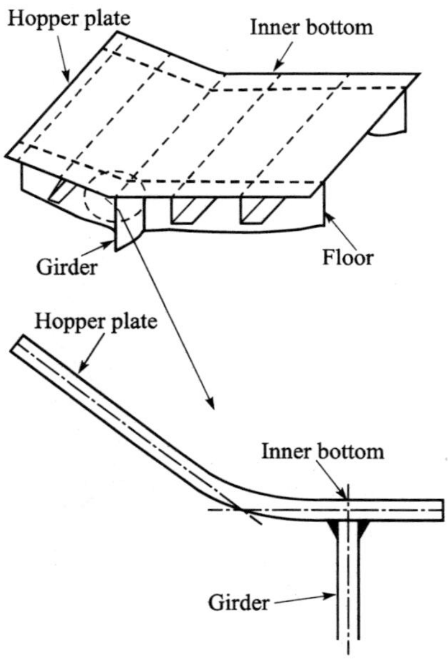

수리부 상세

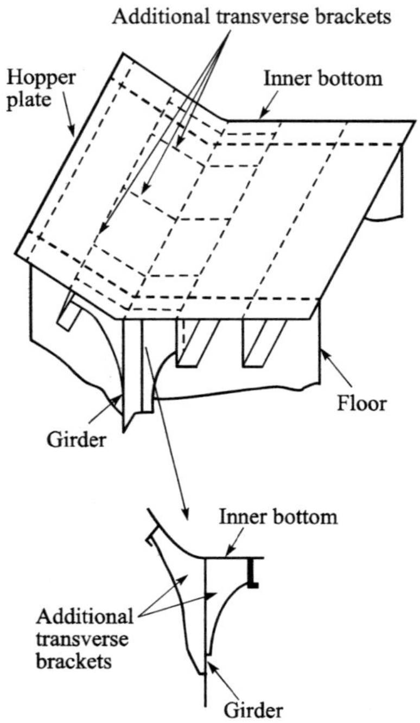

손상원인

1. 어긋남
2. 늑판사이 휨보강재 부족

수리방법

1. 상기 수리부 상세 참조

구조	화물구역 - 선저 밸러스트탱크구조
내용	수밀늑판과 연결된 늑골의 균열

손상부 상세

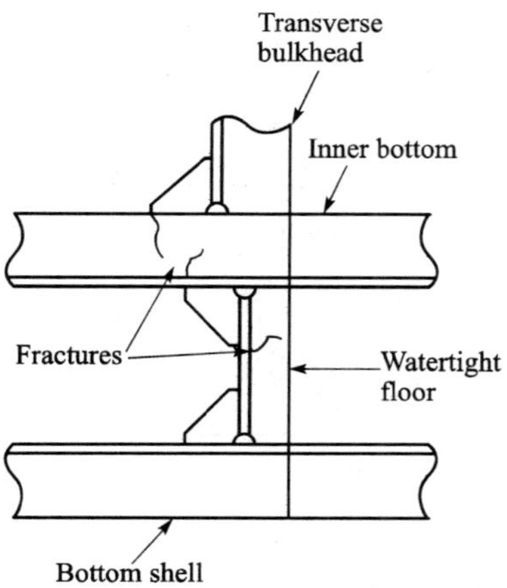

수리부 상세

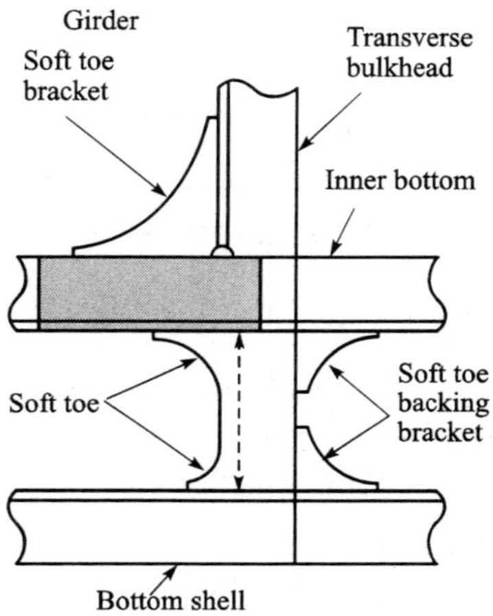

손상원인

1. 후부 브래킷의 크기 비대칭
2. 인접 늑판과 횡격벽 사이의 처짐
3. 브래킷 형상 불량
4. 이중저늑골과 늑판 휨보강재의 응력 과대

수리방법

1. 상기 수리부 상세 참조

구조	화물구역 - 선저 밸러스트탱크구조
내용	횡격벽 및 늑판과 연결된 이중저 및 선저외판의 연결부의 휨보강재 균열

손상부 상세

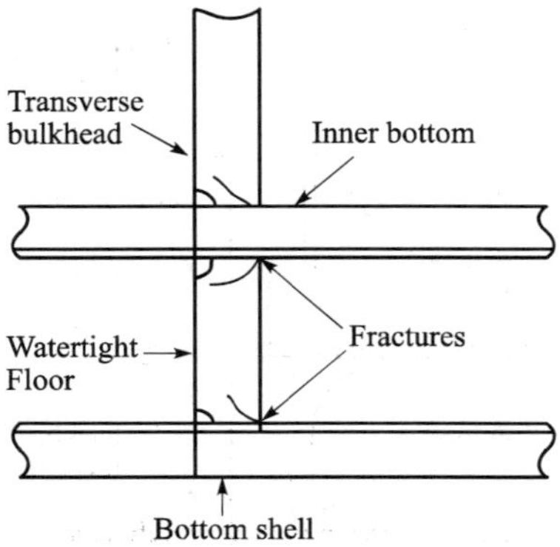

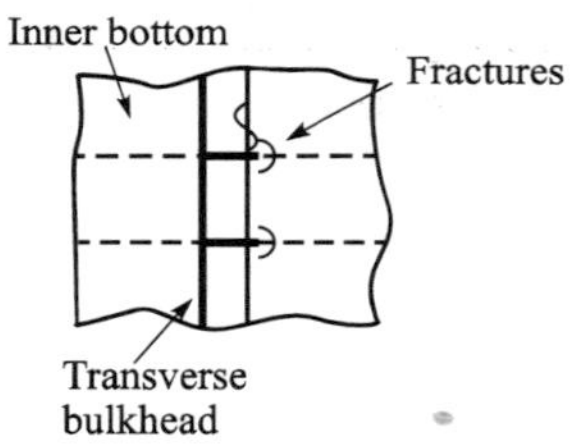

수리부 상세

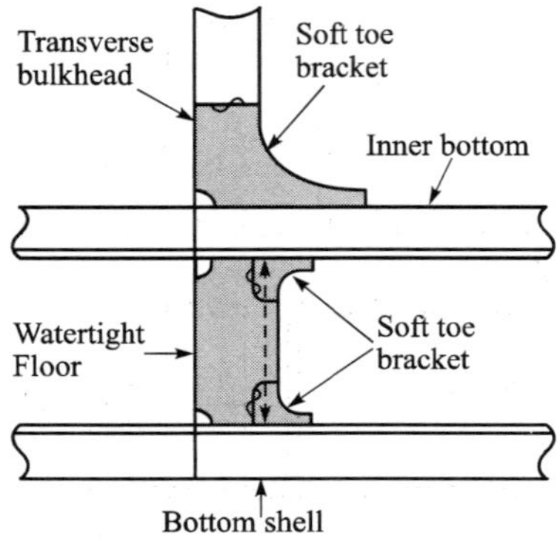

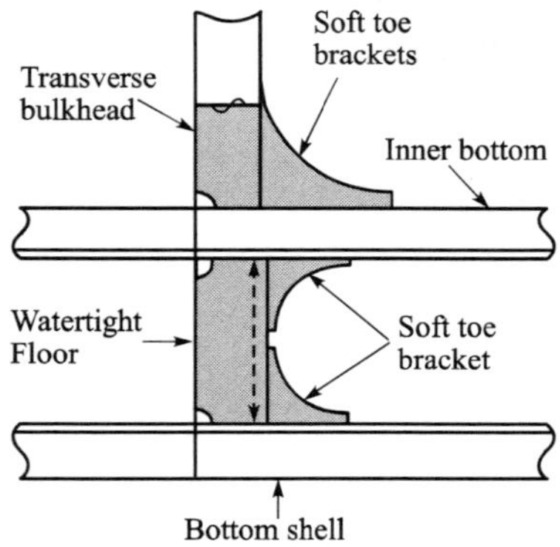

손상원인

1. 격벽 휨보강재와 이중저 늑골의 어긋남
2. 연결부 응력 과대

수리방법

1. 상기 수리부 상세 참조

구조	화물구역 - 선저 밸러스트탱크구조
내용	늑판과 연결된 늑골의 균열

손상부 상세

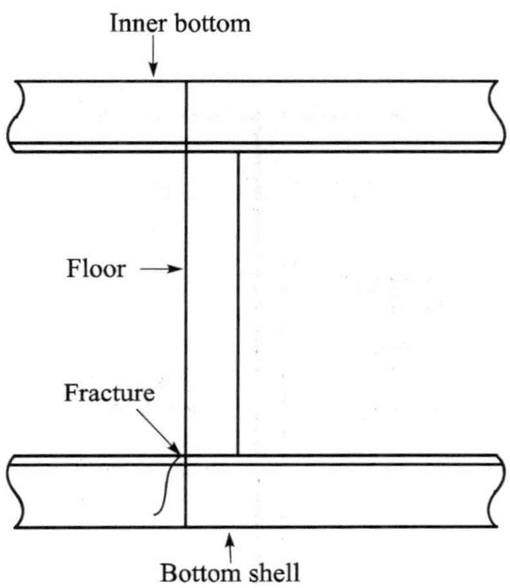

수리부 상세

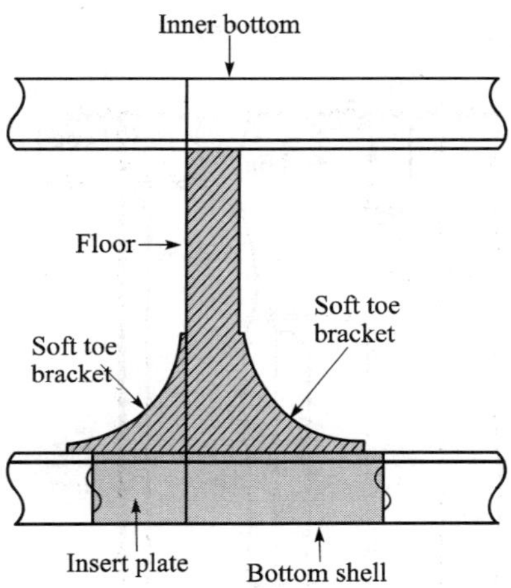

손상원인

1. 선저늑골과 늑판 휨보강재 연결부의 응력 집중

수리방법

1. 상기 수리부 상세 참조

구조	화물구역 - 선저 밸러스트탱크구조
내용	선저 및 이중저와 연결된 휨보강재의 균열

손상부 상세

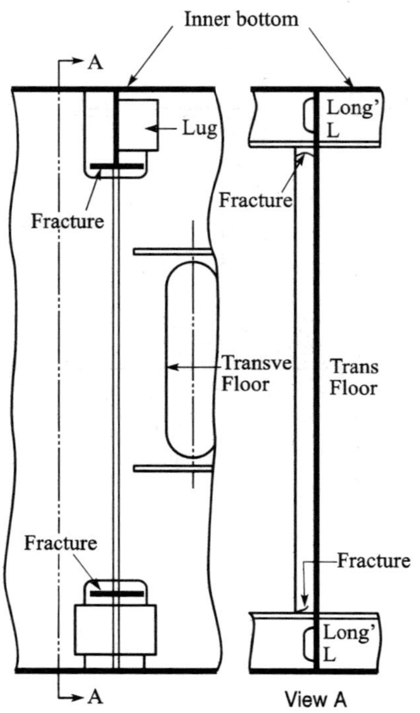

수리부 상세

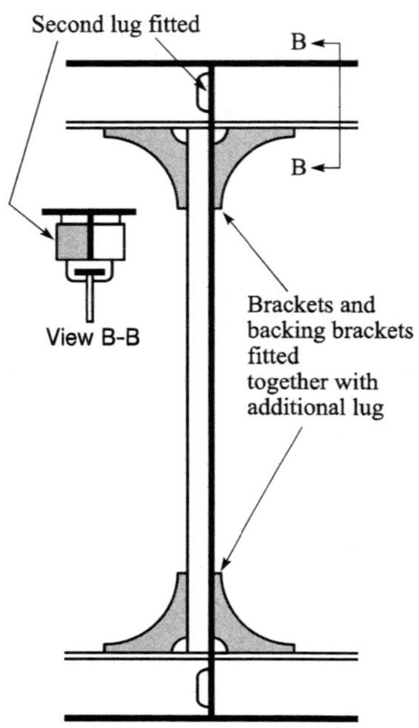

손상원인

1. 늑판 휨보강재와 이중저늑골 연결부의 비대칭 연결에 의한 국부응력 과대
2. 늑골 슬롯 과다에 의한 leg 연결 불충분
3. 날까로운 모서리 또는 노치
4. 늑골연결 휨보강재의 결함
5. 선박운용에 따른 동적하중 작용

수리방법

1. 상기 수리부 상세 참조

구조	선수미구역 - 선수구조
내용	선수갑판 변형

손상부 상세	수리부 상세
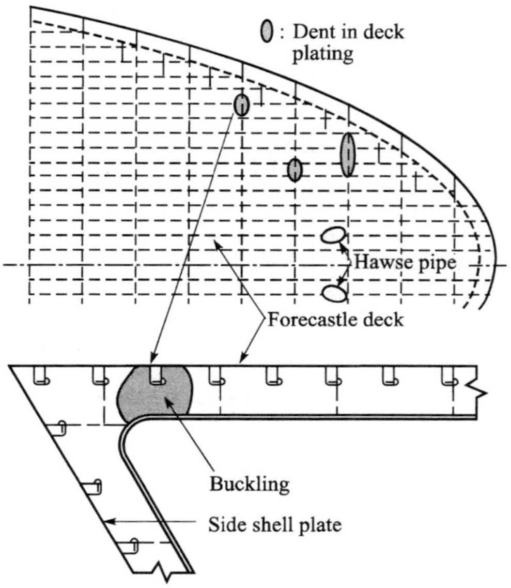	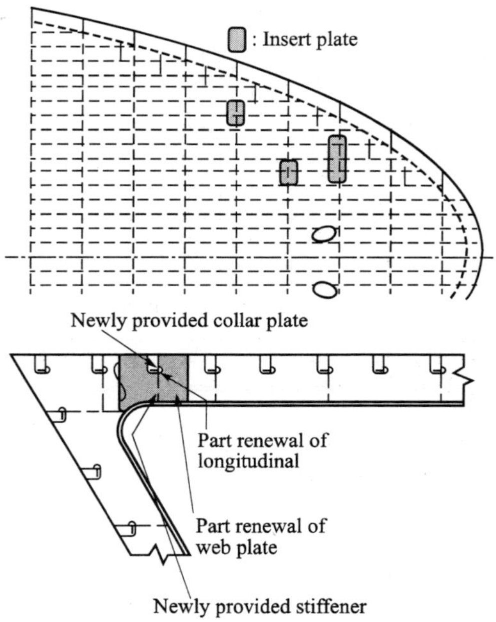
손상원인 1. 갑판상 파도 2. 불충분한 강도	*수리방법* 1. 변형된 구조부재 신환 2. 보강재로 휨보강재 추가

구조	선수미구역 - 선수구조
내용	선수갑판(횡늑골식) 변형

손상부 상세

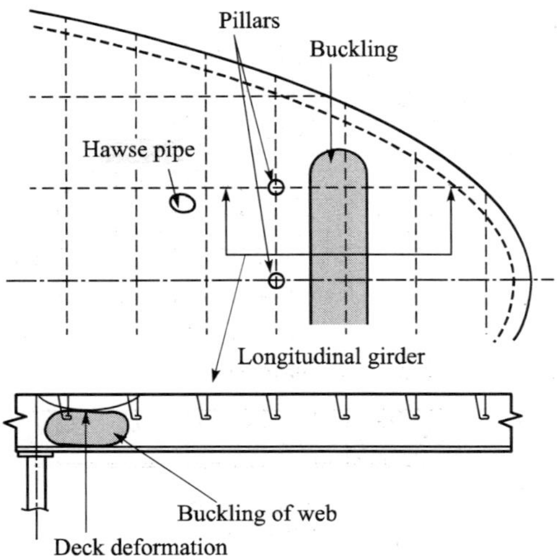

수리부 상세

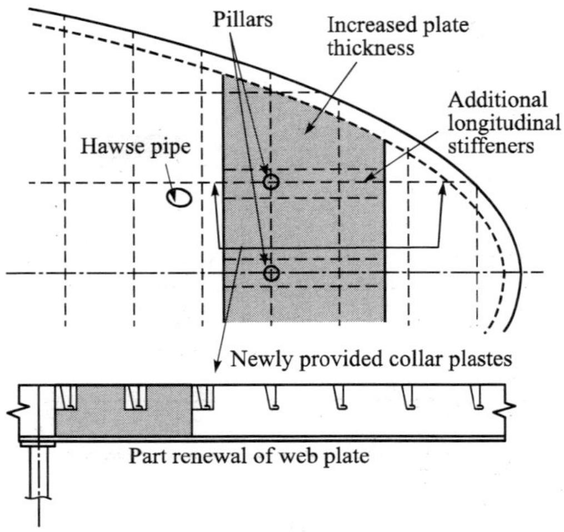

손상원인

1. 갑판상 파도 및 선수플레어 충격압력
2. 불충분한 강도

수리방법

1. 변형된 구조부재 신환
2. 휨보강재 추가

구조	선수미구역 - 선수구조
내용	불워크 부위 선수부갑판 균열

손상부 상세

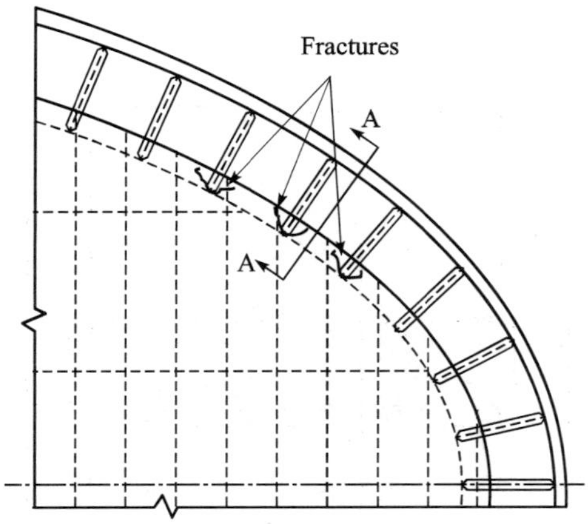

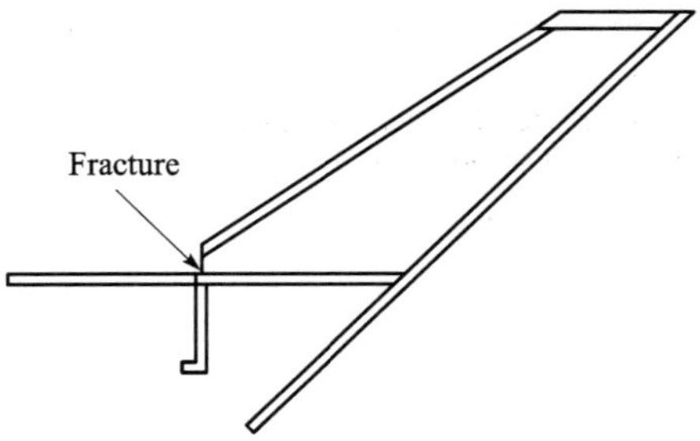

View A-A

수리부 상세

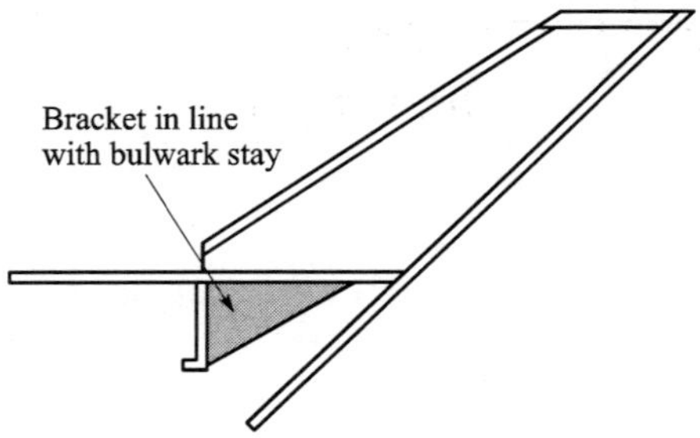

View A-A

손상원인

1. 황천속의 선수플레어 영향
2. 설계 불량에 따른 응력 집중

수리방법

1. 상기 수리부 상세 참조

구조	선수미구역 - 선수구조
내용	체인로커 부위 선측외판 균열

손상부 상세

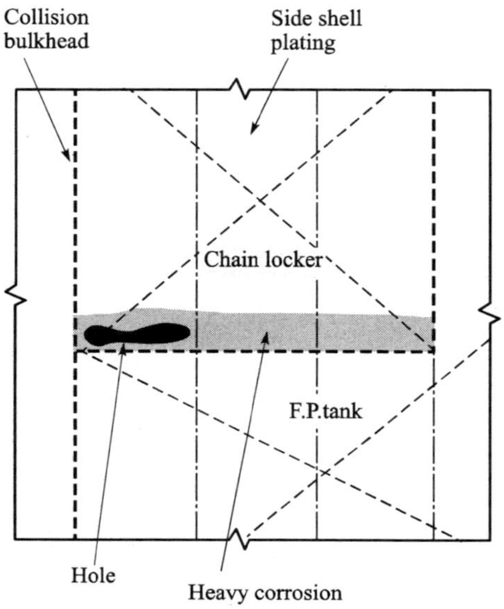

수리부 상세

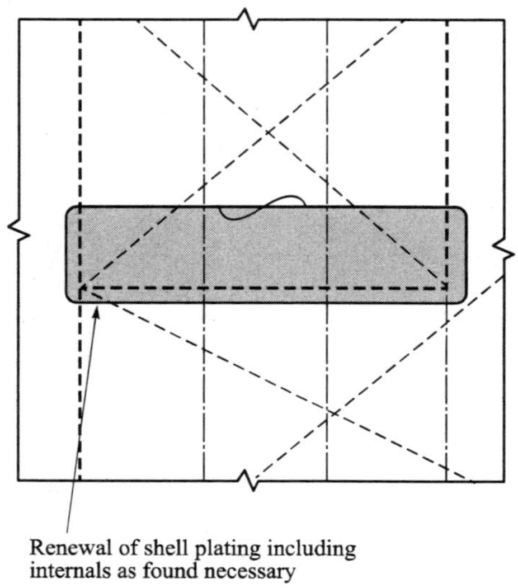

손상원인

1. 머드 축척에 따른 심한 부식

수리방법

1. 부식부 판 신환
2. 보호도장 시공

구조	선수미구역 - 선수구조
내용	선수루 부위 외판 변형

손상부 상세

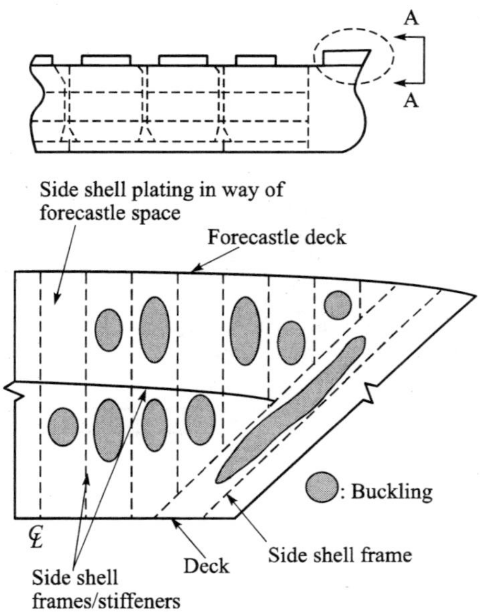

View A-A

수리부 상세

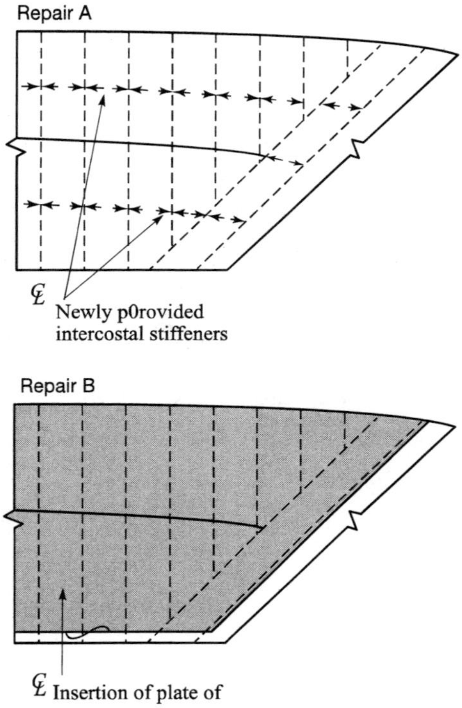

손상원인

1. 황천
2. 강도 부족

수리방법

1. 변형부위 신환
2. 추가 휨보강재 또는 증가된 두께의 판 신환 및 휨보강재 추가

구조	선수미구역 - 선수구조
내용	선수 트랜스버스웨브의 선측종늑골 슬롯 부위 균열

손상부 상세

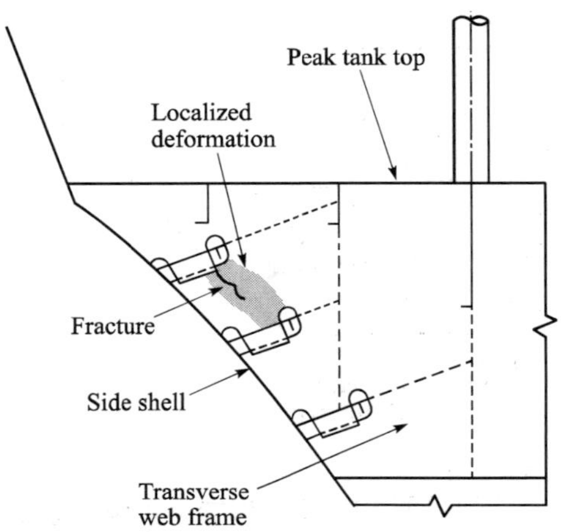

수리부 상세

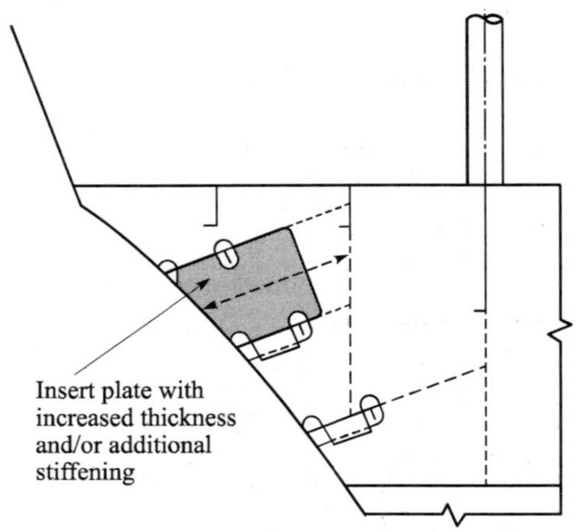

손상원인

1. 구조물의 작동으로 인해 슬롯부위 도장 결함 부위 마모
2. 선수플레어 부위 동적 파랑하중

수리방법

1. 선수 플레어 형태로 동적하중을 흡수하기 위해 충분한 패널강도 제공

구조	선수미구역 - 선미구조
내용	브래킷 단부의 늑판 면재의 균열

<u>손상부 상세</u>

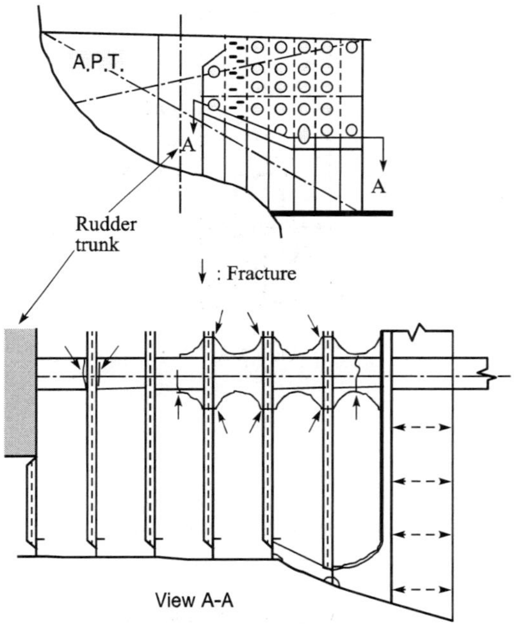

<u>수리부 상세</u>

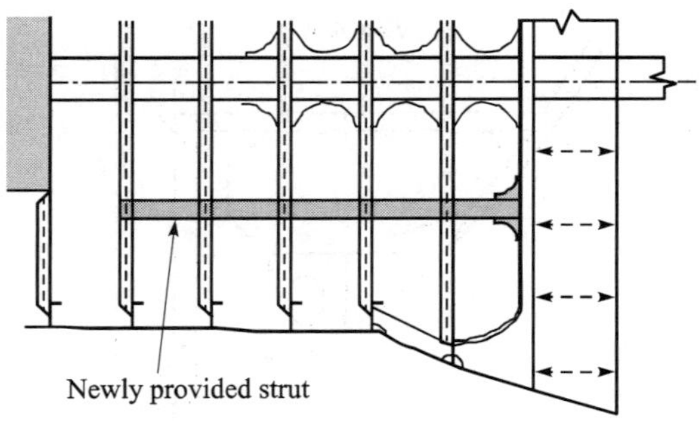

손상원인

1. 진동

수리방법

1. 균열된 판 신환
2. 스트러트 추가
   • 고유 진동수 변경

구조	선수미구역 - 선미구조
내용	러더 트렁크 격벽부 균열

손상부 상세

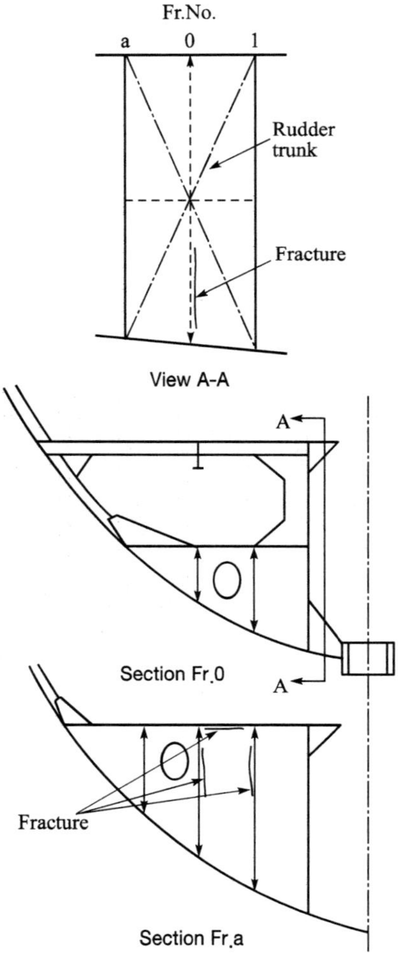

수리부 상세

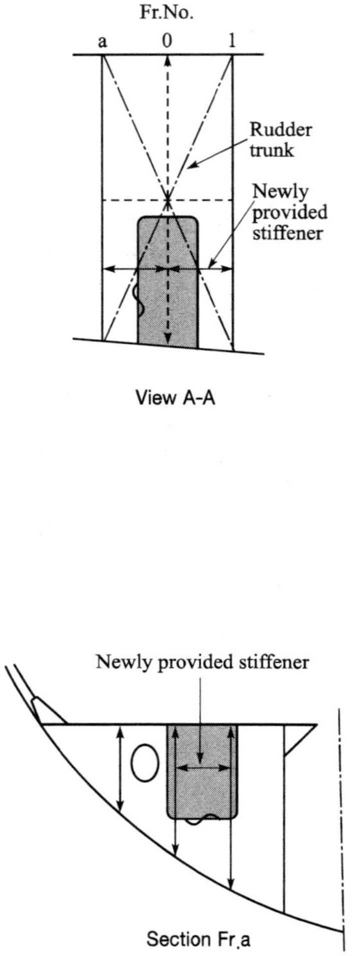

손상원인

1. 진동

수리방법

1. 균열부 신환
2. 휨보강재를 추가하여 휨보강재사이 판의 고유진동수 변경

구조	선수미구역 - 러더트렁크구조
내용	타기실내 러더캐리어 평판부 균열

손상부 상세

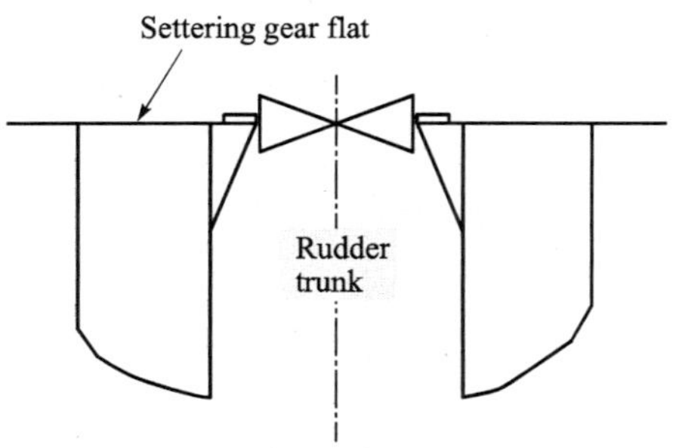

View A-A

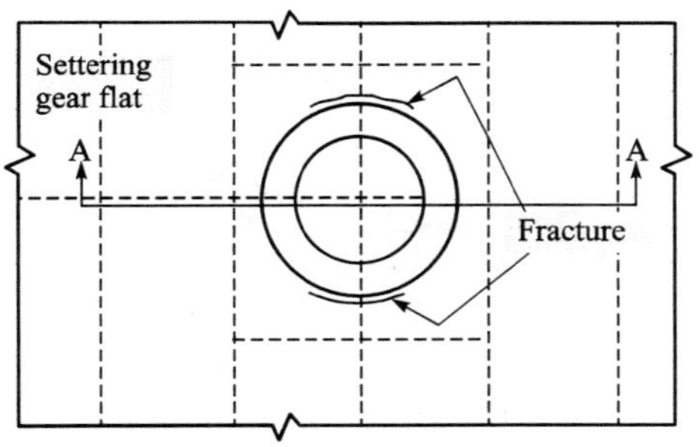

수리부 상세

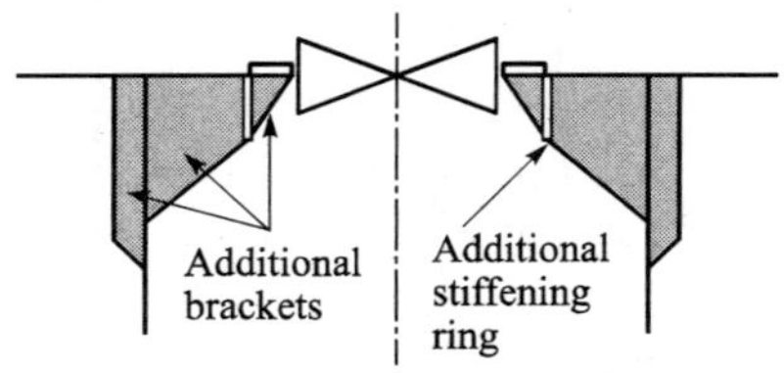

View B-B

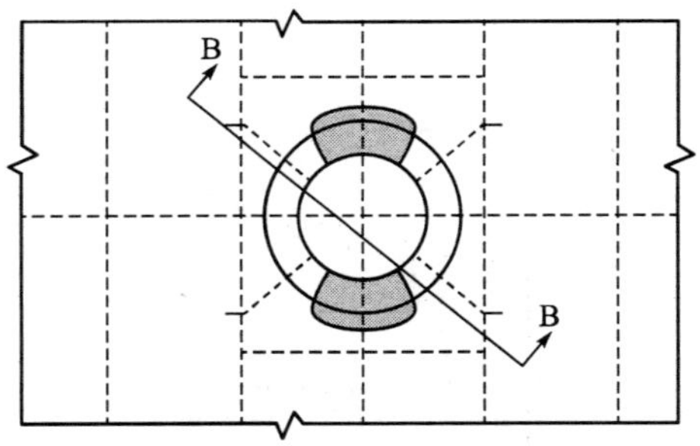

손상원인

1. 설계 불량

수리방법

1. 균열부 신환
2. 브래킷 및 휨보강재(ring type)로 추가 보강

구조	선수미구역 - 선미재, 타 및 추진축 지지구조
내용	외판과 프로펠러 boss 연결부 균열

손상부 상세

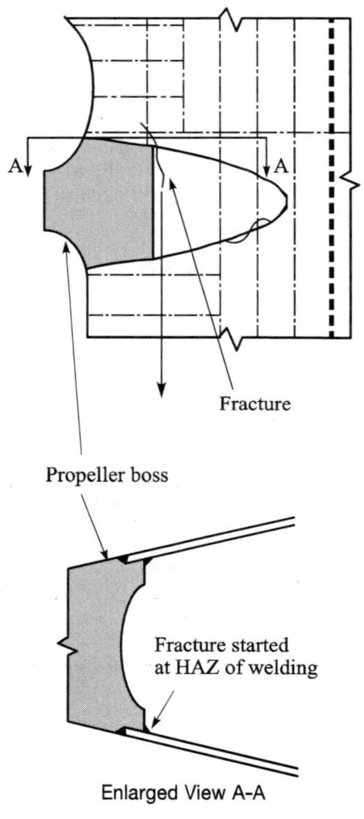

수리부 상세

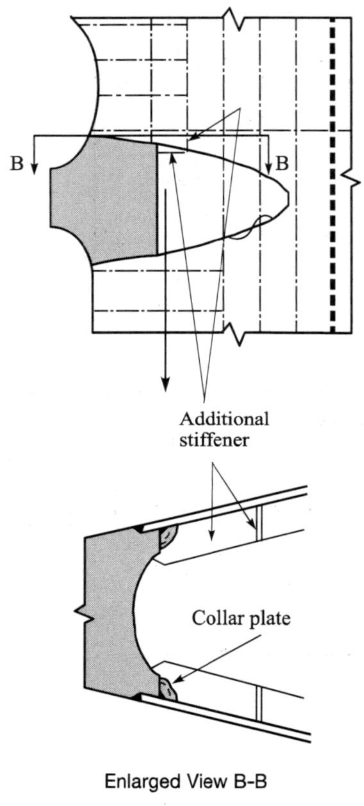

손상원인

1. 진동에 의한 피로균열

수리방법

1. 균열 외판 신환
2. 휨보강재 추가
3. Collar plate 시공

구조	선수미구역 - 선미재, 타 및 추진축 지지구조
내용	Semi-spade rudder의 타판 균열

손상부 상세

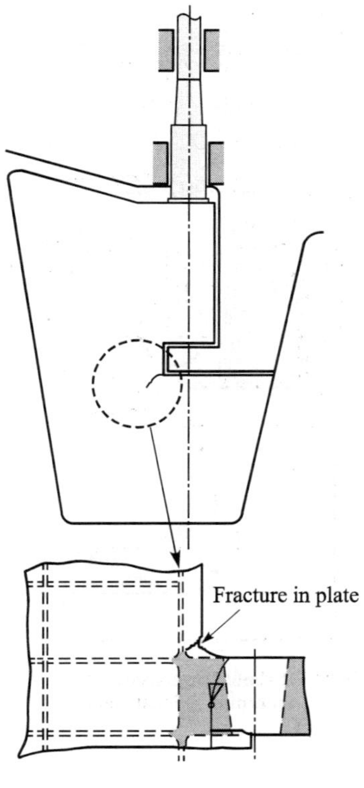

수리부 상세

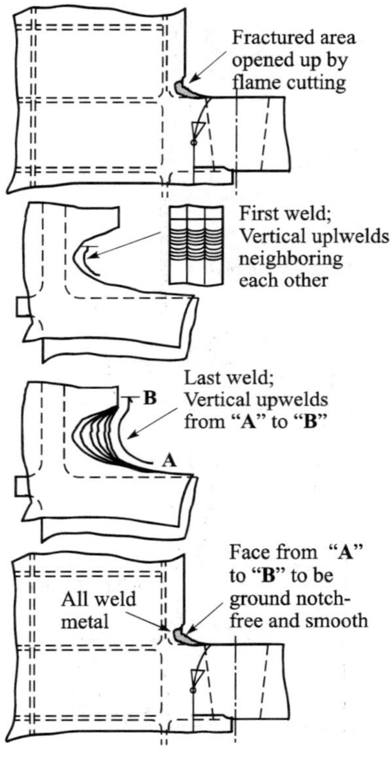

손상원인

1. 주강재와 판 용접부의 노치
2. 설계 불량에 따른 응력집중

수리방법

1. 용접후 둥글게 형상 변경
2. 작은 균열은 삭정 후 곡률반경 증가

구조	선수미구역 - 선미재, 타 및 추진축 지지구조
내용	Semi-spade rudder의 타판 균열

<u>손상부 상세</u>

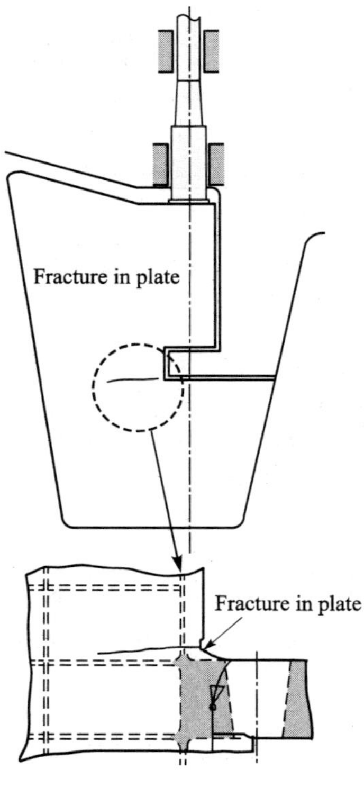

<u>수리부 상세</u>

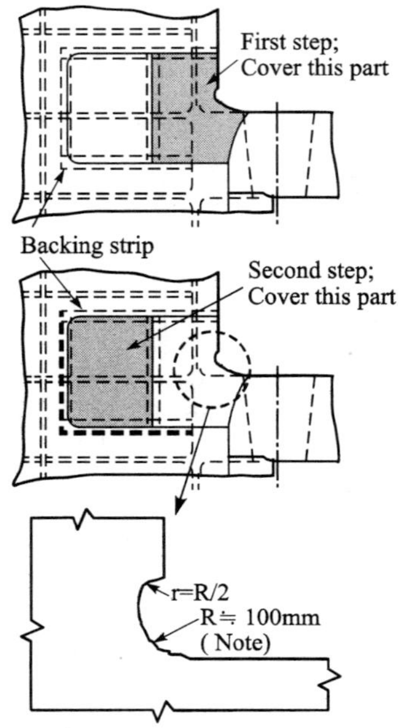

Note : **R** should be considered according to local detail

손상원인

1. 주강재와 판 용접부의 노치
2. 설계불량에 따른 응력집중

수리방법

1. 균열 판 신환
2. 곡률반경 변경

구조	선수미구역 - 선미재, 타 및 추진축 지지구조
내용	Semi-spade rudder의 타판 균열

손상부 상세

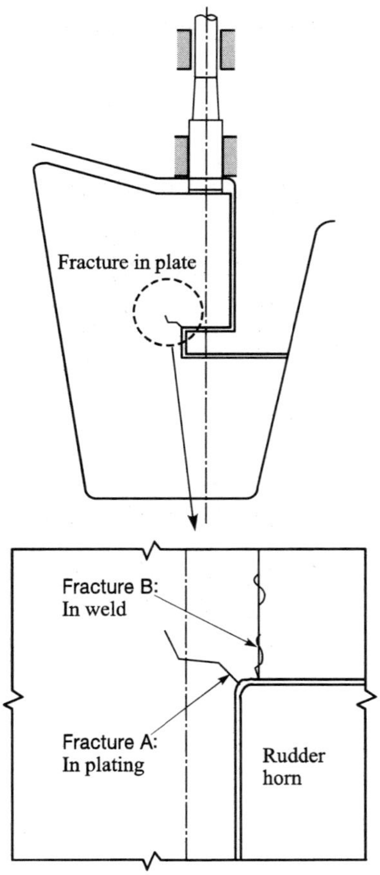

수리부 상세

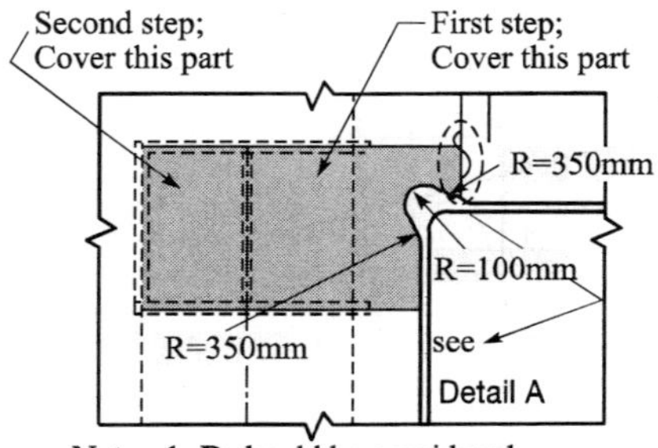

Note : 1. **R** should be considered according to local detail
2. New contour should be ground smooth.

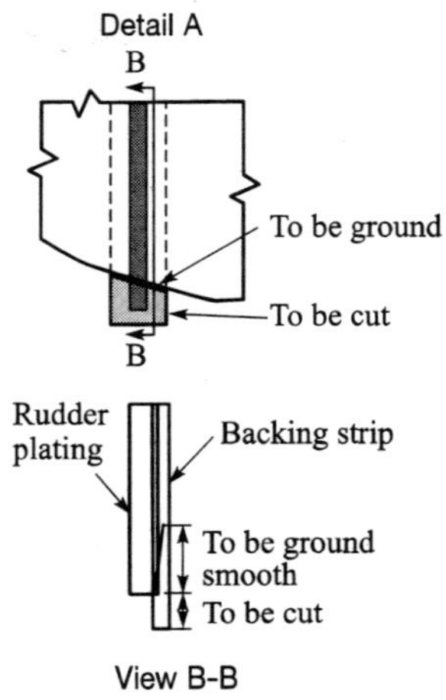

손상원인

1. 핀틀 베어링 부위 설계 불량

수리방법

1. 응력해소 형상의 판으로 신환

구조	선수미구역 - 선미재, 타 및 추진축 지지구조
내용	선저판에 연한 러더혼 균열

손상부 상세

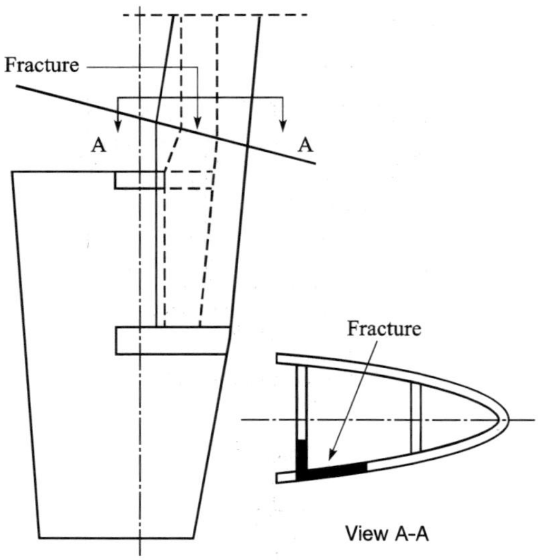

수리부 상세

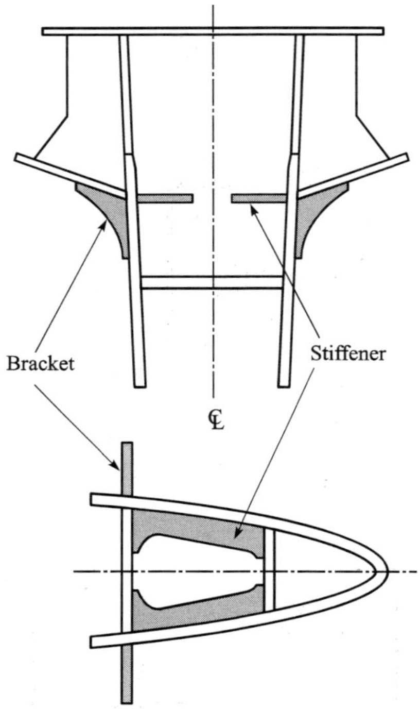

손상원인

1. 설계 불량에 의한 강도 부족

수리방법

1. 균열부 파내기 후 용접
2. 필요시, 균열부 신환
3. 필요시, 추가 보강 고려

구조	선수미구역 - 선미재, 타 및 추진축 지지구조
내용	Rudder stock 균열

손상부 상세

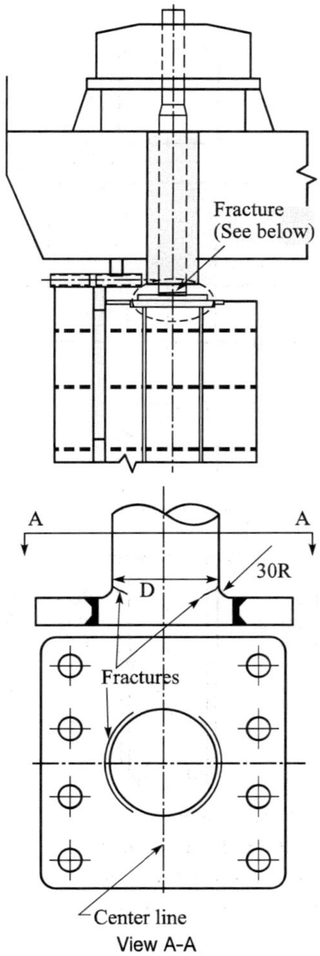

View A-A

수리부 상세

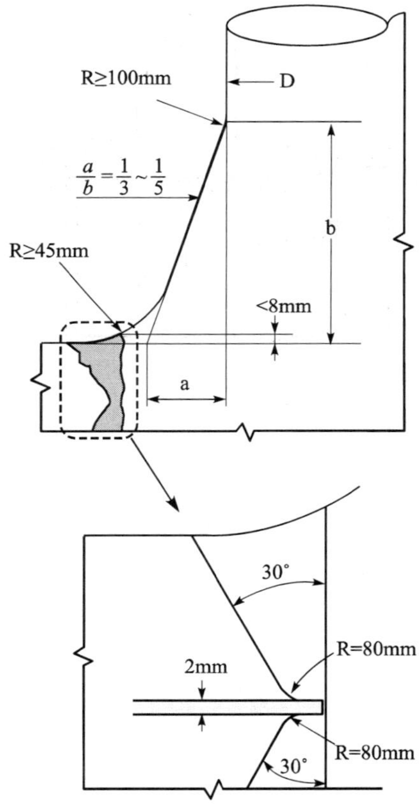

손상원인

1. 타축의 응력집중부에 대한 설계 불량

수리방법

1. 응력집중을 줄이기위한 타축 설계 변경

구조	선수미구역 - 선미재, 타 및 추진축 지지구조
내용	Rudder와 palm plate 연결부 균열

손상부 상세

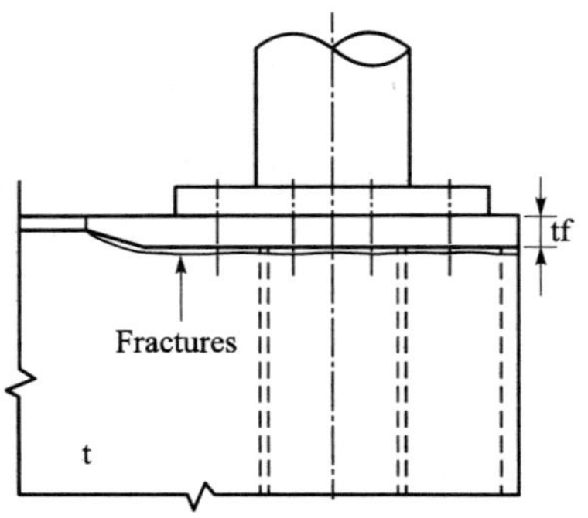

수리부 상세

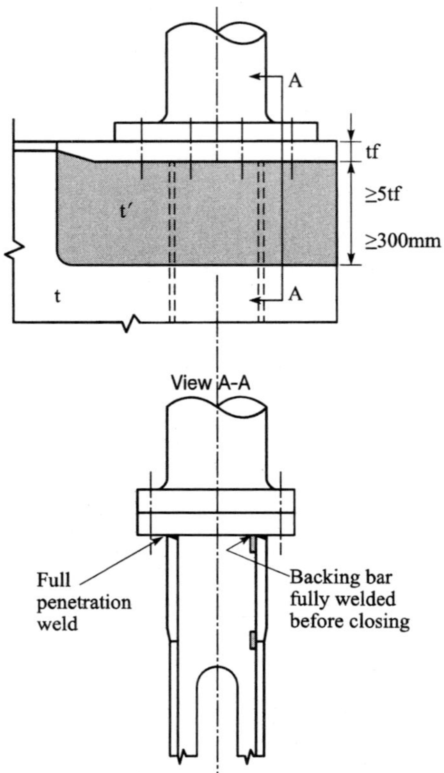

t = plate thickness, mm

tf = actual flange thickness, mm

$t = \frac{tf}{3} + 5$, mm, where $tf \le 50$mm

$t = 3\sqrt{tf}$, mm, where $tf \ge 50$mm

손상원인

1. palm plate와 rudder blade 판의 부적절한 결합

수리방법

1. 두께증가 및 완전용입에 의한 결합으로 설계 변경

구조	선수미구역 - 선미재, 타 및 추진축 지지구조
내용	선미관의 선미재와 연결부 균열

손상부 상세	수리부 상세
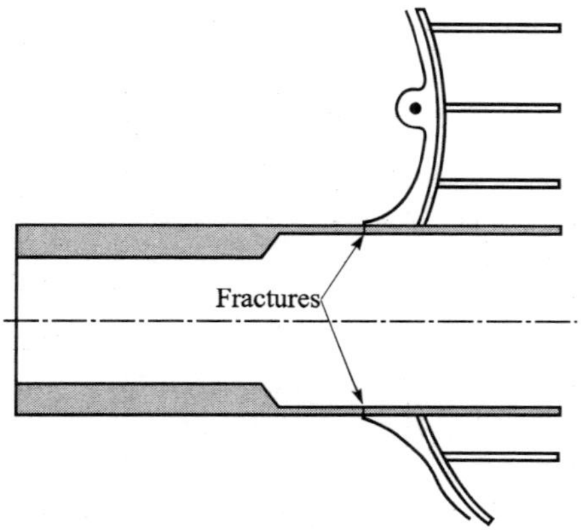	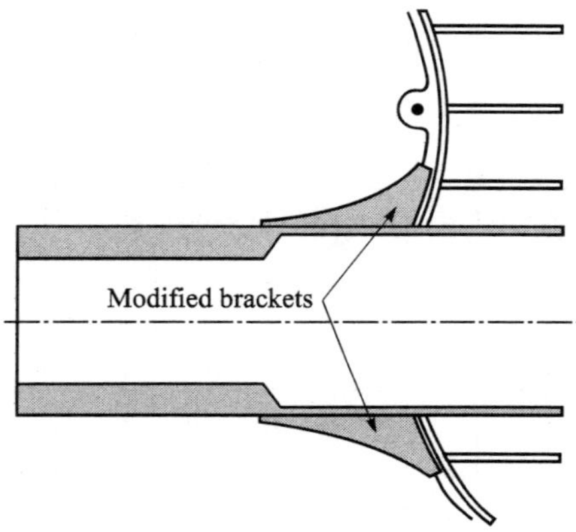
손상원인 1. 진동에 의한 피로균열	*수리방법* 1. 균열부 양면용접 2. 유연한 형상의 브래킷으로 신환

PART 02 선박검사 배경 및 주요설비의 이해

구조	선수미구역 - 기관실구조
내용	주기관 거치대용 브래킷 균열

손상부 상세

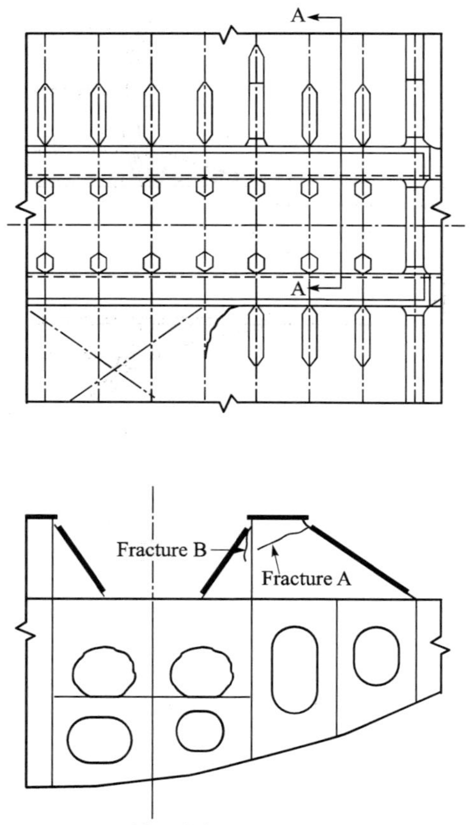

View A-A

수리부 상세

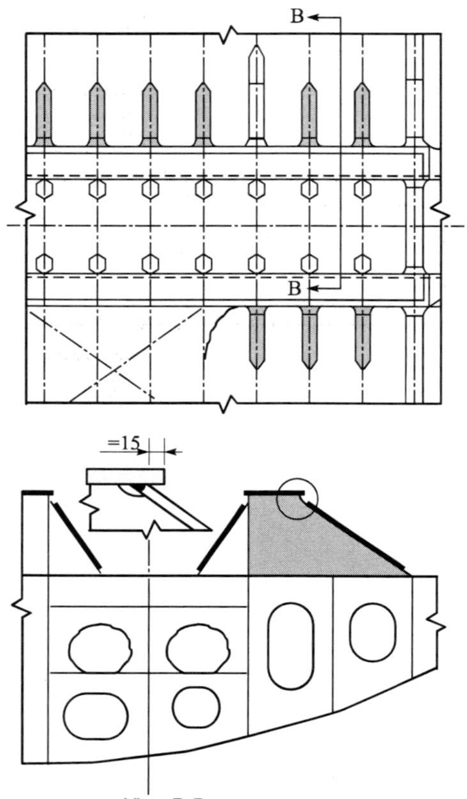

View B-B

손상원인

1. 주기관 진동
2. 브래킷 강도 부족
3. 볼트 하중 불충분

수리방법

1. 균열부 가우징 후 재 용접
2. 브래킷 단부 형상 변경
3. 브래킷 강도 증가

구조	선수미구역 - 기관실구조
내용	기관실내 빌지저장탱크용 측심관 하부 부식

손상부 상세

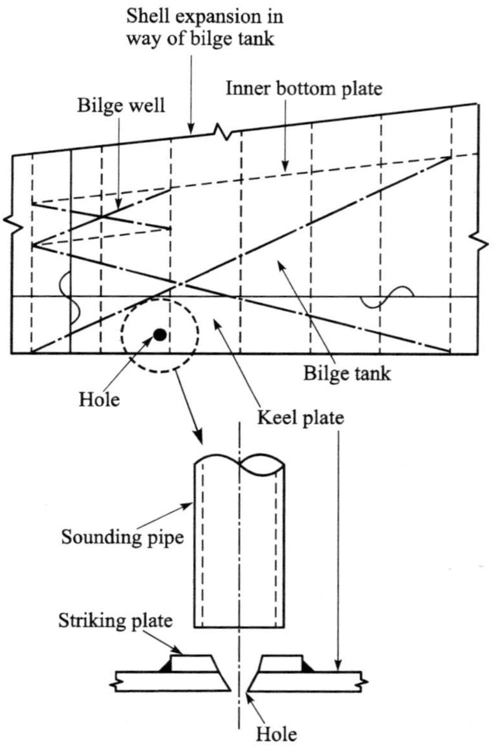

수리부 상세

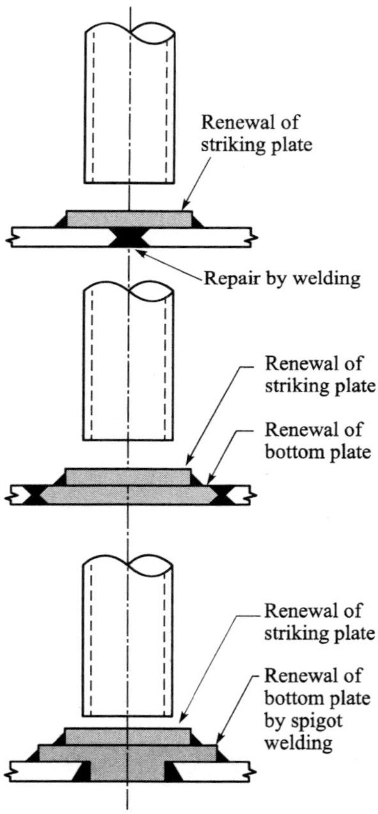

손상원인

1. 측심용 추의 충격으로 인한 측심관 하부 선저판의 부식

수리방법

1. 부식된 판 신환
2. spigot 용접 수리
   - 응력수준이 낮은 경우에만 적용 가능
   - 화물구역내 밸러스트탱크 부위 선저판에는 적용하지 않음

CHAPTER

4 국제만재흘수선 규칙 5대 기본원칙

비중이 높은 무거운 철판으로 만들어진 선박이 선원, 화물 및 기타 선박 운항에 필요한 중량을 적재한 상태에서 안전한 운항을 하기 위하여는 선박이 바다에 떠 있기에 충분한 부력을 가져야 한다.

선박의 충분한 예비부력을 확보하기 위하여 선박에는 일정 깊이 이상 수면 하로 침하되지 않도록 하기 위한 만재흘수선을 표시하여 예비부력을 확보하고 있다. 만재흘수선 표시는 선박의 예비부력을 확보하기 위한 매우 중요한 표시이고 이러한 만재흘수선을 지정하기 위한 여러가지 조건들을 정하고 있으며 선박이 만재흘수선을 지키지 않거나 또는 만재흘수선 지정 시 요구된 만재흘수선 지정조건들을 준수하지 않는 경우 선박은 심각한 위험에 처하게 된다.

선박은 많은 형태의 중량물들을 선박에 적재하며 이러한 적재물들의 중량 및 위치에 따라 선박은 전,후,좌,우로 경사하게 되는데 이러한 경사가 규정된 값을 초과하는 경우에는 복원력을 상실하고 결국 전복하게 된다. 이러한 복원력 상실로 인한 전복을 방지하기 위하여 모든 상태에서 선박의 경사 및 원래상태로 되돌아 올수 있는지에 대한 평가를 하는 것이 복원성평가이며 이러한 평가를 하기 위한 가장 기초적인 자료가 복원성 계산서이다.

만재흘수선은 선박에 적재할 수 있는 흘수선의 한계를 나타내기 위하여 선박의 양현 중앙에 표시한 선이며, 이 선으로부터 선박 중앙부에서 최상부 전통갑판으로부터 수직거리를 건현이라고 하고 만재흘수선의 위치는 국제만재흘수선협약(ICLL:International Convention on Load Lines)에 따라 계산되고 표시된다.

건현을 결정하는 국제만재흘수선협약은 특정한 선박에 대한 과학적인 사실 보다는 100년 이상의 경험에 의한 것이며 다음의 5대 기본 원칙을 내포하고 있다.

1) 지정된 항해에 적합한 구조 및 강도 확보
2) 지정된 항해에 적합한 복원성 확보
3) 황천시 침수 또는 침몰 위험에 대한 충분한 예비부력 확보
4) 건현갑판 하부의 수밀성 및 건현갑판 상부의 풍우밀성 확보
5) 황천시 폭로갑판상 안전한 이동을 위한 보행로 확보

건현을 지정하기 위하여는 상기 5대 기본원칙을 만족하여야 하며 이러한 기본원칙은 선박의 안전한 항해를 위한 중요한 전제조건이다. 이러한 전제조건들은 '국제만재흘수선협약 부속서 B, 부속서 I 만재흘수선을 결정하기 위한 규칙'에서 규정하고 있으며, 이들 각각에 대한 규칙들을 5대 기본원칙에 따라 다음과 같이 분류하여 기술하였다.

여기에 기술된 장 및 규칙들은 국제만재흘수선협약 부속서 B, 부속서1 만재흘수선을 결정하기 위한 규칙의 해당 규정을 의미한다.

4.1 지정된 항해에 적합한 구조 및 강도 확보

* 제1장 - 총칙, 제1규칙 - 선박의 강도

(1) 주관청은 선박의 전반적인 구조강도가 지정된 견현에 상당하는 흘수에 대하여 충분한 것으로서 만족하여야 한다.

(2) 선급을 포함하여 주관청이 인정한 단체의 적절한 요건 또는 만재흘수선을 결정하기 위한 규칙 제2-1 규칙의 규정에 따라 주관청의 적용 가능한 국내기준에 적합하게 설계, 건조 및 유지되는 선박은 적절한 강도를 보유한 것으로 간주할 수 있다. 상기의 규정은 강도 및 구조기준이 별도로 규정되어 있지 아니한 이 부속서에서 다루는 모든 구조, 설비 및 장치에 적용하여야 한다.

* 제2장 - 건현지정의 조건, 제11규칙 - 선루단 격벽

(1) 폐위선루의 노출단부에 있는 격벽은 인정할 수 있는 강도 수준이어야 한다.

*** 제2장 - 건현지정의 조건, 제12규칙 - 문**

(1) 폐위선루단부의 격벽에 있는 모든 출입구에는 강 또는 다른 동등한 재료로서 격벽에 상설적으로 견고하게 달린 문을 설치하여야 하며 모든 구조는 개구가 없는 격벽과 동등한 강도로 하고 폐쇄시에는 풍우밀이 되도록 문틀을 취부하고 휨보강재를 설치하여야 한다.

이러한 문의 풍우밀성을 보증하기 위한 장치는 가스켓과 조임장치 또는 다른 동등한 장치로 구성되고 격벽이나 문 자체에 상설적으로 설치하여야 하며 당해 문은 격벽 양측에서 조작할 수 있도록 장치한다.

(2) 주관청이 달리 허용하지 아니하는 한, 문은 파도의 충격에 견딜 수 있는 추가적인 안전조치를 제공하기 위하여 바깥쪽으로 열려야 한다.

*** 제2장 - 건현지정의 조건, 제14규칙 - 화물창구와 기타창구**

(1) 제1위치 및 제2위치의 화물창구와 기타창구의 구조 및 풍우밀을 확보하는 방법은, 주관청이 그러한 창구에 제15규칙의 적용을 허용하지 않는 한 최소한 제16규칙의 요건과 동등하여야 한다.

(2) 선루갑판 상방의 갑판상 노출된 창구의 창구코밍과 창구덮개는 주관청이 정하는 요건에 적합하여야 한다.

*** 제2장 - 건현지정의 조건, 제15규칙 - 이동식 창구덮개에 의하여 폐쇄되고 타폴린과 버튼장치로 풍우밀이 확보되는 창구**

창구덮개

(1) 창구덮개의 각 지지면의 너비는 적어도 65mm이어야 한다.

(2) 덮개가 목재인 경우에, 그 최종두께는 1.5m 이하의 지점간격에 대하여 적어도 60mm가 되어야 한다.

(3) 덮개가 연강제인 경우에 그 강도는 제16규칙의 요건에 따라 계산되어야 하며 이와 같이 계산된 최대응력에 계수 1.25를 곱한 강도는 그 재료의 상항복점을 초과하여서는 안된다. 덮개는 이들 하중하에서 처짐이 지점간격의 0.0056배 이하로 제한되도록 설계되어야 한다.

이동식 보

(4) 창구덮개를 지지하는 이동식보가 연강제인 경우 그 강도는 제1위치의 창구에 있어서는 3.5t/m^2 이상, 제2위치의 창구에 있어서는 2.6t/m^2 이상의 가정 하중으로 계산하여야 하며 이와 같이 계산된 최대응력에 계수 1.47을 곱한 강도는 재료의 상항복점을 초과하여서는 안된다. 보는 이들 하중하에서 처짐이 지점간격의 0.0044배 이하로 제한되도록 설계되어야 한다.

(5) 제1위치에 있는 창구의 가정하중은 길이 24m인 선박에 대하여는 2t/m^{2}로 줄일 수 있고, 길이 100m인 선박에 대하여는 3.5t/m^2 이상이어야 한다. 이에 상응하는 제2위치에 있는 창구의 가정하중은 각각 1.5t/m^2 및 2.6t/m^{2}으로 줄일 수 있다. 모든 경우에 있어서 이들 두 길이의 중간 길이에 해당하는 가정 하중값은 선형 보간법으로 구하여야 한다.

폰툰덮개

(6) 이동식보 및 이동식덮개 대신에 사용된 폰툰덮개가 연강제인 경우에 그 강도는 제16규칙의 요건에 따라 계산되어야 하며 이와 같이 계산된 최대응력에 계수 1.47를 곱한 강도는 그 재료의 상항복점을 초과하여서는 안된다. 폰툰덮개는 처짐이 지점간격의 0.0044배 이하로 제한되도록 설계되어야 한다. 덮개의 상면을 형성하는 연강판의 두께는 휨보강재 간격의 1% 또는 6mm 중에서 큰 것 이상이어야 한다.

(7) 연강 이외의 재료로 된 덮개의 강도 및 강성은 주관청이 만족하는 연강의 강도 및 강성과 동등하여야 한다.

캐리어 또는 소켓

(8) 이동식보의 캐리어 또는 소켓은 견고한 구조이어야 하고 보를 유효하게 취부하고 고정시키기 위한 장치를 갖추어야 한다. 굴림식 보를 사용하는 경우에 그 배치는 창구가 폐쇄 되었을 때에 그 보가 적절한 위치에 머무를 수 있도록 하는 것이어야 한다.

클리트

(9) 클리트는 쐐기의 테이퍼에 맞도록 설치되어야 한다. 이들의 너비는 적어도 65mm가 되이어야 하며 중심에서 중심까지의 거리는 600mm를 넘지 않게 클리트를 배치하여야 한다. 양현측과 전후단에 있는 클리트는 창구 모서리로부터 150mm 이내에 있어야 한다.

배튼과 쐐기

(10) 배튼과 쐐기는 유효하고 양호한 상태에 있어야 한다. 쐐기는 견고한 목재 또는 기타 동등한 재료이어야 한다. 이들의 테이퍼는 6분의 1 이하이고 선단(toe)에서의 두께는 13mm 이상이어야 한다.

* 제2장 - 건현지정의 조건, 제16규칙 - 강 또는 이와 동등한 재료의 풍우밀덮개에 의하여 폐쇄된 창구

(1) 제1위치 및 제2위치에 있는 모든 창구는 강 또는 이와 동등한 재료의 창구덮개를 설치하여야 한다.

창구덮개의 최소 설계하중

(2) 길이 100m 이상의 선박인 경우

(a) 선수로부터 선박 길이의 4분의1 이내에 위치한 제1위치의 창구덮개는 전부수선(FP)에서의 파랑하중에 대하여 설계하며 다음 산식으로 계산한다:

$$\text{하중} = 5.0 + (L_H - 100)a \ t/m^2$$

여기서, L_H : 선박의 길이(L)가 100m≤L≤340m 인 경우에는 L의 값으로, L>340m인 경우에는 340으로 한다.

L : 제3규칙에서 정의하는 선박의 길이(m)

a : B형 건현 선박 : 0.0074, 감소된 건현을 지정받은 선박 : 0.0363

그리고 설계하중은 표 4.1에서 보여주는 바와 같이 선박길이의 선수부 4분의1 위치 끝단에서는 3.5t/m^2가 되도록 선형보간법 계산에 의하여 감소시킬 수 있다. 각 창구덮개판에 사용된 설계하중은 각 덮개판의 중앙부에서 결정한다.

(b) 제1위치에 있는 기타 모든 창구덮개는 3.5t/m^2으로 설계한다.

(c) 제2위치에 있는 창구덮개는 2.6t/m^2으로 설계한다.

(3) 길이 24m 선박인 경우

(a) 선수로부터 선박길이의 4분의1 이내에 위치한 제1위치 창구덮개는 전부수선(FP)에서 파랑하중 2.43t/m^2로 설계되어야 하며, 표에서 보여주는 바와 같이 길이의 선수부 4분의1 위치 끝단에서는 2.0t/m^2가 되도록 선형보간법 계산에 의하여 감소시킬 수 있다. 각 창구덮개판에 사용된 설계하중은 각 덮개판의 중앙부에서

결정한다.

(b) 제1위치에 있는 기타 모든 창구덮개는 2.0t/m^2으로 설계한다.

(c) 제2위치에 있는 창구덮개는 1.5t/m^2으로 설계한다.

(4) 길이 24m에서 100m 사이의 선박 및 전부수선(FP)에서 0.25L 사이의 위치에 대한 파랑하중은 표 4.1의 값들을 사용하여 선형보간법으로 결정한다.

표 4.1

	종방향 위치		
	FP	0.25L	0.25L 후방
L > 100 m			
건현갑판	제16규칙의 산식	3.5 t/m^2	3.5 t/m^2
선루갑판	3.5 t/m^2		2.6 t/m^2
L = 100 m			
건현갑판	5 t/m^2	3.5 t/m^2	3.5 t/m^2
선루갑판	3.5 t/m^2		2.6 t/m^2
L = 24 m			
건현갑판	2.43 t/m^2	2 t/m^2	2 t/m^2
선루갑판	2 t/m^2		1.5 t/m^2

(5) 모든 창구덮개는 다음과 같이 설계한다.

(a) 상기 하중으로 결정된 최대응력에 계수 1.25를 곱한 값은 인장시험에서 재료의 상항복점 강도 및 압축시 임계좌굴 강도를 초과하여서는 아니된다.

(b) 처짐은 지지점간 거리의 0.0056배 이하로 제한한다.

(c) 덮개의 상판을 형성하는 강판의 두께는 보강재 간격의 1% 또는 6mm 중의 큰 값 이상으로 한다; 그리고

(d) 적절한 부식여유를 포함하여야 한다.

고박장치

(6) 가스켓 및 조임장치 이외의 다른 수단으로 풍우밀을 확보하고 유지하는 장치는 주관청이 만족하는 것이어야 한다.

(7) 코우밍 위에 설치된 창구덮개는 어떠한 해상 조건하에서도 수평으로 작용하는 하중을 견딜 수 있는 장치에 의하여 처음 닫혀진 위치에서 유지되어야 한다.

* 제2장 – 건현지정의 조건, 제17규칙 – 기관구역의 개구

(1) 제1위치 또는 제2위치에 있는 기관구역의 개구에는 적당히 틀을 설치하고 충분한 강도의 강재위벽으로 유효하게 폐위하여야 하며, 위벽이 타 구조물에 의하여 보호되어 있지 않는 경우에 그 강도는 특별히 고려되어야 한다.

4.2 지정된 항해에 적합한 복원성 확보

* 제1장 – 총칙

만재흘수선을 결정하기 위한 규칙에서 각 규칙은 화물, 밸러스트 등의 성질 및 적재가 선박의 충분한 복원성과 과도한 구조적 응력의 회피를 확보하려고 하는 것을 전제로 한다. 또한 각 규칙은 선박의 복원성이나 구획에 관한 국제적인 요건이 있는 경우에는 이들 요건에 적합함을 전제로 한다.

* 제1장 – 총칙, 제1규칙 – 비손상 복원성

선박은 주관청이 인정하는 비손상 복원성기준에 적합하여야 한다.

* 제2장 – 건현지정의 조건, 제10규칙 – 선장에게 제공하여야 할 자료

(1) 모든 신선의 선장에게는 선박 구조상 허용 불가한 응력의 발생을 피할 수 있는 방법으로 해당 선박의 적하와 밸러스트를 조정할 수 있게 하기 위한 충분한 자료가 제공되어야 한다. 다만 이러한 요건은 주관청이 필요하지 아니하다고 인정할 경우 특정의 길이, 설계 또는 종류의 선박에 대하여 적용하지 아니하여도 된다.

(2) 자료는 주관청 또는 대행기관에 의하여 승인된 양식으로 선장에게 제공되어야 한다. 복원성자료, 그리고 요구되는 경우 선박의 강도와 관련된 적하자료도 그 자료가 주관청에 의하여 승인되었다는 증거와 함께 항상 본선에 비치되어야 한다.

(3) 현행의 '해상에 있어서 인명의 안전을 위한 국제협약'에 의하여 선박건조 완료시에 경사시험이 요구되지 아니하는 선박은 다음 사항에 따른다.

(a) 복원성의 기본적 자료를 동형선의 경사시험에서 이용할 수 있으며 그 기본적 자

료에서 당해 선박의 신뢰할 수 있는 복원성 정보를 얻을 수 있다고 주관청이 인정하는 경우라면 당해 선박의 건조 완료시에 경사시험을 면제할 수 있다.

(b) 선박의 특수한 크기, 배치, 강도, 형상으로 인하여 경사시험을 시행 하는 것이 불가능하거나, 안전하지 않거나, 부정확한 결과를 가져올 수 있다고 주관청이 결정한다면 선박의 경하상태 특성을 경하중량검사로 확인된 상세중량산정에 의하여 결정한다.

(c) 선장이 통상적인 운항에서 조우할 수 있는 모든 조건하에서 선박의 복원성에 관한 정확한 지침을 신속하고 간단한 과정을 통해 얻을 수 있도록 하는 데 필요한 자료를 당해 선박의 선장이 사용하도록 제공하여야 한다.

(d) 선내에는 항시 선박의 승인된 복원성자료가 주관청이 승인한 것이라는 증거와 함께 비치하여야 한다.

(4) 선장에게 제공된 적하 또는 복원성자료에 실질적으로 영향을 미치는 선박개조를 한 경우에는 개정된 자료를 제공하여야 한다. 필요하다면 그 선박은 경사시험을 하여야 한다.

4.3 황천시 침수 또는 침몰 위험에 대한 충분한 예비부력 확보

*** 제2장 - 건현지정의 조건, 제12규칙 - 문**

(3) 이들 규칙에서 별도로 정하는 경우를 제외하고, 폐위선루단부의 격벽에 있는 출입구 문턱의 높이는 갑판상 적어도 380mm 이상이어야 한다.

(4) 이동식 문턱은 금한다. 그러나 무거운 예비품이나 유사품의 선적 및/또는 하륙을 용이하도록 하기위한 경우에는, 다음과 같은 조건으로 이동식 문턱을 설치할 수 있다.

(a) 이동식 문턱은 선박이 항구를 떠나기 전에 설치하여야 한다; 그리고

(b) 이동식 문턱에는 가스켓을 끼우고 조밀한 관통볼트로 고정시켜야 한다.

*** 제2장 - 건현지정의 조건, 제13규칙 - 창구, 출입구 및 통풍통의 위치**

(1) 이들 규칙의 적용상 창구, 출입구와 통풍통의 위치를 다음과 같이 2개의 위치로 정의한다.

・제1위치 - 노출건현갑판 및 저선미루갑판상, 그리고 전부수선으로부터 선박 길이

의 4분의 1의 장소에 있는 점의 전방에 위치하는 노출된 선루갑판상

- 제2위치 – 전부수선으로부터 선박 길이의 4분의 1의 장소에 있는 점의 후방에 위치하고 건현갑판상부로 최소 하나의 표준 선루높이에 있는 노출된 선루갑판상 전부수선에서 선박 길이의 4분의 1의 장소에 있는 점의 전방에 위치하고 건현갑판상부로 최소 두 개의 표준선루높이에 있는 노출된 선루갑판상

*** 제2장 – 건현지정의 조건, 제14-1규칙 – 창구코우밍**

(1) 창구코밍은 그것들의 위치에 맞는 견고한 구조이어야 하며 갑판 상방의 창구코밍의 높이는 최소한 다음과 같아야 한다:

(a) 제1위치에 있어서는 600mm ; 그리고

(b) 제2위치에 있어서는 450mm

(2) 제16규칙의 (2)항에서 (5)항까지의 요건을 만족하는 창구인 경우에는 이들 코밍의 높이를 감소하거나 코밍을 완전히 생략할 수 있다. 단, 주관청이 어떠한 해상상태에서도 선박의 안전에 지장이 없는 것으로 인정하여야 한다.

*** 제2장 – 건현지정의 조건, 제17규칙 – 기관구역의 개구**

(1) 제1위치 또는 제2위치에 있는 기관구역의 개구 위벽의 출입구에는 관련 요건에 적합한 문을 달아야 되며 갑판상 문턱의 높이는 제1위치에 있어서는 적어도 600mm 이상, 제2위치에 있어서는 적어도 380mm 이상이어야 한다. 이러한 위벽에 있는 다른 개구는 적당한 위치에 상설적으로 부착된 동등한 덮개를 설치하여야 한다.

(2) 기관실의 위벽이 다른 구조물에 의하여 보호되어 있지 않은 경우로서, 작게 지정된 건현을 갖는 선박은 이중문의 설치가 요구된다. 이때 외부문의 문턱높이는 600mm, 내부문의 문턱 높이는 230mm이어야 한다.

(3) 건현갑판 또는 선루갑판의 노출부에 있는 모든 보일러실 통풍구, 굴뚝 또는 기관구역의 통풍기의 코밍의 갑판상의 높이는 합리적이고 실행가능한 한 높아야 한다. 일반적으로, 기관구역에 공기를 연속적으로 공급하는데 필요한 통풍기는 풍우밀 폐쇄장치를 설치할 필요가 없이 제19규칙에 적합한 충분한 높이의 코밍을 가져야 한다. 복원성계산의 부력에 산입되었거나 하부로 들어가는 개구를 보호하는 비상발전기실에 공기를 연속적으로 공급하는데 필요한 통풍기는 풍우밀 잠금장치를 설치할 필요가 없이 제19규칙에 적합한 충분한 높이의 코밍을 가져야 한다.

(4) 선박의 크기 및 배치로 보아 실질적으로 위의 요건을 충족하지 못하는 경우, 기관구역 및 비상발전기실에 중단없이 충분한 공기를 공급할 수 있는 다른 적절한 설비를 갖춘 경우 주관청은 이들 구역에 제19규칙에 따른 풍우밀 폐쇄장치를 갖는 통풍기를 설치하고 통풍기 코밍의 높이를 경감시켜줄 수 있다.

* 제2장 - 건현지정의 조건, 제18규칙 - 건현갑판과 선루갑판의 제개구

(4) 제1위치에 있는 승강구실 출입구의 문턱 높이는 갑판상 적어도 600mm가 되어야 하며 제2위치에서는 적어도 380mm가 되어야 한다.

(5) 건현갑판으로부터의 출입(접근)에 대한 대체수단으로써 상부갑판에서 접근할 수 있는 경우에는 선교루 또는 선미루의 출입구 문턱 높이는 적어도 380mm이어야 한다. 건현갑판상의 갑판실에도 동일하게 적용되어야 한다.

(6) 상부갑판에서 접근할 수 없는 경우에는 건현갑판상의 갑판실의 출입구 문턱 높이는 적어도 600mm이어야 한다.

* 제2장 - 건현지정의 조건, 제19규칙 - 통풍통

(1) 제1위치 또는 제2위치의 통풍통이 건현갑판하 또는 폐위선루 갑판하의 장소로 통하는 것에는 견고한 구조로서 갑판에 유효하게 취부된 강 또는 기타 동등한 재료의 코밍을 설치하여야 한다. 제1위치의 통풍통에는 갑판상의 높이가 적어도 900mm인 코밍을 설치하고 제2위치의 통풍통에는 갑판상의 높이가 적어도 760mm인 코밍을 설치하여야 한다. 높이가 900mm를 넘는 모든 통풍통의 코밍은 특별히 지지되어야 한다.

(2) 폐위선루 이외의 선루를 관통하는 통풍통에는 건현갑판에 있어서 강 또는 기타 동등한 재료의 코밍을 견고히 설치하여야 한다.

(3) 제1위치의 통풍통 코밍이 갑판상 4.5m를 넘는 것과 제2위치의 통풍통 코밍이 갑판상 2.3m를 넘는 것은 주관청이 별도로 요구하지 않는 한 폐쇄장치를 설치할 필요가 없다.

(4) 주관청은 노출된 지역에서의 코밍의 높이를 만족할 때까지 증가시킬 수 있다.

* 제2장 - 건현지정의 조건, 제20규칙 - 공기관

(1) 밸러스트탱크 및 기타 탱크로 통하는 공기관이 건현갑판 또는 선루갑판의 상방에 이르는 경우, 관의 노출 부분은 견고한 구조로 되어야 한다. 갑판으로부터 물이 하방으로 침입하는 점까지의 높이는 건현갑판상에 있어서 적어도 760mm 그리고 선루갑

판상에 있어서는 적어도 450mm가 되어야 한다.

(2) 높이가 선상에서의 작업을 방해하는 경우, 주관청은 그 폐쇄장치 및 기타 주위 여건을 고려하여 공기관의 높이를 낮추어도 합당하다고 인정된다면 그 낮은 높이의 공기관을 승인할 수 있다.

(3) 공기관은 자동폐쇄장치를 설치하여야 한다.

(4) 탱커선에는 압력-진공자동조절밸브(PV밸브)가 사용될 수 있다.

*** 제2장 - 건현지정의 조건, 제23규칙 - 현창, 창문 및 천창**

(1) 현창과 창문은 만약 유리, 안덮개와 스톰커버*가 부착되어 있다면 이들을 포함하여, 승인된 설계와 견고한 구조로 되어 있어야 한다. 비금속틀은 인정되지 않는다.

* 안덮개(deadlights)는 창문과 현창의 안쪽에 부착되는 반면, 스톰커버는 접근이 가능한 창문의 바깥에 부착되는 힌지식 또는 탈착식 덮개이다.

(2) 현창은 0.16m^2 이하의 면적을 가지는 원형 또는 타원형의 개구를 가지는 것으로 정의된다. 면적이 0.16m^2을 초과하는 원형 또는 타원형의 개구는 창문으로 간주되어야 한다.

(3) 창문은 크기에 따라 모퉁이에 적당한 반원을 갖는 일반적인 사각형의 것과 0.16m^2을 초과하는 면적을 가지는 둥근 또는 타원형의 개구로 정의된다.

(4) 다음 장소에 설치되는 현창은 힌지식 안덮개를 설치하여야 한다.

(a) 건현갑판하부

(b) 폐위 선루의 제1층

(c) 하방으로 들어가는 개구를 보호하고 있거나 복원성계산에 산입된 건현갑판상 제1층의 갑판실 :

안덮개는 폐쇄가능하여야 하며 건현갑판 하부에 설치되는 경우에는 수밀이어야 하고, 건현갑판 상부에 설치되는 경우에는 풍우밀이어야 한다.

(5) 현창은 그 하단선이 선측에 있어서 건현갑판에 평행하게 그은 선으로 그 최하점이 하기만재흘수선(또는 지정된 경우에 하기목재만재흘수선)의 위로 선폭의 2.5% 또는 500mm 중 큰 거리에 있는 선의 하방에 있도록 설치되어서는 아니된다.

(6) 요구되는 손상복원성 계산시에 현창이 침수의 중간단계 또는 최종평형흘수선에서 잠기는 경우 현창은 비개폐식 밀폐형이어야 한다.

(7) 창문은 아래의 위치에 설치하여서는 안된다.

(a) 건현갑판하부

(b) 폐위 선루의 제1층의 전후단 격벽 또는 측벽 또는

(c) 복원성계산에서 부력장소로 산입된 제1층의 갑판실

(12) 고정식 또는 개방식 천창은 현창과 창문에 대하여 요구되는 바와 같은 치수 및 위치에 적합한 두께의 유리를 가져야 한다. 어느 위치의 천창 유리도 기계적 손상에 대한 보호가 되는 것이어야 하고, 제 1, 2 위치에 설치된 천창 유리는 안덮개 또는 스톰커버를 상설적으로 설치하여야 한다.

* 제2장 - 건현지정의 조건, 제24규칙 - 방수구

(1) (a) 건현갑판 또는 선루갑판의 폭로부에 있는 불워크가 웰을 형성하는 경우, 갑판에서 신속히 방수 또는 배수하기 위한 충분한 설비를 하여야 한다.

(b) 다음 제(1)(c)항 및 (2)항에 규정한 경우를 제외하고, 건현갑판상의 각 웰에 대한 각현의 최소 방수구 면적(A)은 웰 부분의 현호가 표준이거나 또는 표준보다 클 경우에는 다음의 산식에 의하여 주어진 것이어야 한다. 선루갑판상의 각 웰에 대한 최소의 면적은 이 산식에서 주어지는 면적의 1/2 이상이어야 한다.

· 웰에 있어서 불워크의 길이 (ℓ)가 20m 이하의 경우

$$A = 0.7+0.035\ell \ m^2$$

ℓ 이 20m를 초과하는 경우

$$A = 0.07\ell \ m^2$$

ℓ 은 어떠한 경우에도 0.7L보다 커야 될 필요는 없다.

불워크가 평균 높이로 1.2m를 넘게 되면 규정 면적은 높이의 차 0.1m에 대하여 웰의 길이 1m당 $0.004m^2$의 비율로 증가시켜야 한다. 불워크가 평균 높이로 0.9m 미만의 경우에 규정 면적은 높이의 차 0.1m에 대하여 불워크 길이 1m당 $0.004m^2$의 비율로 감할 수 있다.

(c) 현호를 갖지 아니한 선박에 있어서 상기 (b)항에 따라서 계산된 면적은 50% 증가시켜야 한다. 현호가 표준보다 작은 경우 백분율은 선형 보간법에 의하여 구하여야 한다.

(d) 선폭의 최소한 80%의 너비를 가지는 갑판실이 중앙부에 있고 선박 측면에 너비 1.5m를 초과하지 않는 통로가 있는 평갑판 선박은 두개의 웰이 형성된다. 각각은 각 웰의 길이를 기준으로 요구되는 방수구 면적이 제공되어야 한다.

(e) 스크린격벽이 선박중앙부 갑판실의 전단부에서 선박을 가로질러 끝까지 설치되

어 있는 경우, 노출갑판은 두개의 웰로 나누어져야 하며 갑판실의 폭에 대한 제한은 없다.

(f) 저선미루상의 웰은 건현갑판에 있는 것으로 본다.

(g) 탱커선에서 화물 매니폴드 및 화물 배관 부근의 노출갑판 주변에 설치되는 높이 300mm 이상의 거터바는 불워크로 간주되어야 한다. 방수구는 이 규정에 따라 설치되어야 한다. 적하 및 양하작업을 위해 방수구에 붙여지는 폐쇄장치는 항행 중 폐쇄되지 않도록 설치하여야 한다.

(2) 트렁크를 가진 선박이 제36규칙 제(1)(e)항의 요건에 적합하지 아니하거나 또는 연속적이거나 실질적으로 연속적인 창구측부 코밍이 분리된 선루 사이에 설치된 경우에 방수구의 최소면적은 다음의 표에 따라 계산하여야 한다.

표 4.2

창구 또는 트렁크 너비의 선박 너비에 대한 비	방수구 면적의 불워크 전면적에 대한 비
40% 이하	20%
75% 이상	10%

(3) 상기 (1)항에 따라 요구되는 불워크에서의 방수구의 유효성은 선박의 갑판을 가로지르는 자유유동면적에 따른다. 갑판상의 자유유동면적은 창구사이 및 창구와 불워크의 실제높이까지의 선루 및 갑판실 사이의 순수면적이다. 불워크에서의 방수구 면적은 아래와 같이 순수 자유유동면적과 연관지어 평가되어야 한다.

(a) 자유유동면적이 창구코밍이 연속인 것으로 간주하여 제(2)항에 따라 계산된 방수구 면적보다 작지 않은 경우, 제(1)항에 따라 계산된 최소 방수구 면적은 충분한 것으로 간주되어야 한다.

(b) 자유유동면적이 제(1)항에 따라 계산된 면적 이하인 경우에는 불워크에서의 최소 방수구 면적은 제(2)항에 따라 결정되어야 한다.

(c) 자유유동면적이 제(2)항으로부터 계산된 면적보다 적고 (1)항으로부터 계산된 면적 보다 큰 경우에는 불워크에서의 최소 방수면적은 다음 공식으로 결정한다.

$$F = F1 + F2 - fp\ m^2$$

여기서 : F1은 (1)항으로부터 계산된 최소 방수면적;

F2는 (2)항으로부터 계산된 최소 방수면적; 그리고,

fp는 통로의 전체 순수면적 및 창구 끝단과 불워크의 실제높이까지의

선루 또는 갑판실 사이의 순수 전체면적

(4) 건현갑판 또는 선루갑판상에서 불워크에 의해 형성된 웰에 일단 또는 양단이 개방된 선루를 갖는 선박에 대해서는 선루내 개방구역의 물을 방수하기 위한 적절한 조치가 제공되어야 한다.

개방선루(As) 및 개방 웰(Aw)에 대한 선박의 각현상의 최소 방수구 면적은 다음의 절차에 따라 계산되어야 한다.

(a) 불워크로 둘러싸인 개방갑판의 길이(lw)와 개방된 선루내에서의 공통구역의 길이(ls)의 합으로서 전체 웰길이(lt)를 결정한다.

(b) 개방선루에 대한 방수구의 면적 As를 결정하기 위해

(i) 상기 (1)항에 따라 길이 lt의 개방 웰에 대하여 요구되는 방수구 면적(A)을 가정된 표준 불워크 높이로 계산한다.

(ii) 적용되는 경우 상기 (1)(c)항에 따라 현호가 없는 경우에 대한 교정을 위해 계수 1.5를 곱한다.

(iii) 폐위된 선루의 단부격벽에 있는 개구의 폭(bo)에 대한 방수구 면적을 조정하기위해 계수(bo/lt)를 곱한다.

(iv) 개방선루에 의해 폐위된 웰의 전체길이의 그 부분에 대한 방수구 면적을 조정하기 위해, 다음의 계수를 곱한다.

$$1-(lw/lt)^2$$

여기서, lw 및 lt는 (4)(a)항에서 정의된 것으로 한다.

(v) 건현갑판과 건현갑판 상부의 웰 갑판까지의 거리에 대한 방수구 면적을 조정하기 위해, 건현갑판상 0.5hs보다 높게 위치한 갑판에 대해, 다음의 계수를 곱한다.

$$0.5(hs/hw)$$

여기서, hw는 건현갑판상부의 웰 갑판까지의 거리
hs는 표준선루높이

(c) 개방 웰에 대한 방수구의 면적 Aw를 구하기 위해

(i) 개방 웰에 대한 방수구의 면적(Aw)은 상기 (b)(i)항에 따라 계산되어야 하며, 보통의 방수구 면적(A')을 계산하기위해 lw를 사용하여, 그리고 다음의 면적 보정식 중 하나를 적용하여 불워크의 실제높이(hb)에 대한 교정을 한다.

높이가 1.2m보다 큰 불워크에 대해

$$Ac = lw\ (hb-1.2/0.10)(0.004)\ m^2$$

높이가 0.9m 미만인 불워크에 대해

$$Ac = lw\ (hb-0.9/0.10)(0.004)\ m^2$$

높이가 0.9m에서 1.2m 사이의 불워크에 대해서는 보정이 없음(즉, Ac = 0)

(ii) 수정된 방수구 면적(Aw = A' + Ac)은 hs 및 hw를 사용하여 건현갑판상의 높이에 대해 그리고 적용되는 경우, 현호가 없은 경우에 대하여 조정되어야 한다.

(d) 개방선루(As) 및 개방 웰(Aw)에 대한 상기 계산결과의 방수구 면적은 개방선루에 의하여 둘러싸인 개방구역의 양측을 따라 그리고 개방 웰의 양측을 따라 각각 적용되어야 한다.

(e) lw와 ls의 합인 lt가 20m보다 크다고 가정하면, 위의 관계는 다음 식에 의해 요약된다.

개방 웰에 대한 방수구 면적 Aw

$$Aw = (0.07\ lw + Ac)(\text{현호 보정치})(0.5hs/hw)$$

개방선루에 대한 방수구 면적 As

$$As - (0.07\ lt)$$
$$(\text{현호 보정치})\ (bo/lt)(1-(lw/lt)^2)(0.5hs/hw)$$

여기서, lt가 20m 이하라면 (1)항에 따른 기본 방수구 면적은

$$A = 0.7+0.035\ lt \text{ 임.}$$

(5) 방수구의 하단은 실행가능한 한 갑판에 가까워야 한다. 요구되는 방수구 면적의 2/3는 현호 곡선의 최저점에 가장 가까운 웰의 1/2이내에 제공되어야 한다. 요구되는 방수구 면적의 1/3은 웰의 나머지 길이에 걸쳐 균등하게 분포하여야 한다. 노출 건현갑판 또는 노출 선루갑판상에 현호가 없거나 거의 없는 경우에 방수구 면적은 웰의 길이에 걸쳐 균등하게 분포하여야 한다.

(6) 불워크의 모든 방수구 개구는 약 230mm 간격으로 놓여진 레일 또는 봉으로 보호하여야 한다. 방수구에 셔터를 붙일 때에는 끼여서 고착되지 않도록 충분한 틈새를 주어야 한다. “힌지”는 내식성 금속의 핀 또는 베어링을 두어야 한다. 셔터를 고정하기 위한 장치를 붙여서는 아니된다.

4.4 건현갑판 하부의 수밀성 및 건현갑판 상부의 풍우밀성 확보

* 제2장 - 건현지정의 조건, 제12규칙 - 문

(1) 폐위선루 단부의 격벽에 있는 모든 출입구의 강 또는 다른 동등한 재료로서 격벽에 상설적으로 견고하게 달린 문의 풍우밀성을 보증하기 위한 장치는 가스켓과 조임장치 또는 다른 동등한 장치로 구성되고 격벽이나 문 자체에 상설적으로 설치하여야 하며 당해문은 격벽양측에서 조작할 수 있도록 장치한다.

* 제2장 - 건현지정의 조건, 제14규칙 - 화물창구와 기타창구

(1) 제1위치 및 제2위치의 화물창구와 기타창구의 구조 및 풍우밀을 확보하는 방법은, 주관청이 그러한 창구에 제15규칙의 적용을 허용하지 않는 한 최소한 제16규칙의 요건과 동등하여야 한다.

(2) 선루갑판 상방의 갑판상 노출된 창구의 창구코밍과 창구덮개는 주관청이 정하는 요건에 적합하여야 한다.

* 제2장 - 건현지정의 조건, 제15규칙 - 이동식 창구덮개에 의하여 폐쇄되고 타폴린과 버튼장치로 풍우밀이 확보되는 창구

타폴린

(11) 제1위치 또는 제2위치의 모든 창구는 양호한 상태의 타폴린을 적어도 2장 이상 덮어야 한다. 그것은 승인된 표준 중량 및 품질의 재료이어야 한다.

창구덮개의 고박

(12) 제1위치 또는 제2위치의 모든 창구에는 타폴린을 배튼으로 고정시킨 후 창구덮개의 각 부분을 유효하고 독립적으로 고정시키기 위하여 강판 또는 이와 동등한 장비를 비치하여야 한다. 길이 1.5m 이상의 창구덮개는 적어도 2개 이상의 이러한 고박설비에 의하여 고정되어야 한다.

*** 제2장 – 건현지정의 조건, 제16규칙 – 강 또는 이와 동등한 재료의 풍우밀 덮개에 의하여 폐쇄된 창구**

(1) 제1위치 및 제2위치에 있는 모든 창구덮개는 풍우밀이 되어야 하며 가스켓과 조임장치가 부착되어야 한다. 풍우밀을 확보하고 유지하는 장치는 주관청이 만족하는 것이어야 한다. 그 배치는 어떠한 해상상태에서도 풍우밀성을 확보할 수 있는 것으로서 이 목적을 위하여 최초 검사시 풍우밀 시험을 실시하여야 하며 정기검사 및 연차검사시에 또는 보다 빈번한 주기로 풍우밀 시험이 요구 될 수 있다.

고박장치

(6) 가스켓 및 조임장치 이외의 다른 수단으로 풍우밀을 확보하고 유지하는 장치는 주관청이 만족하는 것이어야 한다.

*** 제2장 – 건현지정의 조건, 제17규칙 – 기관구역의 개구**

(5) 보일러실 통풍구에는 적당한 위치에 상설적으로 부착되어 풍우밀을 확보할 수 있는 강 또는 기타 동등한 재료의 견고한 덮개를 설치하여야 한다 .

*** 제2장 – 건현지정의 조건, 제18규칙 – 건현갑판과 선루갑판의 제개구**

(1) 제1위치 또는 제2위치 또는 폐위 선루 이외의 선루내에 있는 맨홀과 평갑판구는 수밀이 될 수 있는 견고한 덮개로 폐쇄하여야 한다. 좁은 간격으로 배치된 볼트로 고정되지 아니 하는 한, 덮개는 상설적으로 설치하여야 한다.

(2) 창구, 기관구역 개구, 맨홀 및 평갑판구 이외의 건현갑판에 있는 개구는 폐위선루 또는 동등한 강도 및 풍우밀성이 있는 갑판실 또는 승강구실에 의하여 보호되어야 한다. 노출된 선루갑판에 있는 또는 건현갑판상의 갑판실 상면에 있는 개구로서 건현갑판하의 장소 또는 폐위선루내의 장소로 통하는 것은 유효한 갑판실 또는 승강구실에 의하여 보호되어야 한다. 하부의 장소로 통하는 계단을 갖는 갑판실 또는 승강구실의 출입구는 제12(1)규칙에 적합한 문을 설치하여야 한다. 대신에 갑판실내의 계단이 제12(1)규칙에 적합한 문을 설치한 적절한 구조를 가진 승강구실내에 폐위되어 있으면 그 외측문은 풍우밀일 필요가 없다.

(3) 저선미루상의 갑판실 상부 또는 표준 저선미루 높이와 같거나 큰 높이를 가지면서 표준높이 보다 작은 선루상의 갑판실 상부에 있는 개구에는 수용 가능한 폐쇄장치를

설치하여야 한다. 그러나, 갑판실의 높이가 적어도 선루의 표준높이와 같다면 그러한 개구는 규칙에서 정의된 유효한 갑판실 또는 승강구실에 의해 보호될 필요는 없다. 표준선루 높이보다 작은 갑판실 위에 있는 갑판실 상부의 개구도 동일한 방법으로 취급할 수 있다.

(7) 선루와 갑판실의 출입구 폐쇄장치가 제12(1)규칙에 적합하지 않는 경우에, 내부의 갑판개구는 노출된 것으로 간주되어야 한다. (즉, 개방갑판에 위치하고 있다)

* 제2장 - 건현지정의 조건, 제19규칙 - 통풍통

(4) 상기 이외의 통풍통의 개구는 강 또는 기타 동등한 재료의 풍우밀의 폐쇄장치를 설치하여야 한다. 길이 100m 이하의 선박에서는 폐쇄장치를 상설적으로 설치하여야 하고 기타 선박으로서 상설적인 폐쇄장치가 없는 경우에는 폐쇄장치를 설치하여야 할 통풍통 가까이 편리하게 보관되어야 한다.

* 제2장 - 건현지정의 조건, 제20규칙 - 공기관

(3) 공기관은 자동폐쇄장치를 설치하여야 한다.

(4) 탱커선에는 압력-진공자동조절밸브(PV 밸브)가 사용될 수 있다.

* 제2장 - 건현지정의 조건, 제21규칙 - 재화문 및 기타 유사한 개구

(1) 건현갑판하의 선측에 있는 재화문 및 기타 이와 유사한 개구는 주위의 외판과 동등한 수밀성과 구조상 완전성을 확보하도록 설계된 문을 설치하여야 한다. 주관청이 허용한 경우 외에는 이들 개구는 바깥쪽으로 열려야 한다. 이와 같은 개구의 수는 선박의 설계 및 본래의 작업에 적합한 최소로 하여야 한다.

(2) 주관청의 허가를 받지 아니한 한, (1)항에 언급된 개구의 하단은 최고만재흘수선의 상단으로부터 위로 230mm인 점을 최하점으로 하는 선측에 있어서 건현갑판에 평행하게 그은 선보다 아래에 있어서는 아니된다.

(3) 재화문 및 기타 이와 유사한 개구의 하단이 (2)항에서 규정된 선 아래에 배치하는 것을 허용하는 경우에는 수밀 완전성을 유지할 수 있는 부가적인 장치를 설치되어야 한다.

(4) 동등한 강도와 수밀성을 갖는 이중문을 설치하는 것도 허용할 수 있는 배치이다. 누설 탐지장치를 두 문 사이의 구역에 설치하여야 한다. 이 구역의 빌지 배수는 쉽게 접근할 수 있는 나사 잠금식 밸브에 의해 조작될 수 있도록 배치되어야 한다. 바깥

문은 바깥쪽으로 열려야 한다.

(5) 선수문과 그 내측문 및 현측문, 선미문과 그들의 폐쇄장치 등은 인정기관의 요건 또는 동등한 안전수준을 제공하는 주관청의 적용가능한 국가표준에 적합한 것이어야 한다.

*** 제2장 – 건현지정의 조건, 제22규칙 – 배수구, 흡입관 및 배출관**

(1) (a) 건현갑판하의 장소에서 또는 제12규칙의 요건에 적합한 문이 부착된 건현갑판상의 선루 및 갑판실의 내부에서 외판을 관통하여 설치된 배출관은, 물이 선내에 침입하는 것을 방지하기 위한 유효하고 접근이 가능한 장치를 비치하여야 한다. 통상 각기 분리된 배출관은 건현갑판 상부의 위치에서 적극적으로 폐쇄시킬 수 있는 장치를 갖춘 1개의 자동역지밸브를 가져야한다. 그러나 하기만재흘수선으로부터 배출관의 선내단까지의 수직거리가 0.01L을 넘는 경우에 배출관은 적극적인 폐쇄장치가 없는 2개의 자동역지밸브를 가져도 된다. 수직거리가 0.02L을 넘는 경우, 적극적인 폐쇄장치가 없는 1개의 자동역지밸브로 할 수 있다. 적극 조작밸브를 작동하기 위한 장치는 쉽게 접근할 수 있어야 하며 밸브의 개폐여부를 나타내는 지시기를 갖추어야 한다.

(b) 건현갑판 상부에서 적극적으로 폐쇄할 수 있는 장치를 갖춘 1개의 자동역지밸브 대신에 건현갑판 상부에서 조작되는 1개의 자동역지밸브와 1개의 슬루스밸브를 설치하는 것도 인정할 수 있다.

(c) 2개의 자동역지밸브가 요구되어지는 곳에서 내측밸브는 운항상태하에서 항상 검사를 위한 접근이 가능하여야 한다.(즉, 내측밸브는 열대만재흘수선 상방에 있어야 한다) 이것이 실행 불가능한 경우, 밸브위치에서 조작되는 슬루스밸브가 2개의 자동역지밸브 사이에 설치되는 것을 조건으로 내측밸브가 열대만재흘수선 상방에 위치하지 않아도 된다.

(d) 기관구역의 외판을 통하여 외부로 배출하는 오수 배출관과 배수구인 경우, 외판에서 직접 조작되는 적극적인 폐쇄 밸브가 내측에 역지밸브와 함께 설치한 경우에는 허용된다. 그 밸브의 조작장치는 쉽게 접근할 수 있는 위치에 있어야 한다.

(e) 목재만재흘수선이 지정된 경우, 배출관의 내측 끝단의 위치는 하기목재만재흘수선을 기준으로 하여야 한다.

(f) 역지밸브에 대한 요건은 선박의 정상운항상태 하에서 항상 열려있는 배출관에만

적용된다. 항해 중 항상 닫혀있어야 하는 배출관은 갑판에서 조작되는 1개의 나사조임밸브가 허용된다.

(g) 배수구, 흡입관 및 배출관의 허용할 수 있는 배치는 표 4.3에 나타나 있다.

표 4.3

건현갑판 상부 또는 하부의 폐위 구역에서 끌어낸 배출관			
내측단이 ≤SWL 상방 0.01L인 경우의 일반요건 제22(1)규칙	기관 구격에서 끌어낸 배출관	내측단이 있는 경우의 대체방법 제22(1)규칙	
		내측단>SWL 상방 0.01L인 경우	내측단>SWL 상방 0.02L인 경우
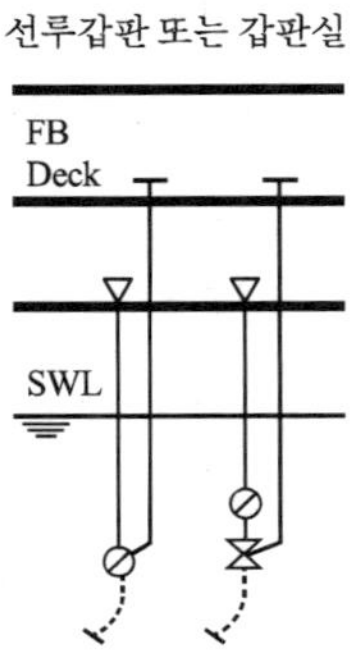	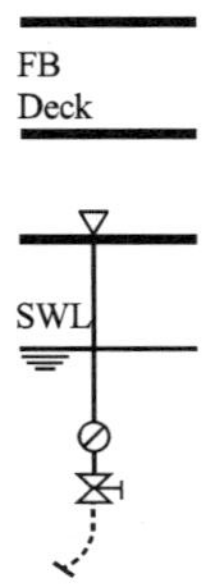	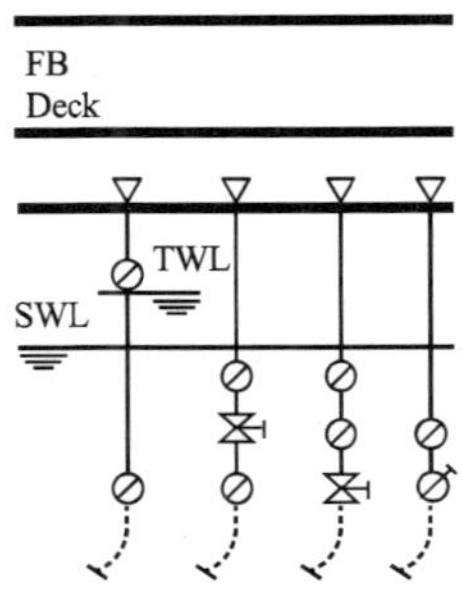	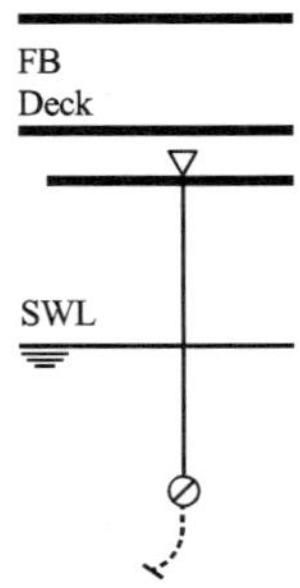

기타구역에서 끌어낸 배출관	
외측단>건현갑판하 450mm 또는 외측단 ≤SWL 상방 800mm인 경우 제22(4)규칙	그 외의 경우 제22(5)규칙
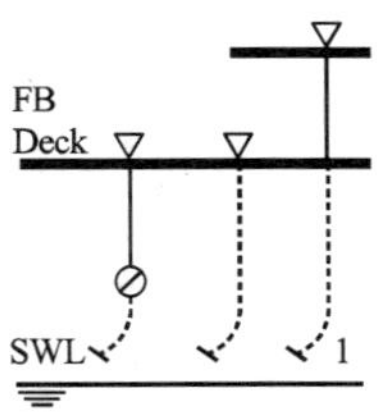	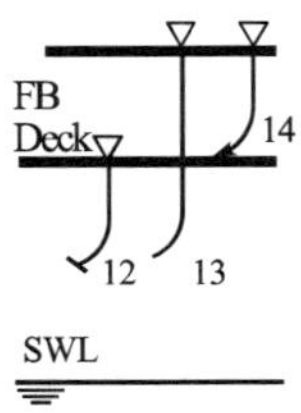

기호설명

- ▽ 관의 내측관
- 관의 외측관
- 개방갑판에 균단이 있는 관
- ⊘ 적극적인 폐쇄수단이 없는 억지밸브
- 해당위치에서 조작가능한 적극적인 폐쇄수단을 갖는 억지밸브
- 해당위치에서 조작하는 밸브
- 원격조작
- 보통의 치수
- 원격조작

(2) 화물 운송에 사용되는 폐위된 선루로부터 외판을 통하여 끌어낸 배수구는 선박이 어느 쪽으로든 5° 경사되었을 때 건현갑판의 끝단이 잠수되지 아니 할 경우에만 허용하여야 한다. 그 외의 경우에 배수장치는 현행 해상에서의 인명 안전을 위한 국제협약의 요건에 따라 선내로 인도되어야 한다.

(3) 선원을 배치한 기관구역에서 기관의 작동과 관계있는 주 및 보조 해수 흡입관과 배출관은 설치 위치에서 제어하여도 된다. 이 제어장치는 쉽게 접근할 수 있어야 하며 밸브의 개폐를 나타내는 지시기를 갖추어야 한다.

(4) 어떤 높이에서 시작되든지 건현갑판하 450mm보다 아래쪽 또는 하기만재흘수선 상부 600mm인 점의 아래의 위치에서 외판을 관통하는 배수구 및 배출관은 그 외판의 위치에서 1개의 역지밸브를 설치하여야 한다. 이 밸브는 충분히 두꺼운 관으로 되어 있다면 생략할 수가 있다.

(5) 제12규칙의 요건에 적합한 문을 갖추지 아니한 선루 또는 갑판실에서 나오는 배수구는 선외로 인도되어야 한다.

(6) 모든 외판 취부물과 이 규칙에서 요구되는 밸브는 강, 청동 또는 기타 승인된 연성재료로 되어진 것이어야 한다. 통상의 주철 또는 유사한 재료로 된 밸브는 인정되지 아니한다. 이 규칙에서 언급된 모든 관은 강 또는 기타 동등한 재료로 된 것으로서 주관청이 만족하는 것이어야 한다.

(7) 배수구와 배출관

(a) 배수구와 배출관에 대하여 충분한 두께를 요구하지 않는 경우:

(i) 외경이 155mm 이하인 관은 그 두께가 4.5mm 이상일 것

(ii) 외경이 230mm 이상인 관은 그 두께가 6mm 이상일 것. 중간치수의 관의 두께는 선형보간법에 따라 결정한다.

(b) 배수구와 배출관에 대하여 충분한 두께를 요구하는 경우:

(i) 외경이 80mm 이하인 관은 그 두께가 7mm 이상일 것

(ii) 외경이 180mm 인 관은 그 두께가 10mm 이상일 것

(iii) 외경이 220mm 이상인 관은 그 두께가 12.5mm 이상일 것. 중간치수의 관의 두께는 선형보간법에 따라 결정한다.

*** 제2장, 제22-1규칙 - 쓰레기 배출구**

(1) 건현갑판 상방의 위치에서 적극적으로 폐쇄시킬 수 있는 수단을 갖는 역지밸브 대신

에, 배출구의 작업갑판에서 아래의 요건에 적합하게 제어되는 두 개의 게이트밸브는 인정할 수 있다.

(a) 둘 중 하측의 게이트밸브는 건현갑판 상방의 위치에서 조작될 수 있어야 하며 두 밸브 사이에는 연동장치가 설치되어야 한다;

(b) 내측단은 지정된 하기건현에 대한 흘수에서 좌현 또는 우현으로 8.5° 경사하더라도 수선 상방에 위치하여야 하지만, 하기만재흘수선 상방 1,000mm인 점보다 아래에 있어서는 안된다. 선내 게이트밸브가 운항중 항상 접근 가능하다면 내측단이 하기만재흘수선 상방 0.01L인 점보다 위에 있는 경우 건현갑판에서의 밸브 조작은 요구되지 않는다; 그리고

(c) 상·하 게이트밸브 대신에 배출플랩(discharge flap)과 함께 배출구의 내측단에 힌지식의 풍우밀 덮개를 설치하는 것으로 대체할 수 있다. 그 덮개와 플랩은 호퍼커버가 닫힐 때까지 배출플랩이 열리지 않도록 연동장치로 배치되어야 한다.

(2) 덮개를 포함한 배출구 전체는 충분한 두께의 재료로 만들어져야 한다.

(3) 게이트밸브 및/또는 힌지식 덮개의 조작에 대하여 "사용하지 않을 때에는 닫아둘 것"이라고 명확하게 표시하여야 한다.

(4) 배출구의 내측단이 여객선의 건현갑판 아래에 있거나 손상복원성 요건이 적용되는 화물선의 평형흘수선 아래에 있는 경우:

(a) 내측단의 힌지식 덮개/밸브는 수밀이어야 한다.

(b) 밸브는 최고만재흘수선 상방에서 쉽게 접근할 수 있는 곳에 설치된 나사조임식 역지밸브이어야 한다.

(c) 나사조임식 역지밸브는 격벽갑판 상방의 위치에서 조작되어야 하며, 열림/닫힘을 나타내는 지시기를 설치하여야 한다. 밸브 조작에 대하여 "사용하지 않을 때에는 닫아둘 것"이라고 명확하게 표시하여야 한다.

*** 제2장 - 건현지정의 조건, 제22-2규칙 - 스플링파이프와 케이블로커**

(1) 스플링파이프(케이블로커 입구를 형성하는 파이프)와 케이블로커는 외기에 노출된 갑판까지 수밀이어야 한다.

(2) 접근수단이 제공되는 경우, 이 접근수단은 견고한 덮개에 의하여 폐쇄되고 좁은 간격으로 배치된 볼트로 고정되어야 한다.

(3) 앵커 케이블이 지나가는 스플링파이프에는 해수의 유입을 최소화하기위한 상설적으

로 부착된 폐쇄장치를 설치하여야 한다.

* 제2장 - 건현지정의 조건, 제23규칙 - 현창, 창문 및 천창

(8) 제2층장소 외판에 설치된 현창 및 창문은 그 선루가 하부구역으로 내려가는 개구에 직접 통하는 통로를 보호하거나 복원성계산에서 부력장소로 산입된 경우 풍우밀로 폐쇄할 수 있는 힌지식 안덮개를 설치하여야 한다.

(9) 직접 통하는 통로를 보호하는 제2층의 장소에서 측벽이 외판에서 안쪽으로 설치된 그 측벽의 현창 및 창문은 힌지식 안덮개를 설치하거나, 접근이 가능한 경우에 풍우밀로 폐쇄할 수 있는 외부의 스톰커버를 상설적으로 설치하여야 한다.

(10) 하부로 직접 통하는 통로로부터 현창 및 창문을 분리하는 제2층 및 그 상부 갑판실의 내부 선실격벽 및 문 또는 복원성계산에서 부력으로 산입된 제2층 갑판실의 내부 선실격벽 및 문은 현창 및 창문에 설치되는 안덮개 및 스톰커버를 대신하는 것으로 인정될 수 있다.

(11) 저선미루 갑판 또는 표준높이보다 낮은 선루갑판상의 갑판실은 안덮개 요건에 관한 한 제2층 선루로 간주될 수 있다. 단, 해당 저선미루 갑판 또는 선루의 높이가 표준 저선미루갑판 높이와 동등 이상이어야 한다.

4.5 황천시 폭로갑판상 안전한 이동을 위한 보행로 확보

* 제2장 - 건현지정의 조건, 제25규칙 - 선원의 보호

(1) 선원의 거주에 쓰이는 갑판실은 인정할 수 있는 강도로 건조되어야 한다.

(2) 보호난간 및 불워크는 모든 노출갑판에 설치되어야 한다. 불워크 및 보호난간의 높이는 갑판으로부터 적어도 1m는 되어야 하며, 다만, 높이가 선박의 통상의 작업을 방해하는 경우에는 주관청이 적당한 보호가 갖추어져 있다고 인정할 때에는 보다 적은 높이를 승인할 수 있다.

(3) 선루 및 건현갑판상의 보호난간은 최소한 3열의 횡봉으로 이루어져야 한다. 보호난간의 최하열의 하방의 개구는 230mm를 넘어서는 아니된다. 나머지 횡봉의 간격은 380mm 이하여야 한다. 둥근 거널이 있는 선박의 경우에는 보호난간의 기둥은 갑판

의 평평한 곳에 놓여져야 한다. 그 외의 지역에서는 최소 2열의 보호난간이 설치되어야 한다. 보호난간은 다음의 조건을 만족하여야 한다.

(a) 고정식, 탈착식 또는 힌지식의 지지대는 약 1.5m 간격으로 설치되어야 한다. 탈착식 또는 힌지식 지지대는 직립된 상태에서 고정될 수 있어야 한다;

(b) 적어도 매 3번째 지지대는 브래킷이나 지주에 의해 지지되어야 한다;

(c) 선박의 통상작업에 필요한 경우, 보호난간 대신에 강재 로프도 인정될 수 있다. 강재로프 또는 턴버클을 이용하여 팽팽하게 유지되어야 한다; 그리고,

(d) 선박의 통상작업에 필요한 경우, 보호난간 대신에 두개의 고정된 지지대 및/또는 불워크 사이에 설치된 체인도 인정될 수 있다.

(4) 선원실구역, 기관구역 및 선박의 필수적인 작업에 사용되는 기타구역으로 오가는 선원의 보호를 위하여 25-1규칙에서 요구되는 안전한 통행을 위한 만족스러운 수단(보호난간, 구명색, 상설보행로 또는 갑판하통로 등)을 갖추어야 한다.

(5) 선박의 갑판에 적재되는 모든 갑판 화물은, 그 화물 근처에 있고 선원실구역, 기관구역 및 선박의 필수적인 작업에 쓰이는 기타 모든 구역으로의 통로를 제공하는 개구가 침수를 방지하기 위하여 폐쇄될 수 있도록 적재하여야 한다. 선박의 갑판상 또는 갑판하에 이용 할 수 있는 통로가 없는 경우, 갑판화물 상방에 보호난간 또는 구명삭 형태의 선원을 보호위한 장치를 갖추어야 한다.

*** 제2장 - 건현지정의 조건, 제25-1규칙 - 선원 안전통행을 위한 수단**

(1) 선원의 안전통로는 표 4.4에 기술된 하나 이상의 수단이어야 한다.

표 4.4

<table>
<tr><th rowspan="2">선종</th><th rowspan="2">설치장소</th><th rowspan="2">지정된
하기건현</th><th colspan="4">지정된 건현형식에 따라 인정가능한 설비***</th></tr>
<tr><th>A형
선박</th><th>B-100형
선박</th><th>B-60형
선박</th><th>B 및 B+형
선박</th></tr>
<tr><td rowspan="4">유조선*,
케미칼
탱커* 및
가스
캐리어*
이외의
모든
선박</td><td rowspan="2">1.1 선박중앙구역으로의 통행
1.1.1 선미루와 선교루 사이,
또는
1.1.2 선미루와 거주설비
또는 항해 설비 또는
둘 다를 갖는 갑판실 사이</td><td>≤ 3000mm</td><td>(a)
(b)
(e)</td><td>(a)
(b)
(e)</td><td>(a)
(b)
(c)(i)
(e)
(f)(i)</td><td rowspan="4">(a)
(b)
(c)(i)
(c)(ii)
(c)(iv)
(d)(i)
(d)(ii)
(d)(iii)
(e)
(f)(i)
(f)(ii)
(f)(iv)</td></tr>
<tr><td>< 3000mm</td><td>(a)
(b)
(e)</td><td>(a)
(b)
(e)</td><td>(a)
(b)
(c)(i)
(c)(ii)
(e)
(f)(i)
(f)(ii)</td></tr>
<tr><td rowspan="2">1.2 선수미단으로의 통행
1.2.1 선미루와 선수단 사이
(선교루가 없는 경우)
1.2.2 선교루와 선수단 사이,
또는
1.2.3 거주설비 또는 항해설비
또는 둘 다를 포함한
갑판실과 선수단 사이
또는
1.2.4 평갑판 선박의 경우, 선원
거주용 갑판살과 선수미단 사이</td><td>≤ 3000mm</td><td>(a)
(b)
(c)(i)
(e)
(f)(i)</td><td>(a)
(b)
(c)(i)
(c)(ii)
(e)
(f)(i)
(f)(ii)</td><td>(a)
(b)
(c)(i)
(c)(ii)
(e)
(f)(i)
(f)(ii)</td></tr>
<tr><td>> 3000mm</td><td>(a)
(b)
(c)(i)
(d)(i)
(e)
(f)(i)</td><td>(a)
(b)
(c)(i)
(c)(ii)
(d)(i)
(d)(ii)
(e)
(f)(i)
(f)(ii)</td><td>(a)
(b)
(c)(i)
(c)(ii)
(c)(iv)
(d)(i)
(d)(ii)
(d)(iii)
(e)
(f)(i)
(f)(ii)
(f)(iv)</td></tr>
<tr><td rowspan="3">유조선*,
케미칼
탱커* 및
가스
캐리어*</td><td rowspan="2">2.1 선수단으로의 통행
2.1.1 선미루와 선수단 사이,
또는
2.1.2 거주설비 또는 항해설비
또는 둘 다를 포함한 갑판실과
선수단사이 또는
2.1.3 평갑판 선박의 경우, 선원
거주용 갑판살과 선수단 사이</td><td>≤ (Af + Hs)**</td><td colspan="4">(a)
(e)
(f)(i)
(f)(v)</td></tr>
<tr><td>> (Af + Hs)**</td><td colspan="4">(a)
(e)
(f)(i)
(f)(ii)</td></tr>
<tr><td>2.2 선미단으로의 통행 평갑판선박의 경우, 선원거주용갑판실과 선미단 사이</td><td colspan="5">다른 종류의 선박에 대해서는 1.2.4에 따른다</td></tr>
</table>

* 1974년 해상인명안전협약의 II-2/2.12규칙, VII/8.2규칙 및 VII/11.2 규칙에서 각각 정의된 유조선, 케미칼 탱커 및 가스케리어

** Af : 실제로 지정된 건현형식과 상관없이 A형 선박으로 계산된 최소하기건현
Hs : 제3.3규칙에 정의된 표준선루높이

*** 설비요건 (a)에서 (f)는 아래 (2)항에서, 설치위치요건 (i)에서 (v)는 아래 (3)항에서 규정됨.

(2) 표에서 규정한 사용 가능한 설비는 다음과 같이 정의한다.

(a) 건현갑판으로부터 가능한 한 가까우며, 해당 위치에 연결되어 있고 그 위치로의 접근통로를 제공하는 양호하게 조명되고 환기되는 갑판하 통로(최소한 폭 0.8m 및 높이 2m의 장애물이 없는 개구를 가질 것)

(b) 영구적이고 효율적으로 건조된 상설보행로. 이것은 선루갑판의 높이 또는 그 상부에 설치되고, 선박의 중심선상 또는 가능한 한 중심선 근처에 설치되고, 적어도 폭이 0.6m이고 미끄럼방지 표면으로 되어있는 연속된 보행로로서 양쪽에 전길이에 걸쳐 연결된 보호난간을 제공하여야 한다. 보호난간은 최소한 높이 1m 이상 및 3열 이상의 횡봉을 가지는 것으로 제25(3)규칙의 요건에 적합한 구조이어야 하며 발턱이 설치되어야 한다.

(c) 폭이 최소 0.6m 이상인 영구적인 통행로. 이것은 건현갑판 높이에 설치되며 3m를 넘이지 않은 간격으로 배치된 지지대를 가진 보호난간이 통행로 양측에 설치되어야 한다. 횡봉의 열의 수 및 간격은 제25(3)규칙에 따라야 한다. B형 선박에 있어서, 높이가 0.6m 이상인 창구코밍은 통행로의 한쪽 보호난간을 형성하는 것으로 인정될 수 있다.단, 이 경우 창구 사이에는 통행로 양쪽에 보호난간을 설치하여야 한다.

(d) 10m 이하 간격의 지지대가 직경 10mm 이상의 하나의 철재 구명줄 또는 단일난간 또는 창구 사이에 연속되어 있고 지지되어 있는 창구코밍에 부착된 하나의 와이어로프

(e) 다음 요건에 적합한 상설보행로

(i) 선루갑판 높이 또는 그 위에 위치한 것으로

(ii) 선박의 중심선상 또는 실행 가능한 한 중심에 가까운 곳에 위치할 것

(iii) 갑판의 작업구역을 가로지르는 통행을 용이하게 하고 이를 방해하지 않도록 위치할 것

(iv) 폭이 적어도 1m 이상인 연속적인 보행로를 제공할 것

(v) 내화성 및 미끄럼방지 재료로 건조될 것

(vi) 보행로 양쪽에 전길이에 걸쳐 연결된 보호난간이 설치될 것. 보호난간은 적어도 높이 1m 이상이어야 하며 25(3)규칙의 요구에 따른 횡봉을 가지고 있고 1.5m 이하의 간격으로 배치된 지지대에 의해 지지될 것

(vii) 양쪽에 발턱이 설치된 것

(viii) 적절하게 사다리가 설치된 갑판으로의 출입이 가능한 개구를 가질 것. 개구

는 40m 이상 떨어져 있지 않아야 함. 그리고,

(ix) 상설보행로가 설치되어야 할 노출갑판의 길이가 70m를 초과한다면, 45m를 넘지 않는 간격으로 상설보행로 상에 피난처를 설치할 것. 모든 피난처는 적어도 한사람 이상을 수용할 수 있어야 하며 전방 및 좌우현의 비바람으로부터 보호할 수 있도록 건조되어야 한다.

(f) 발턱을 제외한 (e)에 규정된 영구적인 상설보행로와 같은 사양을 갖는 건현갑판 높이에 위치한 영구적인 통행로. 창구코밍과 창구덮개를 합친 창구코밍 높이가 1m 이상인 B형 선박(산적액체화물을 운송할 수 있도록 승인된)의 경우, 창구코밍이 통행로의 한쪽 보호난간을 형성하는 것으로 인정할 수 있다. 단, 이 경우 창구 사이 통행로 양쪽에는 보호난간을 설치하여야 한다.

(3) 위의 (2)(c), (d) 및 (f)항의 설비에 대해 허용된 횡방향 설치 위치

(a) 선박 중심선 또는 근처 또는 선박중심선 또는 근처의 창구상에 설치

(b) 선박의 각 현에 설치

(c) 선박의 한쪽 현에 설치, 단, 어느 쪽 현에도 설치될 수 있도록 제작될 것.

(d) 선박의 한쪽 현에만 설치

(e) 가능한 한 중심선 가까이 창구의 양쪽에 설치,

(4) (a) 와이어로프가 설치된 경우, 팽팽한 상태를 유지할 수 있도록 턴버클이 설치되어야 한다.

(b) 선박의 일상 작업에 필요하다면, 보호난간 대신에 강재 와이어로프가 인정될 수 있다.

(c) 선박의 일상 작업에 필요하다면, 보호난간 대신에 두개의 고정된 지지대 사이에 체인을 설치 할 수 있다.

(d) 지지대가 설치되었다면, 매 3번째 지지대마다 브래킷 또는 지주가 설치되어야 한다.

(e) 탈착식 또는 힌지식 지지대는 직립된 상태에서 고정될 수 있어야 한다.

(f) 영구적으로 설치된 배관 및 다른 의장품들과 같은 장애물 위로 넘어가는 통행수단이 제공 되어야 한다.

(g) 일반적으로, 상설보행로 또는 갑판높이 통행로의 폭은 1.5m를 초과하여서는 안된다.

(5) 길이 100m 미만의 탱커인 경우, 상기 (2)(e) 또는 (f)항에 따라 설치된 상설보행로 또는 갑판 높이 통행로의 최소 폭을 0.6m로 감해줄 수 있다.

CHAPTER

5 PSC(Port State Control) 검사

5.1 일반

유엔해양법협약(UNCLOS : The United Nations Convention of the Law of the Sea)은 모든 국가에게 바다와 다른 나라의 해안을 통한 선박 등록 및 항행의 자유에 대한 권리와 의무를 부여하고 있고, 이러한 책임 중 일부는 국제해사기구(IMO)에서 개발되고 개정된 국제협약에서 더욱 상세하게 정의하고 있으며 일반적으로 채택된 협약은 다음과 같으며

1) 국제해상인명안전협약
   International Convention for the Safety of Life at Sea(SOLAS)
2) 국제해양오염방지협약
   International Convention for the Prevention of Pollution from Ships (MARPOL)
3) 국제만재흘수선협약
   International Convention on Load Lines (ICLL)
4) 선원의 훈련 자격증명 및 당직근무의 기준에 관한 국제협약
   International Convention on the Standards of Training, Certification and Watchkeeping for Seafares (STCW)
5) 해사노동협약
   Maritime Labour Convention 2006 (MLC 2006)

상기 협약 이외에도 많은 기술 코드 및 결의문 등이 있다.

선박이 등록된 "기국"은 선박이 국제협약에 의해 부여된 책임과 의무를 준수하고 있는지를 보장하여야 하는데 이를 위하여 "기국"은 정기적인 검사, 증서 및 검증 절차에 대하여 선급과 같은 "Recognised Organisations(RO)"에게 그 업무를 위임할 수 있다.

이러한 'RO' 는 전 세계적인 자원과 네트워크을 바탕으로 위임받은 업무를 수행하고 있지만 국제협약에 대한 책임은 이를 서명한 "기국"에게 있다.

선박이 국제협약의 요구 조건을 수행하기 위하여는 "기국"과 "RO"와 함께 선박 소유자 및/또는 선박 관리자의 역할이 매우 중요하다. 또한 해양환경 보호 및 선원의 안전을 지키면서 선박을 운항해야하는 책임은 선주 및 관리선사에게 있으며 안전을 보장하는 방식으로 운용된다.

이상적으로는 이러한 일들이 선박의 수명 동안 적용 가능한 요구사항이지만 안전하지 못한 선박들과 유능하지 않은 선원들에 의해 항상 위험성을 내포하고 있는 선박들이 운영되고 있는 것도 알려진 사실이다.

국제협약에서는 항만국이 그들의 해역에 있는 선박에 대하여 통제를 할 수 있도록 허용하고 있으며 PSC를 통하여 선박을 검증한다.

세계 각 정부는 해상에서의 인명 및 재산 보호와 해양 환경 보호에 전념하고 있으며 항만국 통제(PSC)는 이러한 목적을 달성하기 위한 방법 중의 하나이다.

PSC는 Port State Control을 줄여서 부르는 말로서, 항만당국이 자국의 항만 또는 계류시설에 있는 외국적 선박에 대하여 자국 연안에서의 선박 사고를 방지하고 해운산업을 보호할 목적으로 자국 검사원(PSCO: Port State Control Officer)으로 하여금 선박에 승선하여 선박의 상태를 점검하고 발견된 결함사항에 대하여는 적절한 시정조치를 요구하는 것을 말한다.

즉, 해양에서 선박의 안전을 도모하고, 해양오염 방지 및 선원의 근로환경을 개선할 목적으로 국제협약에서 요구하는 기준에 근거하여 기준미달선(Sub-Standard Vessel)을 식별하고 이들 선박에 대하여 출항통제 등의 직접적인 불이익을 행사하여 기준미달선을 제거함으로서 해양에서의 사고발생 위험을 최소화시키기 위한 활동을 말한다.

또한, PSC는 일종의 자국의 이익을 담보하는 행위이다. 즉, 기준미달 외국적 선박에 의해 자국의 항만이나 연안에서 해난사고를 발생하면 양식장의 황폐화, 어로활동 불가, 수송로 상실 등 국가 경제에 막대한 손실을 초래 할 수 있으므로 PSC는 국익의 손실을 방지하는 적극적인 행위이고 수단이라 할 수 있다.

5.2 PSC MOU

IMO Assembly Resolution A.682 (17) “Regional Cooperation in the Control of Ships and Discharges”는 독립된 국가에 의한 행하여지는 PSC 보다는 지역간 협력에 의한 PSC가 더 효율적이라는 것에 인식을 같이한다.

지역간 협력의 중요한 점은 기준미달 선박이 아무런 제재를 받지 않고 항만에 접근하지 못하도록 하는 것이다. 또한 지역간 협력은 회원국들이 검사 결과에 대한 정보를 공유하고, 최초에 검사한 항만에서 지적되었으나 처리되지 못한 결함 사항의 후속 조치를 보장한다.

MOU(Memorandum of Understanding)란 이해관계를 같이하는 항만당국이 PSC를 시행함에 있어서 서로 합의한 사항을 지킬 것을 서류상으로 약속하는 의향서라고 볼 수 있다. 법적인 강제성은 없지만 타당한 근거 없이 어길 경우에는 비난이 따른다.

기준미달선을 제거하기 위한 효과적인 방법의 일환으로 인근지역에 위치한 나라간의 긴밀한 협력의 중요성을 인식하고 PSC를 시행함에 있어서 통일된 원칙을 가지고 일관되게 시행하기 위하여 합의문을 만들고 이를 채택한 것이며, 대표적인 MOU는 다음과 같다.

1) Paris MOU(유럽 및 북대서양(북미에서유럽) 지역)
2) Tokyo MOU(아시아-태평양 지역)
3) Caribrean MOU(카리브해 지역)
4) Vina del Mar MOU(라틴 아메리카 지역)
5) Mediterranean MOU(지중해 지역)
6) Indian Ocean MOU(인도양 지역)
7) Abuja MOU(아프리카 중서부 지역)
8) Black Sea MOU(흑해 지역)
9) USCG(미국 지역)

5.3 항해부적합/기준미달선의 출항정지/해제

선박의 출항정지는 선박의 출항 전에 발견된 중대한 결함을 시정하는 과정의 일부이다. 선박의 출항정지 및 해제시 PSCO는 기국과 관련 선급에 통보한다. 또한 모든 출항정지에 관한 세부 사항들은 국제해사기구(IMO)에도 전달된다.

SOLAS Reg. 11(c) 및 IMO Reg. 787(19)에 의거 선박의 감항성에 영향을 주는 결함을 발견하였으나 이를 조치하지 못하고 운항하였음에도 불구하고 이 사실을 선장이 기국, 선급 및 입항 항만당국에 보고를 하였다면 이러한 결함은 선박을 출항정지 시킬 수 있는 근거가 되지 못한다.

이는 결함이 기록되지 않는다는 것이 아니고 또한 결함에 대한 시정조치 없이도 선박이 출항할 수 있다는 것은 아니며 단순히 결함을 시정하기 위한 조치를 감시하고 선박이 출항하기 전에 적절한 조치가 이루어졌음을 확인하는 의미이다.

PSCO는 PSC 검사에 앞서 선장에게 이미 알고 있는 결함을 PSCO에게 사전 통지를 할 수 있는 기회를 제공한다. PSCO는 선장에게 직접 이에 대한 질문을 하고 이에 대한 확인으로 선장에게 서명을 요청한다. 이것은 선장이 PSCO에게 결함과 이에 대한 조치사항에 대하여 알릴 수 있는 기회이기 때문에 이 질문의 중대성에 주목해야 한다. 이렇게 함으로써, 선장은 기국 또는 선급에 아직 보고되지 않았음에도 불구하고 출항정지를 피할 수 있다.

결함이 발견되고 그 결함이 PSCO에 의해 출항정지의 원인이 된다고 간주될 때 선박은 출항정지 된다. 이러한 결정은 선박의 출항 예정 시간에 관계없이 이루어진다.

출항정지에 대한 정의는 IMO Reg. A.787(19)에 다음과 같이 규정하고 있다.

"Intervention action taken by the port State when the condition of the ship and its crew does not correspond substantially with the applicable conventions to ensure that the ship will not sail until it can proceed to sea without presenting a danger to the ship or persons on board, or without presenting an unreasonable threat of harm to the marine environment, whether or not such action will affect the normal schedule of the departure of the ship."

출항정지 항목으로 식별되어 출항정지 코드를 부여받은 사항에 대하여는, 다른 검사가 계속 진행되는 동안 본선에서 이 결함사항을 시정할 수 있으나 이러한 시정조치가 출항정지 보고서의 작성보류 또는 출항정지가 아닌 일반 결함으로 보고서 작성은 허용되지 않는다.

또한 출항정지코드(30) 이외의 다른 코드라 할지라도 이 코드에 대한 조치없이 선박은 출항할 수 없다.

PSC 결함사항에 대한 시정조치 코드(Applicable Deficiency Action Codes)의 종류는 제5.6을 참고하기 바란다.

5.4 PSC 검사

5.4.1 일반 사항

PSCO는 권한 내에서 국제지침에 따라 PSC 검사를 수행한다. 검사원들은 IMO(International Maritime Organization) 및 ILO(International Labour Organization)의 국제협약 규칙 및 규정에 따른다.

검사는 처음 선박에 승선하여 선박이 유효한 증서 및 문서를 보유하고 있는지를 검증하는 것으로 시작된다. 또한 선박의 안전 운항에 중요한 부분을 점검하여 선박이 그러한 인증서와 선박의 전체적인 조건을 준수하는지 여부에 대하여 검사한다. 만약, 증서가 유효하지 않거나, 선박 및/또는 장비 또는 승무원이 관련 협약 요건을 준수하지 못할 경우, 보다 상세한 점검이 이루어진다.

PSCO가 선박의 문서 및 증서를 점검하는 동안 선장은 요구되는 장비의 검사 및 시험을 준비한다. 긴급 용도에 사용되는 장비의 대부분의 항목은 준비에 많은 시간을 필요로 하지 않으나 장비에 대한 모든 요구되는 시험은 선원들에 의해 모든 장비를 안전하게 수행할 수 있도록 함으로써 모든 장비의 안전을 보장하여야 한다.

명확한 사유가 존재할 경우 PSCO는 보다 상세한 검사를 수행할 수 있다.

상황에 따라서, 이것은 선박이나 장비의 특정한 측면으로 제한될 수 있으며, 어떤 경우에는 더 광범위한 검사로 확대할 수도 있다.

PSCO는 검사 수행, 검사 범위 결정 및 결함사항의 대응에 필요한 조치를 결정하는 데 있어 그들의 전문적인 지식을 이용한다.

5.4.2 주요 출항정지 항목

PSC 검사 시 주요한 출항정지(Code 30) 항목은 다음과 같다.

1) 항해기기 작동 불량 : GMDSS, RADAR, MF/HF, ECDIS
2) Damper(Funnel, E/R fan, Accommodation)의 부식/파공 및 작동 불량
3) 창구덮개의 풍우밀 및 고박 불량
4) 선체 부식/파공
5) 비상발전기 작동 불량
6) 구명정/구조정 및 진수장치 불량

7) 비상소화펌프 불량
8) 유수분리기 불량
9) 오수처리장치 불량
10) Quick closing valve 불량
11) 조타장치 불량
12) 공기관/통풍통 불량
13) 고정식 소화장치 불량
14) Ramp 지시기 불량(RO-RO)
15) ODME 불량(Tanker)
16) 해도(Chart) 또는 전자해도(ECDIS) 불량
17) MLC 관련
18) ISM Fail(결함 항목이 많은 경우)

5.4.3 주요 PSC 검사항목 (PSC Inspection Continuing Areas of Concern)

5.4.3.1 만재흘수선

선박의 수밀성과 구조 강도는 선박의 안전, 인명 및 해양환경보호에 있어 중요한 역할을 한다. 통상적으로 탱크용 공기관의 폐쇄장치, 창구의 밀폐 및 고박에 결함이 있는 것으로 판명될 경우 출항정지 될 수 있다.

선박의 출항정지를 방지하기 위하여 주기적으로 다음 사항을 확인하여야 한다.

1) 탱크 공기관 폐쇄장치의 주기적인 점검 및 작동 확인
2) 창구 고박장치의 주기적인 점검 및 작동
3) 선박 구조의 수밀성 및 노후화에 대한 주기적인 점검

5.4.3.2 통신 장비

승무원들의 안전을 위해 비상사태에 대비할 수 있도록 선내에 설치된 무선설비는 매우 중요하다. 또한 선박이 위험한 상황을 피하는데 사용할 수 있는 중요한 항법 및 안전 정보를 수신하는 수단으로서 중요한 역할을 한다.

추가하여, 도움이 필요한 다른 선박과 선원들의 안전을 위해 필수적이며, 이러한 경우에, 다른 배들이 정보를 받을 수 있고 직접적인 도움을 제공할 수 있다는 사실은 사람들에게는 많은 위안이 된다.

선박에 설치된 GMDSS 설비는 적절한 DSC를 포함한 MF/HF, INMARSAT 또는 VHF 시스템이다. 이러한 설비들에 대한 2차 동력원의 공급에 대한 부분도 매우 중요하며 이러한 2차 동력원에 대한 출항정지가 증가하는 추세이고 406Mhz EPIRB 또한 비상조난신호를 위한 중요한 설비이다.

선박의 출항정지를 방지하기 위하여 주기적으로 다음 사항을 확인하여야 한다.

1) MF/HF DSC의 작동 확인 - 점검 기록
2) VHF DSC의 작동 확인 - 점검 기록
3) INMARSAT C의 작동 확인 - 점검기록
4) MSI의 Nav. Area 확인 - 점검 기록
5) 예비전원 상태에서의 모든 장비의 작동 확인
6) 무선설비 및 동력원 상태
7) 장비에 대한 교육 및 친숙화
8) 406Mhz EPIRB의 설치위치 적절성, 주기적인 테스트 및 즉각적인 사용가능 여부 확인

5.4.3.3 구명설비

1) 구명정 엔진

모든 구명정 엔진은 어떠한 상태에서도 즉각적으로 시동되어야 한다. 엔진 작동의 실패는 그 자체가 출항정지를 할 수 있는 근거가 된다. 특히 엔진, 부속품 또는 관리의 불량은 명백한 증거가 된다.

선박의 출항정지를 방지하기 위하여 주기적으로 다음 사항을 확인하여야 한다.

(1) 구명정 엔진의 충분한 연료 공급 및 필요시 물 제거
(2) 구명정 엔진 시동 가능
(3) 구명정 프로펠러 작동(전진/후진)
(4) 구명정 시동용 밧데리 관리 및 양호한 상태 유지
(5) 승무원의 구명정 엔진 사용법 이해 및 시연 가능

2) 구명정 조타장치

구명정 조타장치는 간단히 확인되기 때문에 PSC에서 문제를 일으킬 수 있다.

선박의 출항정지를 방지하기 위하여 주기적으로 다음 사항을 확인하여야 한다.

(1) 구명정 조타장치 및 비상조타 시연 가능

3) 구명정 부하이탈장치

대부분의 구명정에는 부하이탈장치(off-load & on-load hook release system)가 사용된다. 이 부하이탈장치가 적절히 정비/관리되지 않거나 작동을 하지 않는 경우 구명정은 높은 위치에서 사람과 함께 떨어질 수 있는 위험성이 있다.

부하이탈장치에서 많은 결함이 식별되고 있으며, 이 장치는 구명정 외부에서는 볼 수가 없어 이 장치의 확인을 위하여는 구명정 내부로 들어가야 하기 때문에 PSCO는 추가의 구명정 낙하방지 장치를 요구한다.

구명정 부하이탈장치에서 결함이 발견되면 전문 기술자에 의해 이 장치가 정상작동 된다는 것이 검증되기까지 선박은 출항정지된다.

부적절한 관리와 부정확한 구명정 부하이탈장치에 대한 위험성은 매우 치명적이다.

최신 부하 해제 시스템은 유압식 인터록 시스템을 사용하여 정확하게 작동하는 유압식 인터록 시스템을 사용하므로, 자동 연동 장치를 사용하여 보트가 물에 잠겨 있을 때까지 작동하지 않는다. 온 로드 해제 모드에서 메인 레버를 작동하려면 유압 인터록을 수동으로 작동시켜야 하며, 이는 인터록 장치의 커버를 분리 또는 차단함으로써 가능하다. 시스템이 인터록(안전)인지 여부에 관계없이 항상 가시적으로 알 수 있는 표식이 있다.

비록 이탈 레버와 인터록이 올바르게 위치되도록 재설정되어도 이탈 장치의 각 장치간의 연결이 원래 상태로 유지되지 않을 경우 결함이 발생할 수 있다. 작동 케이블은 유압장치와 인터록 사이와 이탈 손잡이와 훅을 연결한다. 습기는 케이블을 손상시키고 녹을 발생시켜 훅의 작동을 어렵게 하거나 훅의 해제를 지연하여 양쪽 훅이 동시에 해제되는 것을 방해할 수 있다.

헐겁거나 분실된 케이블 클램프는 작동 케이블이 해제 레버 및 훅을 움직인다. 이것은 하나의 훅이 다른 훅을 해제할 수 있다. 자동이탈장치를 작동할 때는 두 훅 해제가 동시에 해제되는 것이 매우 중요하다.

최종적으로 각각의 구성 요소가 원래의 상태를 유지하는 것이 중요하다. 예로 시스템을 재설정하는 데 과도한 힘이 가해질 경우, 레버와 케이블 클램프 플레이트의 변형이 발생할 수 있다.

안전장치가 변형된 장치위에서 정해진 위치에 있어도 훅 작동 케이블의 상대적 위치가 변경되었을 수 있으며, 훅이 동시에 작동하지 않을 가능성도 있다. 만약 변형이 충분하다면 훅이 경고 없이 작동할 수 있고 훅 중 하나 또는 모두를 올바르게 재설정하지 못할 수도 있다.

전폐형 구명정의 부하이탈장치에 관한 보다 자세한 내용은 PART 2. CHAPTER 6에 기술하였다.

최근 PSC 검사 중 자주 식별되는 이러한 경험은 전문 기술자들이 일반적으로 시스템을 점검할 때 식별되는 단지 작은 부분적 결함일 뿐이라는 것이다.

이러한 문제점들의 원인은 미흡한 설계에 의해 영향을 받을 수 있으나, 또한 선박 승무원들의 부적합한 점검, 유지 보수 및 친숙화 부족도 원인이 될 수 있다.

선박의 출항정지를 방지하기 위하여 주기적으로 다음 사항을 확인 하여야 한다.

(1) 구명정의 적절한 고정

(2) 구명정 이탈 훅의 적확한 재설정 및 지시기의 올바른 위치 표시

(3) 구명정 이탈용 작동 레버의 적절한 잠김 및 재설정

(4) 구명정 이탈 인터록의 적절한 배치, 잠김 및 재설정

(5) 구명정 이탈 지시기의 명확하고 정확한 위치 유지

(6) 구명정 이탈장치 사용 지침서의 게시 및 승무원의 사용방법 숙지

(7) 제조사의 지침에 따른 승무원의 주기적인 요구사항 보수 유지 및 관리

(8) 구명정 페인터 이탈 가능 여부

5.4.3.4 소화설비

1) 화재댐퍼 (Fire Damper)

화재댐퍼로 인한 출항정지가 계속되고 있음에도 불구하고 화제댐퍼의 불량은 계속 지적되고 있는 결함 항목이다. 화재 댐퍼의 목적은 해당 공간으로 공기가 유입되는 것을 방지하는 것이다.

검사 중 PSCO는 화재댐퍼의 작동을 요구할 수 있고 이때 화재댐퍼의 폐쇄불량은 출항 정지의 근거가 된다.

PSCO는 댐퍼 작동 시 승무원 행동, 댐퍼의 원활한 작동, 이상 징후 및 기계적인 이상음을 계속 관찰하며 팬이 작동 중일 경우, 댐퍼의 작동으로 인한 팬의 소리 변화를 들을 수 있다. 확실한 검사를 위해서는 팬 케이스를 열어서 확인하여야 한다.

선박의 출항정지를 방지하기 위하여 주기적으로 다음 사항을 확인하여야 한다.

(1) 팬 댐퍼 개방/폐쇄 상태의 적절히 표시

(2) 팬 댐퍼 잠금 핀의 정비

(3) 팬 댐퍼 작동 핸들의 정비

(4) 팬 댐퍼 양호한 작동

(5) 팬 댐퍼 및 부착품들에 대한 양호한 관리

2) 비상 소화 펌프, 소화주관 차단 밸브

비상소화펌프의 토출압력 저하는 지속적으로 출항정지의 사유가 되고 있다.

펌프의 결함 이외에 상당수의 펌프는 흡입 수두가 필요하지만 충분한 양의 수두가 확보되지 않는 근본적인 배치 부적절로 인해 작동이 되지 않을 수도 있다.

비상소화펌프가 정상적인 압력보다 낮을 때 이것은 화물 운송을 위한 흘수를 조절하기 위한 밸러스트 조정 때문이라고 하는 일반적인 오해가 있다.

그러나 PSC 관점에서는 이러한 종류의 작업들은 모든 측면에서의 안전성을 보장할 수 있는 경우에만 수행해야 한다. 따라서 밸러스트 및 선박의 상태는 항상 승인된 적재 계획에 따라 이루어져야 하며, 항상 비상소화펌프의 정확한 작동을 고려해야 한다.

비상소화펌프는 예상되는 트림 및 최소흘수와 만재흘수 사이의 모든 조건 하에서 작동되어야 한다.

만약 특정 흘수 사이에서 펌프를 이용할 수 없다면, 특정 흘수에서 펌프를 작동하기 전에 이에 대한 대체방안과 함께 이러한 내용을 선내에 알려야 한다. 예를들면, 만약 비상소화펌프를 사용하지 못하는 시간동안 국제육상연결구 이용이 가능하다면 이는 SOLAS의 목적에 적합한 수준으로 간주할 수 있다. 그러나 국제육상연결구가 연결되어 있지 않고 비상소화펌프도 정상작동을 하지 않는다면 이것은 출항정지의 사유가 된다. 또한, 흘수로 인하여 이미 비상소화펌프가 작동 불능인 상태로 입항하는 경우에도 적절한 대체안이 마련 될 때까지 선박은 출항정지된다.

비상소화펌프에 관한 보다 자세한 내용은 PART 2. CHAPTER 6에 기술하였다.

소화주관 차단밸브는 화재 시스템의 중요한 구성 요소이며, 검사 중에 일반적으로 작동을 점검하며, 일반적으로 화재 주관의 적합성을 확인하는 갑판 주위를 다니면서 하는 육안 검사 정도이다.

소화펌프, 호스, 차단밸브 또는 소화관의 결함은 모두 출항정지 대상이다.

선박의 출항정지를 방지하기 위하여 주기적으로 다음 사항을 확인하여야 한다.

(1) 소화호스 및 소화관 유지 관리

(2) 소화호스/노즐의 정상작동 상태 확인

(3) 주기적으로 소화펌프 작동 확인

(4) 비상소화펌프 정상 작동 확인

(5) 차단 밸브의 주기적인 작동 및 유지 관리

PART 02 선박검사 배경 및 주요설비의 이해

5.4.3.5 해양오염방지 설비

1) **유수분리기**(Oily Water Seperator)

유수분리기에 대한 두가지 주요 점검 항목은 기름기록부(Oil Record Book)와 유수분리기 설비이다. 기름기록부의 부정확한 기재는 규정에 따르지 않은 기름을 의도적으로 배출했다는 인상을 줄 수 있다.

유수분리기는 배출되는 액체의 기름량을 측정하는 모니터링 장치를 구비하고 있으며, 각종 장치들이 올바르게 작동하는지 확인하기 위해 간단한 테스트를 수행할 수 있는 장치가 있다. 이러한 장치에는 펌프 정지장치 또는 재순환 밸브가 포함될 수 있지만, 어떠한 경우에도 실제 기능은 규정에 적합하여야 한다.

시뮬레이션에 의한 알람장치의 시험 시 정확한 알람 경보가 없으면 출항정지 될 수 있다. 또한, 기름감시장치의 기름배출 레벨을 나타내는 장치에 물을 사용하거나 기름감시장치가 항상 알람 상태에 있다면 출항정지의 근거가 될 수 있지만, PSCO는 장치가 전체적으로 적절히 유지 보수되었는지 여부를 판단하기 위하여 필터링 유닛의 개방을 요청할 수도 있다.

유수분리기 시험은 실제로 어떠한 선외 배출도 없는 상태로 수행하여야 하며 만약, 명확한 사유가 있는 경우, 배출관 내부 검사를 위해 배출관의 일부를 분리할 수도 있다.

유수분리기는 기름분리기와 배출감시장치로 설계되었으며 이 두 장치에서의 결함은 출항정지의 사유가 된다.

선박의 출항정지를 방지하기 위하여 주기적으로 다음 사항을 확인하여야 한다.

(1) MARPOL에 따른 기름기록부 기재

(2) 유수분리기 작동 및 시연

(3) 유수분리기 기름감시장치의 작동 및 시연

(4) 관련 장치의 작동

기름필터링장치에 관한 보다 자세한 내용은 PART 2. CHAPTER 6에 기술하였다.

5.4.3.6 비상 발전기

통신 설비와 함께 다른 중요한 시스템에 대한 비상전원 공급원은 매우 중요하다.

PSCO는 기본적으로 비상 발전기의 시연을 요청하며 이것은 간단한 무부하 상태에서의 수동 시동 또는 만약 장치가 설치되어 있다면 블랙아웃 상태에 따른 자동 시동이다.

일반적으로 선박 작업에 영향을 주지 않는 테스트를 요구하며, 발전기가 시동이 걸리지 않거나 시동이 된다 하여도 전력을 공급하는지에 대하여 주시한다.

선박의 출항정지를 방지하기 위하여 주기적으로 다음 사항을 확인하여야 한다.

1) 비상 발전기와 시동 배터리 상태 유지
2) 주기적인 비상전원 시스템의 시험
3) 비상전원 시스템의 시험요건에 대한 안전관리 시스템 절차
4) 비상전원 공급장치에 대한 승무원의 훈련 및 친숙화
5) 작동시, 적절한 전압과 주파수 공급 확인

5.4.3.7 국제안전경영시스템(ISM) 및 안전관리체계(SMS) 부적합

선박은 ISM에 따른 SMS시스템을 가져야 한다. 이러한 ISM 코드와 SMS의 목적은 선상에서의 모든 활동들에 대한 안전을 보장하는 것이며 한 분야에서 많은 부적합이 발생하면 SMS가 적합하게 시행되지 않았음을 나타내는 것이므로 이러한 ISM 결함이 SMS 시스템의 중대 결함인 경우 출항정지 될 수 있다.

또한 PSCO가 식별한 중대한 결함은 더욱더 상세한 검사를 하거나 출항정지가 될 수 있는 근거가 될 수 있다.

ISM 코드에 의한 출항정지는 ISM 당사국이 SMS에 대한 추가심사를 수행한 후에만 출항정지가 해제될 수 있다.

출항정지가 될 수 있는 ISM코드의 가장 공통적인 항목은 다음과 같다.

1) 효과적인 관리의 결여
2) 시정조치의 부적절(문제발생 인지 후 시정조치의 미 시행 또는 부적절)
3) 비상사태에 대한 준비 결여(구명, 소화 또는 통신설비 준비/사용 불가 등)
4) 강제규칙/규정의 미이행

이전에 식별된 공통적인 모든 출항정지 항목에 대해서는, SMS에서 이러한 항목에 대한 재발을 방지하고 효과적인 관리 및 준비를 하여야 한다.

선박은 험난한 환경에서 운용되고 언제든 결함이 발생할 수 있다는 점에 유의하고, 이러한 경우, ISM에서 요구하는 관리절차에 따라 주기적인 점검 및 식별된 결함에 대한 즉각적이고 적절한 조치를 해야 한다.

선박의 출항정지를 방지하기 위하여 주기적으로 다음 사항을 확인하여야 한다.

1) 효율적인 관리 시스템
2) 구명설비, 소화설비 및 통신장비의 즉각적인 사용 가능

3) 효율적인 비상 훈련

4) 결함은 식별되고 보고되며 즉시 시행

5) 승무원들의 역할과 책임 인지

5.4.3.8 휴식시간 (Hours of Rest and Fatigue)

선박 사고는 피로에 따른 사고가 많아질 수 있으며 특히 인적 결함이 중요한 요소로 인식되고 있다.

PSC 검사 시 STCW 규정의 준수 여부에 대한 점검은 일반적으로 휴식시간의 기록을 확인한다. 이것은 화물, 운항기록을 포함한 선내일지와 같은 또 다른 증거 조사 및 검사중에 당직자에 대한 구두 확인 등이 포함될 수 있다.

휴식시간이 STCW 협약에 따르지 않는다는 증거가 있는 경우, PSCO는 시정조치를 요구하고 ISM 규정을 반복적으로 이행하지 않았다는 증거가 있으면 출항정지가 될 수 있는 근거가 될 수 있다.

5.4.4 PSC 검사 경로

PSC 검사는 PSCO가 선박이 접안해 있는 안벽에 도착하면서부터 이미 시작되고 있는 것이다.

PSC 검사를 할 때 검사경로를 특정할 수는 없고 입회하는 PSCO의 인원 및 특성 또는 선박의 상태에 따라 다르지만, 일반적으로 1명의 PSCO에 의하여 검사가 진행되는 경우 통상적으로 아래 A, B와 같은 경로로 검사를 수행한다.

A. PSC 검사 경로 - 갑판부

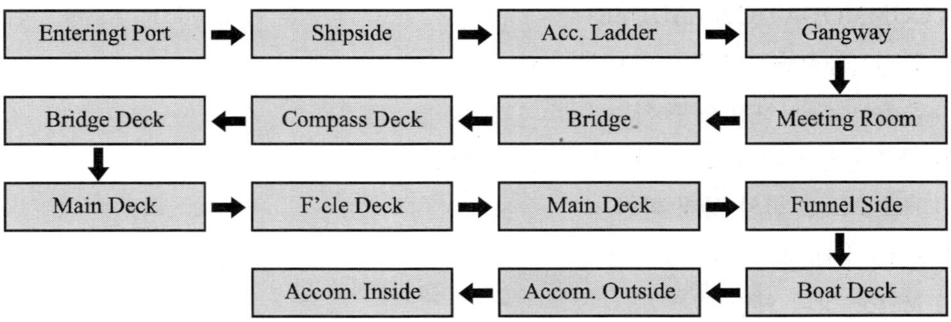

B. PSC 검사 경로 - 기관부

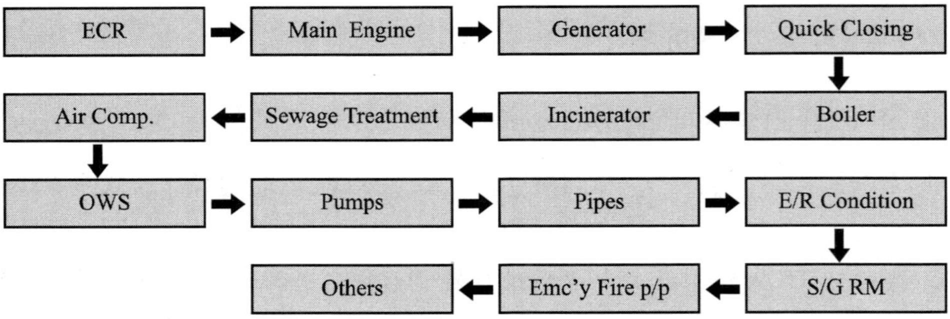

5.4.5.1 각 위치별 주요 검사 항목

PSCO의 검사 경로의 각 위치에서의 주요 검사항목은 다음과 같다.

1) ENTERING PORT (입항 시)

(1) 선박에 문제 발생 시 항만당국에 즉각 보고했는지 여부

(2) Pilot 승선 시부터 PSC 검사가 시작이라는 인식 필요

2) SHIP SIDE

(1) 외판 Paint 상태 확인

(2) 외판에 과도한 부식 여부 확인

(3) 외판 변형 여부 확인

(4) Draft Mark 상태 확인

(5) Freeboard Mark 상태 확인

3) ACCOMMODATION LADDER

(1) 안전사용하중(SWL) 표시 여부 확인

(2) Safety Net 설치 여부 확인

(3) 구조물의 상태(균열, 변형, 정비 상태) 확인

(4) Hand Rail 설치 상태 확인

(5) wire 상태 및 정비기록 확인

(6) Motor 상태 확인

(7) 검사, 시험 및 정비 기록 확인

4) GANGWAY CONTROL

(1) Security Level 게시 여부 확인
(2) 당직자 이탈여부 및 복장 상태 확인
(3) 승선자 신원 확인의 적절성(사진이 있는 ID를 요구 여부) 확인
(4) Visitor Log 작성의 적절성 확인
(5) 수화물 검사 시행 여부(금속탐지기 작동 포함) 확인
(6) 시야에 보이는 갑판, 선교 및 각종 설비(Air Vent, Hydrant, Wall Vent, Access Door, Fire Control Box, Pipes, Oil Spill Box 및 각종 명칭) 등의 정비 상태 확인

5) MEETING ROOM

Meeting Room에서 PSCO는 검사를 위한 제출서류 및 검사 준비 관련하여 다음의 문서를 제공하며 문서에 기재되어 있는 서류의 준비/제공을 요청한다.

모든 서류를 요청하는 경우도 있지만 상황에 따라서는 하기 서류 항목 중 일부 서류를 표기한 후 표기된 서류만 준비를 요청하기도 하며, 특정 장비들에 대하여는 작동시험을 위한 사전 준비를 요구한다.

(1) 준비 서류
- (a) Ship Certifications
  - ① 유효기간 확인
  - ② Endorsement 여부 (특히 입거검사 후 화물선안전구조(SC)증서의 Bottom Inspection 란의 검인 여부)
- (b) Crew List
  - ① 최소 승무정원 증서상의 요구사항 만족 여부
  - ② 항만별 요구하는 최대 승선기간 만족 여부(호주의 경우 최대 11개월)
- (c) Last PSC inspection Report
  - ① PSC 지적사항 처리여부
  - ② 동일한 결함 재발 여부
- (d) Officer and Crew Certificates of Competency with STCW endorsements and Certificates of Recognition
  - ① 기국 및 자국 증서 확인
  - ② Cook 자격 증명 확인
- (e) Approved Stability information

(f) Official Log Book

(g) Record of Drills

① 요구되는 훈련 기재 여부

(h) ECDIS Certification and licences (Vessel / Company)

① Type approval cert., ENC cert., 항해사 교육기록

(i) Garbage Management Plan and Record Book

① 기국 공식 언어로 작성

② 각 페이지 서명

③ 육상 수거 확인증 첨부

④ Category D(식용유) 기재

(j) Oil Record Book

① 규정에 따른 기재사항 확인

(k) SOPEP Manual / SMPEP / SEEMP

(l) Class Survey Report (including Enhanced Survey Documentation if Applicable)

(m) Master's Review of ISM

① 특히, 수리기록 선급 보고여부 확인

(n) Gas Detector Calibration Certificate (Bulk Carriers and Oil Tankers)

(o) Cargo Securing Manual

(p) Cargo Gear Record Book

(q) SOLAS Training Manual

(r) Shipper's Declaration / Cargo MSDS

(s) Cargo Loading / Discharging Plan

(t) Ship / Shore Safety Check List

(u) P&A Manual (Chemical Tanker)

(v) Document of Compliance (Dangerous Goods)

(w) Document of Compliance (Grain Loading)

(x) Document of Compliance IMSBC Code

(y) Annual Test Report; EPIRB, AIS, VDR,

(z) LRIT Conformance Test Report

(aa) Shore Based Maintenance Agreement (Radio Equipment)

① 유효기간 확인

(ab) Copy of Watch Schedule (at Sea and in Port) and Hours of Rest Records

① 교육/훈련기록, 입/출항기록, 화물 적/양하 기록, Bunkering 기록 등과 일치 여부

(ac) P&I Certificate of Entry

(ad) Continuous Synopsys Record

(ae) Civil Liability Insurance (Bunker/Oil)

(af) IAPP 관련 문서

① 오존층파괴물질 기록부 확인

② 질소산화물(Nox) 관련문서 확인

- Technical File 등

③ 황산화물(Sox) 관련문서 확인

- Bunker Delivery Note, 연료유샘플
- 해당되는 경우, 연료유 전환방법 절차서 및 대체설비 작동설명서

④ 휘발성 유기화합물(VOC) 관련문서 확인

- VOC 관리계획서, VEC 적합확인서/설명서(설치된 경우)

⑤ IEE / SEEMP

(ag) IGPP 관련 문서

① 폐기물 기록부

② 폐기물 관리 계획서

③ 폐기물 관련 Placard

(ah) BWMS 관련 문서

① 평형수 관리 계획서

② 평형수 기록부

(2) 시험, 작동 준비 요구 설비

(a) Funnel Flaps and Engine Room Fan Dampers (PLEASE UNLOCK FUNNEL ACCESS DOOR)

(b) Emergency Fire Pump (ARRANGE 1 FIRE HOSE FWD AND 1 FIRE HOSE AFT)

(c) Emergency Generator (No Blackout)–SEQUENCE TESTING

(d) Oily Water Separator (No Discharge Overboard)

(e) Fire control station / CO2 Room

(f) Lifeboat Engine (PLEASE SEE LASHING PHOTO'S)

(g) GMDSS Radio

(h) Radar

(i) SART / EPIRB

(j) ECDIS

6) BRIDGE

(1) MF/HF Radio

(a) 친숙화 여부 확인

(b) RQ/BQ 확인

(c) 채널별 작동상태 확인(부근 해안국과 DSC Test Call 시행)

(d) DC 작동상태 확인

(2) ECDIS

(a) ECDIS Software Version 확인(Presentation Library Ed. 4.0)

(b) ENC Chart 유효기간 확인

(c) ENC 최근 주간 소.개정 여부 확인

(d) 이전 port ~ 현재 port 항해중 연안/협수로 항해가 있는 경우, Manual Positioning (position history) 확인

(e) 출항 Draft 기준 Safety Depth, Safety Contour, Shallow Contour, Deep Contour 설정방법 확인(절차서상 계산식 확인 포함)

(h) Next port 경로 설정 및 Safety Checking 방법 확인

(g) Next port 까지의 Course Line 적절성 확인(저 수심지역 통과 여부 등)

(h) Radar로 선박위치 구하는 방법 확인

예) One Bearing/One Distance or Two Bearing

(i) Voyage Plan, AIS/Radar 연동상태, Alarm 및 DC 작동 여부 확인

(3) Radar

(a) 작동 상태

(b) SART 수신여부 확인(X-band radar)

(4) VHF/DSC & Two-way VHF Radio Telephone

(a) 작동 상태 확인

(b) Battery 유효기간 확인

(c) IMO symbol, MMSI No., Call sing 게시

(5) VDR

(a) No Error Code

(b) 주전원, 비상전원 & 예비전원 확인

(6) AIS

(a) Gyro Compass Heading / GPS 값과 비교

(b) MMSI, Call Sign, 선명, 선박제원 등 입력자료 확인

(c) 주전원 & 비상전원 확인

(7) SART

(a) 선원 친숙화 여부 확인

(b) 밧데리 유효기간 확인

(c) 작동상태 확인

(8) BNWAS

(a) 1차/2차 경보 확인

(b) Password & Key 관리상태 확인

(9) Magnetic Compass

(a) 반사경 상태 확인

(b) Deviation Curve 확인

(c) 주전원 & 비상전원 확인

(10) Navigation Light Panel

(a) 점등 상태 확인

(b) Alarm 확인

(11) Water Ingress Alarm

(a) 작동상태 확인(특히 공창시 FPT 표시여부 확인)

(12) Fire Detection System

(a) 선원 친숙화 여부 확인

(b) Sample Test

(13) Daylight Signal Lamp

(a) 주전원 / 비상전원 & 밧데리 확인

(14) Speed Log / Echo Sounding Device / Rudder Angle Indicator / Propeller RPM Indicator

(a) 작동 상태 확인

(15) 비상배치표 / ITU / 항해용 간행물 / IMO symbol

(a) KR-CON version 확인

7) COMPASS DECK

(1) Navigation / Signal Lights

(2) Magnetic Compass / Whistle / VDR Floater

(a) Magnetic Compass 최소거리 확인

(3) Antenna

(a) Securing Shackle 상태 확인

(b) Aerial Antenna Wire 상태 확인

8) BRIDGE DECK

(1) EPIRB

(a) 설치 위치 확인

(b) HRU(Hydro Release Unit) 유효기간 확인

(c) 밧데리 유효기간 확인

(2) Life Buoy with Self Igniting Light & Smoke Signal

(a) Life Buoy 무게 확인 (4kg 이상)

(b) Self Igniting Light & Smoke Signal 유효기간 확인

(c) 자동이탈장치 작동상태 확인

(d) Life Buoy 격납장치 상태 확인

(3) Battery Room

(a) 밧데리 상태 확인

(b) GMDSS / RADIO 구분 표기 확인

(c) 방폭등 여부(점등 포함) / 통풍장치 상태 확인

(d) 밧데리 측정기구(필요시) 및 점검기록 확인

(e) 밧데리 Charger의 작동상태 확인(설치된 경우)

9) 연돌 (Funnel Side)

(1) Funnel

(a) Funnel Flap 작동 상태 확인

(b) Funnel Flap 폐쇄 시 Flap 틈새 확인

(2) E/R Fan Damper

(a) 팬 댐퍼 작동상태 확인

(b) 팬 댐퍼 부식/마모 상태 및 간격 확인(Inspection Hole을 열거나, Mesh 제거)

(c) 팬 댐퍼 개방/폐쇄 상태의 적절히 표시

(d) 팬 댐퍼 잠금 핀의 정비

(e) 팬 댐퍼 작동 핸들의 정비

(f) 팬 댐퍼 및 부착품들에 대한 양호한 관리

10) 승정갑판(Boat Deck)

(1) 구명정

(a) 외관 상태 확인

(b) 각종 표시 확인

(c) 역반사재 확인

(d) 밧데리 충전상태 확인

(e) 내부 빌지펌프 작동 확인

(f) Canopy & 내부 조명 상태 확인

(g) 압축공기용기, 스프레이 노즐 상태 확인(적용되는 경우)

(h) 구명정 페인터 이탈 가능 여부

(i) 출입문 고박장치 확인(Pad-lock 사용 불가)

(2) 구명정 이탈 장치

(a) 구명정 이탈 후크의 정확한 재설정 및 지시기의 올바른 위치 표시

(b) 구명정 이탈용 작동 레버의 적절한 잠김 및 재설정

(c) 구명정 이탈용 케이블 파손 또는 고착 확인

(d) 구명정 이탈 인터록의 적절한 배치, 잠김 및 재설정

(e) 구명정 이탈 지시기의 명확하고 정확한 위치 유지

(f) 구명정 이탈장치 사용 지침서의 게시 및 승무원의 사용방법 숙지

(g) 제조사의 지침에 따른 승무원의 주기적인 요구사항 보수 유지 및 관리

(3) 구명정 엔진

(a) 엔진 시동

(b) 프로펠러 회전(전진/후진)

(c) Rudder 상태 및 작동 확인

(d) 냉각수 펌프 내부 Impeller 마모상태 확인

(e) 연료유탱크 내부상태 확인

(4) 구명정 대빗

(a) 구명정의 적절한 고정

(b) 대빗의 균열, 부식 및 파공여부 확인

(c) Sheave/Shackle 상태 확인

(d) 구명정 폴 상태 및 교체 주기 확인

(e) Limit Switch 작동 확인

(h) Bulldog Grip 확인

(g) hanging-off Pendants 확인

(5) 구명정 부근

(a) 사용지침서 게시(비상등 위치)

(b) IMO 심볼 표시 확인

(c) Embarkation Light 상태 및 작동 확인

(d) Embarkation Ladder 상태, 길이, 설치가능 여부 확인

(6) 구조정

(a) 외관 상태 확인

(b) 각종 표시 확인

(c) 역반사재 확인

(d) 사용지침서 게시(비상등 위치)

(e) IMO 심볼 표시 확인

(f) Embarkation Light 상태 및 작동 확인

(g) Embarkation Ladder 상태, 길이, 설치가능 여부 확인

(h) 구조정 대빗 작동 상태 확인(선박동력 및 Accumulator 동력)

(i) 3점 이탈장치 상태 및 작동 확인

(j) 엔진 작동 확인(냉각수 분출여부 포함)

(7) 구명뗏목

(a) 외관 상태 확인(선명 & 선적항 표시 포함)

(b) Painrt Line 길이의 적정성 확인

(c) 사용지침서 게시(비상등 위치)

(d) IMO 심볼 표시 확인

(e) Embarkation Light 상태 및 작동 확인

(f) Embarkation Ladder 상태, 길이, 설치가능 여부 확인

(g) 구명뗏목 정비기간 유효성 확인

(h) 자동이탈장치(Hydraulic Release Unit) 유효기간 확인

(i) Weak Link 확인

(j) 거치대 상태 확인

(k) 부적절한 컨테이너 고박장치(Wire 또는 Chain 등) 제거

(l) Painter Line의 연결 적절성 확인

(m) 이동가능 여부 확인

11) 거주구역 - 외부(Accommodation Area-Outside)

(1) Fire Control Plan 격납용기

(a) 'Fire Control Plan' 표기

(b) 풍우밀 여부 확인

(c) Fire Control Plan 및 Crew List 보관

(d) 도면상에 IMO Symbol 표기

(2) 차단밸브(Isolating Valve)

(a) 명확한 식별 확인

(b) 작동상태 확인(특히 스핀들 절단여부 포함)

(3) 국제육상연결구(International Shore Connection)

(a) 승선원의 사용법 친숙화 확인

(b) Bolt / Nut / Washer / Gasket 비치 확인

(4) 공기관(Air Pipe)

(a) 부식 / 파공 여부 확인

(b) Head 내부 Float 파공 및 고착여부 확인

(c) Head 내부 가스켓 상태 확인

(d) 화염방지망 Mesh 크기, 상태 및 부착여부 확인(해당되는 경우)

(e) Spill Box 상태 확인(해당되는 경우)

(f) Sill Height 확인

(g) 명칭 표시 확인

(5) 통풍통(Ventilator)

(a) 부식 / 파공 여부 확인

(b) 작동 여부 확인

(c) 개/폐 표시 확인

(d) 명칭표시 확인

(6) 소화전

(a) 관 상태 및 핸들 고착여부 확인

(b) 덮개 부착여부 확인

(7) 소화전 박스

(a) 박스 상태 확인

(b) 소화호스 상태, 길이, 정상작동 확인

(c) 노즐 상태, 지름 및 정상작동 확인

(d) 스패너 비치 여부 확인

(8) E/R Skylight

(a) 코밍 및 커버상태 확인

(b) 폐쇄장치 상태 확인

(c) 유리 등 사용 재질 확인

(9) Bottle 격납장소

(a) Bottle 고정 상태 확인

(b) 통풍여부 확인

(c) 직사광선 방지여부 확인

(d) 강, 동파이프 배관여부 확인

(10) 비상발전기(Emergency Generator)

(a) 비상발전기 상태 확인

(b) 비상 발전기 시동(시뮬레이션, 배터리 & Hydraulic) 확인

(c) ACB Close(45초 이내) 및 적절한 전압과 주파수 공급 확인

(d) Earth Gauge 표시값 적절성 확인

(e) FO 용량(36시간) 확인

(f) Quick Closing Valve 작동상태 확인

(g) 작동지침서 게시 확인

(h) 비상조명 확인

(11) Pilot Ladder

(a) 청결 및 정비상태 확인

(b) 관련 증서 확인

(c) 식별 Tag 또는 영구적인 마킹 확인

(d) 정기적인 정비 기록 확인

(e) 최하단 4개 발판의 재질(고무 또는 다른 재료) 확인

(f) 선측에서의 고박수단의 적절성 확인

(g) Manropes(28~32mm) 비치 여부 확인

(12) Co2 Room

(a) 작동방법 숙지

(b) 작동지침서 게시 확인

(c) 승선원의 친숙화 여부 확인

(d) 밸브 식별여부 확인

(e) 작동 시 Alarm 여부 확인

(f) Co2 용기상태 확인

(g) 용기 안전핀 제거여부 확인

(h) 통풍팬 작동여부 확인

(i) 예비품 비치 여부 확인

(13) Foam Room

(s) 작동방법 숙지

(b) 작동지침서 게시 확인

(c) Foam 펌프 및 밸브 작동 확인

(d) 주기적인 성분분석여부 확인

(e) 통풍팬 작동여부 확인

(14) Paint Store

(a) 고정식 소화장치(해당되는 경우) 상태 및 정상 작동여부 확인

(b) 방폭등 상태 및 작동여부 확인

(c) 통풍팬 작동여부 확인

(d) 휴대식소화기 비치 여부 확인

12) 상갑판(Upper Deck)

(1) 화물창(Cargo Hold)

(a) 구조부재의 부식/마모 또는 변형여부 확인

(b) 밸러스트탱크 누수여부 확인

(c) Co2 Line 상태 확인(해당되는 경우)

(d) Water Ingress Alarm 확인(해당되는 경우)

(e) Hold Bilge Well 막힘여부 확인

(2) 창구덮개(Hatch Cover)

(a) 구조부재의 부식/마모 또는 변형여부 확인

(b) 화물창구 작동상태(Guide Rail, Roller, Chain 등) 작동상태 확인

(c) Rubber Packing, Cleat, Stopper 상태 확인(필요시 풍우밀시험)

(d) Auto Cleat, Side Wedge, Guide Stopper 간극 확인

(e) Ventilator, Gas Sampling Cap 상태 확인

(3) 창구코밍(Hatch Coaming)

(a) 구조부재의 균열, 부식/마모 또는 변형여부 확인

(b) Compression Bar 상태 확인

(c) Hydraulic System의 누설여부 및 작동상태 확인

(4) Access Hatch

(a) Hatch Cover 및 Coaming 상태 확인

(b) Rubber Packing, Dog 상태 확인

(c) 명칭표시 확인

(5) Fore Life Raft

(a) 외관 상태 확인(선명 & 선적항 표시 포함)

(b) Painrt Line 길이의 적정성 확인

(c) 사용지침서 게시(비상등 위치)

(d) IMO 심볼 표시 확인

(e) 구명뗏목 정비기간 유효성 확인

(f) 거치대 상태 확인

(g) 부적절한 컨테이너 고박장치(Wire 또는 Chain 등) 제거

(h) 적절한 Embarkation Ladder 비치 확인

(i) 구명동의 및 방수복 적정수량 비치 확인

13) 선수루갑판(F'cle Deck)

(1) Fore Mast

(a) Mast 구조물 및 Cable 상태 확인

(b) 항해등 상태 및 작동 확인

(c) 형상물 확인

(d) Air Horn 확인

(2) Windlass / Winch

(a) Foundation 상태 확인

(b) Anchor Chain, Chain Stopper, Chain Clipper 상태 확인

(c) Chain Pipe 및 Spuring 상태 확인

(d) Brake Liner 상태 확인

(e) Hawse Pipe, Handrail, Cover 상태 확인

(f) Mooring Ropes 상태 확인

(3) Bulwark / Handrail

(a) Freeing Port, Fair Leader, Bollard 상태 확인

(4) Bosun Store Access Hatch

(a) Hatch Cover 및 Coaming 상태 확인

(b) Rubber Packing, Dog 상태 확인

(c) 명칭표시 확인

(d) URS21 관련사항 확인

(5) Bosun Store

(a) 내부 구조물(선체, 호스파이프, 체인로커 등) 상태 확인

(b) De-watering System 작동 확인(해당되는 경우)

(c) Anchor Chain End Connection Bit 상태 확인

14) 거주구역 - 내부(Accommodation Area-Inside)

(1) 화물제어실(CoC)

(a) 가스탐지기 Setting 방법 숙지여부 확인

(b) PH Check Paper(range 1-14) 비치 여부 확인

(c) 화물 MSDS 정보 확인

(d) 밸러스트 교환 시 선체 강도 검토 여부 확인

(e) ODMC 작동 확인(해당되는 경우)

(2) 소방원장구

(a) BA Set Low Pressure Alarm 확인

(b) 예비실린더 수량 및 공기압 확인

(c) 방화복, 신발, 장갑, 방폭랜턴, 절연도끼, 방폭형 쌍방향 무선전화, 안전줄 비치 확인

(3) EEBD

(a) 수량 및 압력 확인

(4) 휴대식 소화기

(a) 설치위치, 상태, 정비기록 확인

(b) 종류별 예비소화제 확인

(5) 내부 복도

(a) 방화문 상태 및 상시 닫힘상태 확인

(b) 필요 도면 게시 확인

(c) IMO Symbol 부착여부 확인

(6) Galley

(a) 고정식 소화장치 작동방법 숙지 여부

(b) 화재댐퍼 상태 및 정상작동 확인

(c) 배기 팬 정상 작동 확인

(d) Grease Trap 청결상태 확인

(e) 바닥타일 상태 및 파손여부 확인

(f) 배식구 방화구조 확인(해당되는 경우)

(g) 방화문 여부 확인(해당되는 경우)

(7) Mess Room

(a) 훈련지침서, 훈련메뉴얼 등 비치 여부 확인

(8) 부식창고

(a) 식품 상태 및 유효기간 확인

(b) 냉동설비 상태 확인

(c) 출입문 내부 록 해제장치 확인

(9) 병원

(a) 침대, 조명, 통풍, 난방 상태 확인

(b) 급수장치 상태 확인

(c) 의료기기 상태 및 의약품 유효기간 및 적정수량 비치 여부 확인

(10) 오락실 및 체력단련실

(a) MLC에 따른 적정설비 비치 여부 확인

15) 기관제어실(ECR : Engine Control Room)

(1) Main Switch Board

(a) 비상정지버튼 작동 확인

(b) 우선정지버튼 작동 확인

(c) 게이지 작동상태 확인

(d) 조명상태 확인

(e) 조명 및 절연상태 확인

(2) Main Panel

(a) 주기관 관련 각종 경보 및 트립 작동 확인

(b) 발전기 관련 각종 경보 및 트립 작동 확인

(c) 보일러 관련 각종 경보 및 트립 작동 확인

(d) 기타설비 관련 각종 경보 및 트립 작동 확인

16) 주기관(Main Engine)

(1) 고압 FO 이중관 여부 확인(375KW 이상 적용)

(2) 누유여부 확인

(3) 고온부(220℃ 이상) 방열상태 확인

(4) 주기관 거치부 볼트, 쵸크라이너 등 상태 확인

(5) 크랭크챔버 경고문 및 도출밸브 작동 확인

(6) Local Panel 작동상태 확인

17) 발전기(Aux. Engine & Generator)

(1) 고압 FO 이중관 여부 확인(375KW 이상 적용)

(2) 누유여부 확인

(3) 고온부(220℃ 이상) 방열상태 확인

(4) 주기관 거치부 볼트, 쵸크라이너 등 상태 확인

(5) 크랭크챔버 경고문 및 도출밸브 작동 확인

(6) Local Panel 작동상태 확인

18) 긴급차단밸브 (Quick Closing Valve)

(1) 정상작동여부 확인
(2) 차단밸브 고정장치 설치여부 확인

19) 보일러 (Boiler)

(1) 고박장치 상태 확인
(2) 방열상태 확인
(3) 수위확인장치 확인
(4) 압력계 상태 확인
(5) 안전변 Popping Test

20) 소각기 (Incinerator)

(1) 형식승인품 여부 확인
(2) 작동상태 확인
(3) 방열상태 확인
(4) 관련 배관 및 전기설비 상태 확인

21) 오수처리장치 (Sewage Treatment)

(1) 담당사관 침숙화 및 매뉴얼 확인
(2) 형식승인품 여부 확인
(3) 처리용량 확인
(4) 디스플레이 상 에러 알람 여부 확인
(5) Air Blower 작동 시, 탱크 상부 Return Pipe의 Sewage 유동 확인(해당되는 경우)
(6) 해당 탱크 내부의 공기 공급 여부 확인
(7) Chemical 보유 여부 확인
(8) 탱크 내부 상태(부식 등) 확인
(9) Discharge Pump 작동 확인
(10) Air Blower, 압력계 작동 확인 및 고무벨트 상태 확인(해당되는 경우)
(11) Overboard 밸브 고착 여부 확인
(12) UV 램프 작동 여부 확인(해당되는 경우)

(13) 입항 전 자체 점검 시행

(14) 결함이 식별된 경우 반드시 사전에 항만국, 기국 및 선급에 보고(조치사항 포함)

오수처리장치에 관한 보다 자세한 내용은 PART 2. CHAPTER 6에 기술하였다.

22) 공기압축기 (Air Compressor)

(1) 압축기 상태 및 정상작동 확인

(2) 공기저장탱크의 상태, 파이프, 밸브, 게이지 및 안전변 압력 및 정상작동 확인

23) 유수분리기 (Oily Water Separator)

(1) 유수분리기 상태, 특히 하부 부식/파공여부 확인

(2) 유수분리기 작동 및 시연

(3) 유수분리기 기름감시장치의 검교정, 작동 및 시연

(4) 배출 밸브 상태 확인

(5) 작동지침서 게시 및 적절성 확인

(6) 기기 각부의 누설 확인: 본체, 밸브, 배관, 각종 연결부 및 packing 부위 등

(7) 빌지펌프 작동상태 확인: 빌지펌프의 작동 상태, 흡입, 토출압력 등

(8) 챔버(Chamber)내 유분에 의한 오손 확인

(9) 선외 배출관을 개방하여 유분에 의한 오염 여부 확인

(10) 유수분리기 필터 정품 및 오손 여부 확인

(11) 유면검출기의 작동확인: 유분 감지/조정 레버 작동 시 전자변 작동 여부

(12) 15ppm 장치의 작동 확인(총톤수 10,000톤 이상 선박의 경우)

(a) 자동배출정지장치의 작동 여부 : 선외로 배출되는 빌지수의 유분농도가 15ppm 이상 되면 3-Way valve가 자동으로 작동하여 선외 배출을 방지하여야 한다.

(b) 선저폐수농도경보장치의 작동 여부 : 유분농도가 15ppm 이상 되면 경보장치가 작동하여야 한다.

(13) 제어판/표시반 상태, 사용설명서 등 확인

(14) 형식승인 여부 확인

(15) 기국 형식승인증서 비치 여부

(16) 기름필터링장치 전방에 선외로 직접 배출되는 배관장치가 있는지 확인

(17) 기관사관들이 기름필터링장치의 운용에 능숙한지 여부 확인

24) 펌프 (Pumps)

(1) 각 펌프별 압력계 상태 및 정상작동 확인

(2) 각 펌프별 배관, 밸브상태, 누수/누유 및 핸들 정상작동 확인

25) 파이프 (Pipes)

FO, LO, SW, AIR, Hydro Lines 상태 확인

26) 기관실 상태 (Engine Room Condition)

(1) 선저 빌지여부 확인

(2) 기관실내 인화성물질 비치 여부 확인

(3) 고정식, 이동식, 휴대식 소화기 상태 및 정비기록 확인

(4) 소화전, 소화호스, 노즐, 스패너 상태 및 비치 여부 확인

(5) Foam Applicator 비치 여부 확인

(6) 덕트(댐퍼 포함) 상태 및 환기 적절성 확인

27) 타기실 (Steering Gear Room)

(1) 조타기

(a) 비상조타 작동시험

(b) 통신설비 작동 확인

(c) 방위, 타각지시기 작동 확인

(d) 미끄럼방지 상태 확인

(e) 작동유 레벨 및 Low Level 경보 확인

(2) 비상소화펌프(Emergency Fire Pump)

(a) 비상소화펌프 상태 및 정상 작동 확인

(b) Suction 및 Discharging 압력 확인

(c) 두줄기 사수 분출상태 확인

(d) 작동지침서 게시여부 확인

(e) Suction Pipe가 E/R을 관통하는 경우 관통 Pipe 방열조치 확인

28) Others

(1) 비상탈출구(Escape Trunk)

(a) 방화문 상태 및 작동 확인

(b) A-60 Insulation 상태 확인

(c) 접근로상 방해물 여부 확인

(d) 내부 비상등 상태 확인

(2) Stern Tube

(a) 누수, 누유여부 확인

(b) LO 유량 및 Low Level 경보 확인

(3) 비상등

(a) 비상등 상태, 밝기 및 위치 적절성 확인

(b) Black Out Test

(4) ISM

(a) 소화/퇴선훈련의 적절한 시행여부 확인

(b) 소화, 오염방지 및 비상설비들에 대한 친숙화 여부 확인

(c) SMS 절차에 대한 친숙화 여부 확인

(5) ISPS

(a) Security Level 게시 여부 확인

(b) 당직자 이탈여부 및 복장 상태 확인

(c) 승선자 신원 확인의 적절성(사진이 있는 ID를 요구 여부) 확인

(d) Visitor Log 작성의 적절성 확인

(e) 수화물 검사 시행여부(금속탐지기 작동 포함) 확인

(f) 제한구역 식별, 주의사항 게시 확인

(g) 안전과 보안이 상충하는 구역은 안전우선 여부 확인

(6) MLC

(a) Work Hour

① 교육/훈련/벙커링/입출항 등 항해지시서, Bell Book, Log Book 기재사항과 비교 확인

(b) Rest Hour

(c) Work Arrangement 선내 게시 확인

(d) 기타 MLC 요건 확인

5.5 항목별 주요 PSC 출항정지(Code 30) 지적 예

5.5.1 GMDSS

1) ECDIS critical safety parameters incorrectly set and Navigation officers unable to demonstrate activation of critical ECDIS alarms.
2) Emergency source of power for GMDSS equipment defective.
3) Secondary source of electrical power for GMDSS defective.
4) Reserve source of energy for GMDSS radio station defective.
5) GMDSS batteries defective. Four engine room dempers defective.
6) MF/HF radio defective.
7) GMDSS reserve batteries defective.

5.5.2 FIRE DETECTION SYSTEM

1) Cargo hold fire detection system defective.
2) Fire detection and alarm system defective.

5.5.3 AIR VENT

1) Several ballast tank air vent heads top cover plate not secured, securing bolts broken or missing bolts.
2) Various air pipe top covers not bolted, flange with missing or corroded bolts, fore peak tank air pipe top cover corroded and holed.
3) Air vent closing devices of various tanks defective (More than 15 locations on weather deck).
4) Numerous water ballast tank vent closing devices defective.
5) Ballast tank air vent heads have holes and heavily corroded in several places inculding critical locations ;
   (1) disk seized and heavily corroded.
   (2) air vent has a hole and is heavily corroded.

(3) starboard side number 2 vent has a bulllet shaped hole and is rusted.

6) Majority of self–closing tank ventilation devices defective.

7) The seals were broken, heavily corroded and disks seized.

8) Several water ballast tank air vents (WBT 1 port and starboard) and top side tank (TST 2 P&S, 1 P&S and 1 forward, 3 P&S) found defective.

9) Ballast tank vent closing devices defective.

10) Several ballast tank and fresh water tank air pipe vent heads defective float defective and casing heavily corroded.

11) Ballast tank air vents and closing arrangements defective. Excessive internal corrosion and wastage. Threaded bolt holes for closing plate wasted in numerous places internal corosion and wastage.

12) Ballast and water tank air vents closing arrangements defective in numerous places including critical locations float damaged and stuck in the casing.

13) Ballast tank and fuel tank air vents on main deck are defective in numerous places.

14) Most air vents for ballast tanks defective. Ballast tank air vent seized and broken.

15) Ballast and other water tank air vent pipes closing arrangements defective in numerous places sealing rings dislodged.

5.5.4 HATCH COVER

1) Cargo hold hatch covers not weather tight in many places including critical locations clearance between compression bar and rubber seal.

2) Numerous hatch cover quick acting cleats wasted, worn and unable to be secured hinge broken.

3) All quick–acting cleat wrist pins on hatch 1 and vast majority of those on remaining hatches found seized.

4) Hatch covers numbers 1 to 7 not closing properly as evidenced by ;

(1) Covers not resting on landing pads when closed.

(2) Side vent covers closing arrangements seized.

(3) Hatch cover channel drains non return valves seized.

(4) Centre line stopper rubbers elasticity lost.

5) Hatch cover cleat crutches corroded and wasted in numerous places.

6) Hatch covers 1 to 9 port and starboard have numerous secions of panel side packing detached. Excessive gaps and rubber seals missing and panel edge gaskets veavily gouged as evidenced by

(a) End corner piece has been improvised using short replacement inserts.

(b) Excessive gaps in adjoining section of rubber.

(c) port panel side packing excessive gap.

(d) Side packing detached along 6 metre length.

7) Cargo hold hatch covers quick acting cleats missing and unable to operate on all cargo hold hatch covers.

8) Cargo hold nos. 1, 2, 4 & 5 quick acting cleat crutches (90%) thinned ans wasted.

9) Securing and sealing arrangements for all hatch covers and holds access defective.

10) Numerous crutches for hatch cover cleats wasted and or missing. Sections of rubber packing damaged, missing and perished.

11) No.1, No.2 and No.3 booby hatch cover (forward and aft) not weather tight.

12) Cargo hold hatch cover securing devices defective in numerous places.

5.5.5 DECK PIPES

1) Fresh water pipe on deck to aft peak tank corroded and holed.

2) Fire main in cargo holds deck B and deck E wasted, holed and leaking.

3) Fire main isolation valve inoperative.

4) Deck fire line corroded and holed.

5) Fire main isolating valve not closing effectively. Stb'd side engine room ventilation fan dampers (2 sets of louvers) defective.

6) Fire main holed at two locations on weather deck pipe wasted and holed, water leaking from pipe.

7) Fire main isolating valve defective.

5.5.6 E/R FIRE DAMPER

1) Port and starboard aft ER fire dampers defective.
2) Supply damper for emergency generator defective.
3) All six ER fire dampers defective.
4) Port and starboard engine room fire dampers defective and not closing completely.
5) Engine room ventilation fan fire dampers 1-4 unable to be closed.
6) Port and starboard forward engine room fire dampers defective. Starboard side aft fire damper defective.
7) Engine room one ventilation fan fire damper defective.
8) Engine room starboard ventilation fan fire damper unable to close.
9) Port engine room fire damper defective.
10) Fire dampers for engine room ventilation fan No. 1, 2 and 3 not able to be closed.
11) Engine room ventilation fan number 1 and 3 fire damper not able to close effectively.
12) Engine room ventilation fan number 3 fire damper defective and unable to close.
13) Deficiencies found in port and starboard engine fan rooms.
14) Port and starboard engine room fan trunking arrangements inside engine room defective and corroded.
15) There are two machinery spaces ventilation inlet or outlet closing devices in approved fire plan on compass deck. However there is no closing devices on these two openings as evidence by the following photos ;
    (1) No closing devices on the ventilation inlet or outlet openings.
    (2) Plans showing two ventilation closing devices.
16) Engine room ventilation fan dampers (port aft, starboard forward and starboard aft) not able to be closed effectively.

17) Fire dampers for engine room ventilation fan No. 1, 2 and 3 not able to be closed.
18) Engine room fire dampers numbers 1, 3 and 4 seized at open position and not able to be closed.
19) Fire dampers for engine room ventilation fan numbers 2, 3 and 4 unable to be closed effectively.
20) Engine room starboard forward and after fire dampers inoperative and not able to be closed.
21) Engine room air supply fire dampers numbers 1, 2 and 3 defective.
22) Port and Starboard(after) engine room damper defective.
23) No.1 stbd fire damper unable to be effectively closed from remote.
24) Engine room fire dampers 1 & 2, funnel flap(portside) all located inside engine room and found inoperative.
25) All 3 engine room fire dampers defective, fire damper at least 25mm still open.
26) Engine room fire dampers number 1 and 2 not operational. Fire dampers seized in open position.
27) No.2 and 4 engine room fan fire dampers defective.
28) Engine room fire damper no.2 defective flaps seized open.
29) Engine room centre fan emergency generator inlet and hydraulic fire damper closing mechanism defective.
30) Engine room fire dampers closing mechanisms defective.
31) All engine room fire dampers defective. Crew able to repair stbd side dampers during inspection. Crew given 3 hours to repair port damper without success port fire damper not closing. The safety management system as implemented does not ensure that critical shipboard operations can be implemented effectively and that the vessel is prepared for an emergency.

5.5.7 E/R FUNNEL FLAP

1) Engine room funnel damper unable to be closed from outside the engine room.
2) Funnel damper defective.(funnel damper unable to close)

5.5.8 LIFE BOAT

1) Freefall lifeboat engine operation could not be demonstrated by both independent rechargeable energy sources provided.
2) Port lifeboat exhaust gas leaking inside the lifeboat when engine in operation due to leak from broken and corroded exhaust pipe.
3) Port and starboard lifeboat on-load release arrangement defective.
4) Port and starboard ifeboat on-load release safety inter-locks defective.
5) Freefall life boat engine could not operate when requested.
6) Free fall lifeboat rudder inoperable from conning position.
7) Port and starboard life boats quick release mechanism defective.
8) Portside lifeboat engine not able to be started by primary or secondary means due to battery failure. Batter charge and lube oil press light are on. Starboard lifeboat engine not able to be started by primary means due to battery failure.
9) Hook release arrangement for lifeboat defective. Safety locks seized and unable to be operated(both lifeboats). Forward hook for Port lifeboat failed to release during simulated demonstration by crew.
10) Freefall lifeboat engine not able to be started by primary or secondary means.
11) Portside freefall lifeboat engine is unable to be started.
12) Port side lifeboat onload release system defective. Hydrostatic interlock lever unalbe to prevent the accidental release of life boat hook.
13) Starboard side lifeboat onload release gear defective.
14) Port side lifeboat retrieval and release system defective.
15) Freefall lifeboat propulsion defective.
16) Port lifeboat on-load release system defective.
17) Port and stbd lifeboats on-load release gear defective - incorrectly reset. Crack in hull observed in way of No.1 portside ballast wing tank.
18) Port lifeboat exhaust pipe wasted and broken and exhaust gas leaking inside the lifeboat exhaust pipe wasted and holed.
19) Free fall life boat engine unable to be started with primary and secondary means of starting. Emergency generator defective.

20) Port and stbd lifeboat hydrostatic interlock defective.

21) Stbd lifeboat on-load release arrangement defective. Release cable damaged and corroded. Sewage overboard valve shipside in engine room holed.

22) Port side life boat transmission defective. Engine room stbd side funnel dampers unable to be closed effectively.

23) Portside lifeboat on-load release system defective.

24) Portside lifeboat release and retrieval system defective.

25) Freefall lifeboat engine not able to start on both sources of power.

5.5.9 RESCUE BOAT

1) Rescue boat launching davit hydraulic accumulator defective.

2) Rescue boat engine cooling water system defective.

3) Rescue boat engine defective.

4) Rescue boat engine not operational. Engine started by battery but no cooling water discharged, engine was over speeding and abnormal sounds heard.

5) Rescue boat engine cooling water system defective.

6) Rescue boat engine not cooled as no coolant flow sighted.

7) Resuce boat engine cooling water system defective.

8) Rescue boat and liferaft launching davit not operational, hydraulic system leaking and operating valves all found seized.

9) Rescue boat outboard engine defective remote control fuel cable seized; large amount of white and blue exhaust fumes

10) Rescue boat davit unable to be slewed on any available means.

11) Rescue boat engine failed to start.

12) Rescue boat engine defective. Launching and recovery arrangements of rescue boat(without electrical power) defective.

13) Rescue boat launching davit stored power arrangment(accumulator) defective

5.5.10 Co2 SYSTEM

1) CO2 fixed fire extinguishing system defective.

(1) piping has a worn hole.

(2) piping from the side view has an obvious defect.

2) CO2 fire fighting system defective and pilot line broken.

3) CO2 fixed fire fighting system defective twiste hoses. Ballast tand air vents defective in numerous places aft peak tank – float punctured; 5P ballast tank; fore peak port. The safety management system has not ensured effective maintenance of the ship's equipment and that defects are reported to administration and recognised administration as required by regulations.

4) Fixed fire extinguishing CO2 system pilot line broken in several places.

5.5.11 EMERGENCY FIRE PUMP

1) Emergency fire pump unable to pressurise fire mains.
2) Emergency fire pump was unable to pressurise the main fire line.
3) Emergency fire pump unable to pressurise fire mains–low pressure showing.
4) Emergency fire pump defective.
5) Emergency fire pump unable to pressurize the fire mains.
6) Emergency fire pump inoperative.
7) Emergency fire pump defective.
8) Emergency fire pump unable to pressurise fire mains and on the fire line, the engine room isolation valve found seized in open position.

5.5.12 EMERGENCY GENERATOR

1) Emergency generator failed to connect automatically to emergency switchboard.
2) Emergency generator not connecting to emergency switchboard automatically.
3) Emergency generator does not start automatically and does not connect to emergency switchboard.
4) Emergency generator defective.
5) Emergency generator defective and failed to connect to emergency switch board.
6) Emergency generator unable to start and connect to emergency switch board

automatically.

7) Emergency generator unable to be started by secondary means (emergency air compressor).
8) Emergency generator does not automatically connect to emergency switchboard.
9) Emergency generator unable to energise emergency switchboard.
10) Emergency generator not able to start and connect to emergency switchboard automatically.
11) Emergency generator not operational, not able to come on load in automatic mode.
12) Emergency generator not able to automatically connect to emergency switchboard in event of blackout.
13) Energency generator defective and unable to connect to emergency switchboard after simulated blackout.
14) Emergency generator does not automatically start or connect to emergency switchboard.
15) Emergency generator unable to connect to emergency switchboard automatically when there is loss of electrical power.
16) Emergency power system defective.
17) Emergency generator unable to power the ESB upon failure of the main supply.
18) Emergency Generator failed to come on load automatically.
19) Emergency generator defective and unable to come on-load by auto or manual means
20) Emergency generator unable to connect automatically to emergency switchboard for supplying electrical power.

5.5.13 GENERATOR

1) All auxiliary engines(number 1, 2 and 3) unable to produce more than 25 percent of the designed power output.
2) Fuel oil leak tank on generator found with unapproved open drain valve on bottom. Valve was open to engine room allowing any high pressure fuel leak to

go directly into engine room.

3) All three auxiliary engines are out of operation. Both main air compressors are out of operation. Main or auxiliary engines can not be started. Ships air-conditioning is not working due to lack of power supply. Refrigerated food in the cold room are without cooling for last 24 hrs.

5.5.14 OILY WATER SEPARATOR

1) Oily water separator defective.
2) Crew unable to demonstrate operation of 3way discharge valve.
3) Oily water separator 15ppm alarm system defective, no evidence of report to Flag/RO or coastal state about defective alarm.
4) Oily water separator 15ppm defective.
5) Oily water separator 15ppm discharge monitoring unit not operational.
6) Oil water separator defective.
7) Oily water separator automatic stopping device(3 way overboard discharge valve) defective.
8) 3 Way valve mechanism of oily water separator defective.
9) Oil water separator 15PPM discharge monitoring system defective.
10) Oily separator 15 PPM discharge monitoring system defective.
11) Oily water separator is inoperable due to broken priming line valve for the suction pump.
12) Pump unable to take suction without priming. The Safety Management System does not ensure effective maintenance of the ship and its equipment in accordance with regulation requirements.
13) Oily water separator monitoring and control system equipment defective.
14) Oily water separator defective.
15) Oil water separator defective. Engine room stb'd fan damper(No.1) defective.
16) Oily water separator defective. The vessel has not been maintained between surveys as required by SOLAS Ch I/Reg 11.

5.5.15 SEWAGE TREATMENT PLANT

1) Sewage treatment plant not operational evidenced by dry and full of solidified sludge, not airation or effluent feed observed. No evidence of system in use.
2) Sewage treatment plant defective.
3) Sewage treatment plant defective and in use.
4) Sewage treatment plant found with filter material in defective condition. Operating air pressure found to be high and relief valve was found open. (No.6 scour valve open; normally in closed position).
5) Sewage treatment plant not functioning.
6) Sewage treatment plant not operational and sewage system piping 3 way valve found seized in overboard position.
7) Sewage treatment plant not being operated in accordance with MARPOL. Annex IV, Regulation 11 or in accrodance with manufacturer's instructions.
8) Sewage treatment plant defective damaged bio accumulator.
9) Sewage treatment plant defective showing untreated sewage.
10) Sewage treatment plant holed between second stage and chlorination tank. No flow through pipe into plastic chlorination chamer and sewage flowing through hole between second stage and chlorination stage. Second stage chlorination tank holed. Numerous breaches of MLC 2006 are evidence that conditions on board are clearly hazardous to the safety and health of seafarers, and a serious breach of seafarers rights.
11) Sewage treatment plant not in use with raw sewage being discharged directly overboard due to 3-way valve seized in overboard position. ISM failure. Objective evidence by the vessels records is that sewage was discharged directly overboard on passage in GBRMP waters from 9 to 11 October.

5.5.16 E/R PIPES & VALVES

1) Excessive water leaks along the sea water suction pipe to the bilge and ballast pump and on also leakage on suction valve.
2) Overboard valve for sea water cooling system of main and auxiliary engines

defective.

3) One overboard valve in engine room defective.
   (1) Leaking from ruptured valve.
   (2) Spread of liquid from ruptured valve.
4) Engine room sewage overboard valve holed.

5.5.17 OTHERS

1) Fire doors fitted to engine room escape trunk not closing.
2) Life jackets defective inculding 1 coastal type life jacket and insufficient life jackets onboard.
   Water ingress alarm for fore peak tank defective.
3) Magnetic compass defective.
4) Air conditioning plants inoperative.
5) Port approach chart for intended voyage is not on board. Photocopied charts taped together.
6) Excessive oil accumulation in engine room. All quick closing valves had oil leakages and are missing insulation. No.1 quick closing valve had smoke emerging from spilled oil. Purifier room biles and circulating pumps had excessvice oil accmulation. No.2 settling tank manhole had oil leaks. Deficiencies are evidence that the vessel has not been maintained in accordance with SOLAS Ch I/Reg.11. Oil accumulation around main engine pump.
7) Engine international air pollution prevention certificate is not onboard the ship.
8) Accommodation grey water valve shipside holed.
9) Numerous photo copy charts and out of date charts in use for navigation. Inappropriate scale charts used for coastal navigation.
10) Engine room starboard forward and after fire dampers inoperative and not able to be closed.
11) Starboard side lifeboat onload release gear defective.
12) Engine room air supply fire dampers numbers 1, 2 and 3 defective.
13) Quick closing valves defective.

5.5.18 MLC

1) MLC 2006 – Several seafarers not paid in full at monthly intervals in accordance with employment agreement, on repeated occasions.
2) Several seafarers have not been paid at monthly intervals in full, in accordance with SEA or collective bargaining agreements.
3) Invalid crew employment agreements and irregular payment of wages.
4) Fitness for duty concerns for crew in relation to work and rest hours with significant number of instances where crew being unfit for duty in June and July.
5) Several seafarers were not paid agreed monthly payment in accordance with their seafarer employment agreement and collective bargaining agreement.
6) Master has not had annual leave as per MLC 2006 requirements.
7) Deck crew worked more than 18 hrs for 3 consecutive days from 20th to 23rd April 2018 (Additional hours were for hold cleaning which are normal operations of the ship.)
8) The company fail to provide decent living and working conditions as required by MLC 2006. (Insufficient fruit and vegetables on board for intended voyage ; no provisions in cold storage)
9) There is no evidence that a seafarer has a certificate of medical fitness issued under the STCW convention or MLC, there is only evidence of company medical.
10) Five instances of crew members being unfit for duty in February. Onboard recording system for hours of rest does not generate an alert when a crew member does not have 6 hours consecutive rest in 24 hours or if they exceed 14 hours work in a 24 hour period.
11) Seafarers have repeatedly not been paid at monthly internvals in accordance with SEA and collective agreement in view of the number and extent of the deficiencies and there is objective evidence that the vessel has not been maintained between surveys as per SOLAS Ch.1 Reg.11.
12) The company has failed to provide decent living and working conditions and ensure a safe and secure workplace that complies with Article IV, MLC 2006.

13) Several seafareres have not been paid at monthly intervals in full, in accordance with SEA or collective bargaining agreements as evidence of victimisation of seafarer for making a complaint.
14) Many crew members have been paid lower wages than the agreed wages in their Seafarers Employment Agreements. There are more than one set of wages accounts provided to crew. Report of physical abuse of crew member has not been investigated or any corrective action taken.
15) Serious violations of minimum rest periods recorded for seafarers during August, September and October 2017. Working hours are not in accordance with work schedule.
16) More than one set of wage accounts in use. All seafarers on board repeatedly have not been paid at monthly intervals in full, in accordance with valid Seafarer emplyment agreements.
17) Seafarers onboard repeatedly not in possession of valid Seafarer Employment Agreements(SEA). 3 seafarers were in possession of 2 different sets of SEA's.
18) Accommodation air conditioning and ventilation defective.
19) Crew wages not being paid monthly in a timely manner.
20) Crew not paid full wages per month as per SEA and CBA. Home allotments not paid to designated shore bank accounts as agreed monthly.
21) Oiler – second degree burn to thumb – not relieved of duties or returned to doctor as required by the medical return to work status on patient medical report. Safety management system fails to ensure effective shipboard operations, emergency preparedness and analysis of accidents and hazardous occurrences following injury of crew.
22) Seafarers wages were not paid for a long period.
23) Crew unable to demonstrate operation of MF/HF radio on DC power. Deficiencies are objective evidence that the ship owner has not met their obligations to provide accommodation as required by regulation 3.1 of the MLC 2006.
24) Repeated case of non–payment of wages as per seafarers employment agreement(SEA) found for all crew.

25) Provisions quantity on board(meat, fish, vegetables and dry provisions) not sufficient for intended voyage.
26) A seaferer has not been paid his full wages for the last two months.

5.5.19 ISM - SMS FAIL

1) The safety management system fails to ensure effective implementation of element 10 of ISM code as evidenced by several self closing hatches defective on sounding pipes, several navigation lights defective, several ENCs for the intended voyage not available and the serious deficiencies below.
   (1) Bilge pump to oily water separator defective pump has been dismantled.
   (2) Sewage treatment plant defective no sludge flowing through return pipe.
2) The safety management system does not ensure the safety of the vessel or the environment as demonstrated by all athwartship cargo hatch demonstrated by all athwartship cargo hatch securing cleats unsecured hatch cleats for centre and stb'd hatch pontoon not locked.
3) Safety management system fails to ensure the vessel is prepared for an emergency per ISM Code 8 demonstrated by defective rescue boat engine and rescue boat davit incorrectly fitted.
4) Safety Management system fails to comply with ISM Code 9 relating to reporting as evidenced by lack of reporting of defective air compressor and main engine fuel system to relevant authorities.
5) Safety management system fails to adequately satisfy ISM Code element 8 related to emergency preparedness evidenced by defective lifeboats release mechanism ;
   (1) Crew unfamiliar with emergency steering,
   (2) Stanchion and lifelines for crew access to bow not available and forward boarding ladder securing shackles seized,
6) Safety management system fails to ensure ship and equipment is maintained per ISM code element 10, as demonstrated by numerous oil leaks;
   (1) Oil soaked insulation,

(2) Oily rags and waste oil sotred in open contianers,

(3) Defective hatch cover closing arrangments,

(4) Drains, seals and hatch coaming corroded

(5) Defective pilot ladders and speed log

7) Condition of the vessel not maintained per SOLAS Chapter I Regulation 11, as demonstrated by;

(1) Cargo access hatches and securing device defective,

(2) Defective x-band radar,

(3) Fire door and both bridge wing doors not closing,

(4) Numerous electrical cables not secured,

(5) Defective navigation and emergency lights,

(6) Engine room alarms activated

8) Safety management system fails to ensure the vessel is prepared for an emergency per ISM Code element 7 and 8 evidenced by personnel unable to demonstrate emergency procedures and emergency equipment with respect to the operation of fire fighting arrangements and emergency steering.

9) Safety management system does not ensure that crew are familiar with critical shipboard operations as demonstrated by ;

(1) Disposal of garbage in areas contradicting MARPOL Annex V and Australian waters requirements.

10) Safety management system fails to ensure critical shipboard operations are implemented and crew prepared for an emvergency as demonstrated by ;

(1) Inconsistent execution and monitoring of voyage plan

(2) Incorrect charts used

(3) Cargo not adequately secured

(4) Prolong activation of alarms and unsecured high pressure fuel lines

11) The safety management system does not ensure the vessel can effectively respond to emergency situations as demonstrated by ;

(1) Lifeboat and rescue boat not tested in-water

(2) No insulation lagging on hot surfaces

(3) Self-closing doors not closing

12) The safety management system also fails to ensure key shipboard operations concerning the protection of the safety of people and the protection of the environment are carried out effectively as demonstrated by;

(1) Leaking OWS filter tnak

(2) Compass error not obtained

(3) Old edition nautical publications on board and approved sewage discharge rate not available

13) The safety management system fails to adequately satisfy the requirements relating to resources and personnel, shipboard operations and the maintenance of ship and equipment. This is evidenced by :

(1) Erroneous crew working arrangement and records of crew work hours

(2) No records of monitoring of cargo operations

(3) Main engine defective and providing insufficient power

(4) Generator no.3 defective with no spare parts

(5) Boiler gauge leaking stream

(6) Boiler automatic operation failed alarm activated

14) The condition of machinery and other equipment was not maintained to conform with the

15) The safety management system does not ensure critical equipment is maintained as evidenced by the serious deficiencies identified during inspection.

16) The safety management system does not ensure crew safety is maintained and critical shipboard operations are carried out effectively as demonstrated by:

(1) Crew working at heights without any control measures and with incomplete working at height permits.

(2) Vessel loading group A cargo being loaded with no certificate of moisture content and transportable moisture limit.

17) The onboard safety management system does not make sure that the ISM Code is effectively implemented in relation to ;

(1) Critical shipboard operations

(2) Emergency preparedness

(3) Maintenance of ship and equipment.

This is evidenced by;

(1) Large air bubble in magnetic compass

(2) Rescue boat painter not conntected

(3) Release mechanism seized

(4) Rescue boat not ready for immediate use on reserve source of power

(5) Low insulation fault to 220V

(6) All sounding and temperature pipes on deck fitted with wooden wedges

(7) Forward liferaft stowed in Bosun Store.

18) The onboard safety management system does not make sure that emergency preparedness, and ship and equipment are effectively maintained. The crew were not aware of critical shipboard operations. This is evidenced by ;

(1) Cargo hold booby hatch cover securing bolts missing.

(2) Several fire screen doors defective.

19) The onboard safety management system does not make sure that critical equipment/system are maintained. Non-conformities and near-misses not reported as required and shipboard operations not being carried out safely. Master failed to comply with SOLAS-I-R11.

(1) All hatch cover coaming non return drain valves defective.

(2) Starboard windlass securing arrangement defective and unauthorised hot work being under taken without appropriate precautions.

20) The onboard safety management system does not make sure that the ISM code is effectively implemented in relation to ;

(1) Critical shipboard operations

(2) Emergency preparedness

(3) Maintenance of ship and equipment.

This is evidenced by;

(1) The port lifeboat engine being unable to start on primary or secondary source of power.

(2) Excessive oil accumulation in galley exhaust trunking.

(3) Oil accumulation and cotton rags found in engine room tank tops and purifier room.

(4) Multiple engine temperature/pressure sensors faulty.

(5) Multiple engine room tank sounding pipe heads missing.

21) Safety management system does not ensure the vessel can effectivley respond to hazards, accidents and emergency situations as evidenced by the serious deficiencies identified during the inspection.

(1) Vessel unable to demonstrate a successful DCS test call on the reserve source of energy.

(2) Rescue boat enable to start and rescue boat engine cooling water flow not present.

(3) Engine room fire extinguishing system found in manual mode.

(4) Manufacturer scheduled operational tests not found in maintenance plans for engine room fire foam system and no records of testing or maintenance of engine room fixed foam system.

(5) The onboard safety management system does not make sure that personne lare given proper familiarisation with their duties related to safety and environmental protection.

This evidenced by;

The Senior officers unfamiliar with use of engine fixed foam system and crew not familiar with operation of sewage treatment plant.

22) The safety management system does not make sure that critical shipboard operations are carried out effectively as demonstrated by;

(1) The boiler operating with all safety alarms deactivated.

(2) The engine room not being manned with certified engineer while the boiler is operated in emergency mode. Numerous boiler control contractors linked out.

23) The onboard safety management system does not make sure that critical shipboard operations are carried out effectively as evidenced by Class 1.1 cargo secured on the side of the vessel in contravention of IMDS code 7.1.4.4.3 on previous voyage.

24) The onboard safety management system does not make sure that the vessel is prepared for an emergency, and ship and equipment are effectivley maintained.

This is evidenced by ;

(1) There is no prrof that the lifeboat has been lowered and manoeuverd in the water withing 3 months.

(2) A defective pilot ladder.

(3) Emergency fire pump primed by GS pump.

(4) Gas alarm panel for pump room indicating a fault.

(5) Remote control for engine room fan dampers inoperative as on actuator unplugged from system and second replaced with manual handle.

25) The onboard safety management system does not make sure that procedures and instructions for key shipboard operations concerning the protection of the environment are effectively implemented. This is evidenced by ;

(1) Significant differences between oil record book entries.

(2) Daily sounding records and the fact there was insufficient capacity in the ship's oily water retention facilities.

26) The vessel safety and environment policy was not effectivley implemented. Master not familiar with safety management system in ensuring safety of navigation prior to heavy weather without appropriate planning and risk assessment. Senior officer not familiar with critical stability operations including cargo is stowed as per company guidelines and procedures. The ships safety management system fails to make sure procedures and instructions for key shipboard operation and safety of navigation is effectively implemented.

27) Master and senior officer not familiar with documented procedures and cargo securing manual for safe cargo operations–objective evidence of heavy containers loaded on upper tier exceeding limits. Master has a repeated breach in not complying to safety of navigation, vessel safe routeing in adverse weather conditions and protection of environment. 60 containers from Bay 52 and 21 containers from Bay56 lost over board exceeded tiers tack limits set in Cargo Securing manual. 276 contianers from bay 01 to bay 60 intact in stow exceeded tier stack limit set in cargo securing manual.

(1) Buckled container under other containers.

(2) Containers falling on top of each other and buckled.

(3) Buckled container about to fall over edge.

(4) Extract from Cargo securing manual–tier stack limits not complied with.

28) Crew unfamiliar with correct operation of oily water separator.

(1) Oil content meter alarm arrangements does not comply with MEPC107(49).

(2) Arrangements allow discharge over board when flushing fresh water supplied to meter for in excess of 45 seconds.

29) The onboard safety management system does not make sure that officers are fully compliant to SOLAS XI/1, concerning operational requirement to safety of ship and environment.

(1) Crew not familiar with function and critical settings on ECDIS.

(2) Crew failed to interpret Navigational information on critical ECDIS settings and documented ECDIS precedrues.

(3) Company has not addressed non–conformities and no evidence of implementation of corrective action plan after repeated non conformance and RO audit record.

30) Safety management system as implemented does not ensure that ship–staff carry out their duties related to protection of environment and are of applicable conventions as evidenced by multiple deficiencies relating to garbage disposal procedures, garbage(food waste) being discharged into the sea while at anchor and inside the nearest land limit.

31) The safety management system onboard, failed in relation element 10 of the ISM Code relating to ship and equipment as evidenced by the deficiencies identified. These include defective forward masthead & stern light defective, Main engine piston rings defective and serious deficiencies as stated below.

(1) Rescue boat davit defective(unable to swing).

(2) Port fire damper defective.

(3) The emergency generator failed to connect to emergency switch board.

(4) Port fire damper defective.

32) Deficiencies recorded are objective evidence that there is a serious lack of effectiveness ensuring protection of the environment relating to the prevention of pollution by garbage as evidence by food waste being discharged into the

sea, the position of garbage record book not consistent with the vessels passage or position at the time of entry and passage plan not followed when applying environmental protection measures for the voyage.

33) Company safety management system as implemented onboard is not effective in ensuring safe ship operaitons and the maintenance of ship equipment.
   (1) engine room casing covered with carbon
   (2) excessive oil accumulation in ER
   (3) evidence of FO dripping above boiler in upper funnel space
   (4) evidence of leaks arond boiler – boiler sight glass defective
   (5) evidence of water leaks on boiler
   (6) oil leaks on steering gear

34) Safety management system does not ensure that Critical shipboard operations are carried out effectively as evidenced by the failure to use alternative position fixing other than GPS, crew unable to demonstrate manual plotting on the ECDIS.

35) Safety management system on board fails to ensure effective implementation of elements 6, 7, 8 and 10 of the ISM code relating to resources and personnel, shipboard operations, emergency preparedness and maintenance of ship and equipment.(Evidence of accidental Fuel oil discharge on ship side, hatch cleat seized and unable to be used.)

36) Crew memebers have not monitored the vessels position on nautical charts during the voyage.– Last plotted position on charts was 29 hours before vessel berthed.
   (1) Numerous charts have no positions plotted including all pilotage charts.
   (2) Crew have used unapproved ECS for navigation.

37) The safety management system as implemented onboard does not make sure that the vessel can effectively respond to hazards, accidents and emergency situations and does not make sure that faults on critical items of equipment are reported to Flag, Class or Port States. This is evidences by ;
   (1) The failure to operate the sewage treatment plant as per the manufacturers instructions.

(2) Engine room fixed foam system not readily available and turbocharger lagging incompleted to generators.
(3) Other serious deficiencies below.
(4) Generator engines turbocharger lagging incomplete with sections of hot exhaust exposed.

38) The safety management system as implemented onboard does not make sure that procedures are implemented effectively for key shipboard operations as evidenced by ;
(1) Failure to fix positions on the ECDIS.
(2) Officers being unable to demonstrate MF/HF on reserve power.
(3) Officers unable to demonstrate the operation of rescue boat launching on reserve power.
(4) Excessive oil accumulation in the engine room.
(5) Engine room work and rest hours not reflecting reality.
(6) Serious deficiencies mentioned below.
(7) Excessive oil accumulation on and under main engine.

39) Safety management system does not ensure the vessel meets element 3, 7, 8 & 10 of the ISM code, as evidenced by the numerous deficiencies issued. A evidenced by the failrue to ensure cargo is secured, defective ER alarm control computer, failure of the digital controller for ME speed, defective self closing cocks in the ER, numerous bilge alarms off scan, defective paint locker sprindler, defective pilot ladder and uncorrected nautical charts. (numerous electrical connections found in forcastle unsecured, crew unaware of status of alarms due to system being truned off, remote valve for No.2 HFO settling tank did not work even when bolt removed, several sounding pipes in ER found with self closing defective, water ballast tank air vent blocked with chock piece from pilot ladder, dirty mirrors on mag compass, charts from las completed voyage not corrected, pilot ladder defective, pilot ladder defective – splices added to side ropes, galley self closing door held open)

40) The safety management system as implemented onboard does not make sure that the vessel can effectively respond to hazards, accidents and emergency

situation.

41) Shipboard procedures for passage planning are not sufficient to allow the vessel to be operated safely within the Great Barrier Reef Marine Park Area and procedrues for the opeation of tenders do not prvent tenders from been used in poor weather conditions as evidenced by ;

(1) route as planned through Geranium Passage

(2) warning on passage indicating that ships must navigate within the DSA

(3) vessel entered complusory pilotage area

42) There is objective evidence that the vessel has not been maintained between surveys as per SOLAS Chapter I, Regulation 11 as evidenced by the foam delivery line to port side engine room not blanked and disused pipes from diesel oil tank terminating above all three generators not having being blanked open at pipe end; pipes do not have solid blanks.

43) The safety management system does not ensure the vessel can effectively respond to emergency situations, shipboard operations are implemented and that incidents are reported as evidenced by the failure to advise the port state of 1 generator being out of service. Evidenced by other serious deficiencies below,

(1) liferatfs not correctly stowed.

(2) Numerous oil leaks.

(3) Self closing cocks gagged open.

(4) Failure to operate the sewage treatment plant as per the manufacturers instructions.− Defective ballast tank air vents & cargo hatch covers sitting on hatch coamings.

(5) Emergency generator not connecting to emergency switch board automatically.

(6) Engine room fixed foam fire extinguishing system−foam liquid pump not operational.

(7) Engine room funnel damper defective.

44) Safety management system does not ensure that the vessel undertakes voyages in compliance with SOLAS regulations.(previous voyage with 20 ENCs not up to date, intended voyage with 19 ENCs not upto date, expired chart in use)

45) Evidence of falsification of oil record book entries for overboard discharge of oil mixtures from engine room space on 8 February 18. Evidenced by engine room bilge contents being discharged into the sea by use of sewage discharging line.

46) There is a serious lack of understanding and compliance to the protection of the environment relating to the prevention of pollution by garbage as evidenced by :

(1) Garbage being discharged overboard.

(2) Food waste was discharged overboard within territorial sea.

(3) Fire main isolating valve defective.

47) The condition of the ship (24 deficiencies) demonstrates the safety management system fails to adequately satisfy the requirements of the ISM Code related to resources and personnel, shipboad operations, emergency preparedness and maintenance of the ship and equipment.

48) Crew have used uncertified personnel cradle to check vessels midship draft. There is no evidence that personnel cradle has been load tested.

49) The safety management system as implemented onboard does not make sure that critical shipboard operations are implemented effectively and that the vessel is prepared for an emergency as evident from deficiencies related to safe navigational practice and lack of maintenance of fire and safety system.

50) The safety management system as implemented onboard does not make sure that dangerous goods are stowed and carried in accordance with the IMDG Code and that navigating officers can navigate safely with ECDIS. Class 1 dangerous goods are not stored inline with IMDS code for previous voyage.

51) The safety management system as implemented onboard does not make sure that critical shipboard operations are comliant with procedures. This is evidenced by: No bridge lookout on 8/12 night watches and ineffective maintenance of ship and equipment and ineffective internal audit processes.

52) The safety management system as implemented onboard does not make sure that element 8 of the ISM code relating to emergency preparedness is effectively implemented.

53) The safety management system as implemented onboard does not make sure that instructions and procedures for the safety of the ship and environment are implemented effectively. This is evidenced by ECDIS safety procedures not being met and crew familarisation with ECDIS and and charts.

54) As evidenced by the number and extent of the deficiencies found, there is objective evidence that the vessel has not been maintained between surveys as per SOLAS ch.1/reg11. Significant rust is showing on the side of the hull.

55) The safety management system as implemented onboard does not make sure that the vessel is effectively maintained and that personnel are trained appropriately. This is evident by deficiencies related to fire and safety systems, load line and safe systems of work.

56) Deficiencies 3–17 are objective evidence that the safety management system as implemented on–board failed to satisfy the requirement of international Safety Management code elements 6, 7, 8 and 10.

Photo evidence of deficiencies;

(1) Fire damper not closing properly and showing sunlight.

(2) Fire damper has rusted hole.

(3) Fire damper not closing properly.

(4) Navigational charts not valid and showing permanent error.

(5) Navigational charts have two red squares indicating that they are not valid.

57) The international safety management system does not make sure that the occurrences of violations of hours of rest and maintenance of ship and equipment are adequately managed and reported to the company.

58) The safety management system as implemented onboard does not make sure that critical shipboard operations are carried out effectively that the vessel is maintained as required and that company verification review and evaluation of previous defeiciencies is effective.

59) The safety management system as implemented onboard does not make sure that cargo is loaded in accordance with the requirements of SOLAS or the IMSBC Code.

60) The safety management system as implemented onboard fails to make sure

that safety of navigation is carried out through critical shipboard operations.

61) The safety management system as implemented onboard does not make sure that critical shipboard operations have been implemented effectively as evidenced by nautical charts showing that the vessel position has not been fixed for 4 hours during transit throught the Great Barriert Reef.

62) The safety management system as implemented onboard does not make sure that the ship ;

(1) is prepared for emergencies.

(2) equipment is maintained.

63) The safety management system as implemented onboard has failed to make sure that the vessel can respond to an emergency as evidenced by ;

(1) Emergency generator failed to connect to emergency switchboard.

(2) Freefall lifeboat battery defective, port and staboard engine room fire dampers not operational.

(3) Rescue boat engine defective.

(4) Various fire doors in engine room and in accommodation block kept lashed open.

64) Procedures for conducting risk assessments and issuing of permits to work do not result in safe working practices.

65) The safety management system onboard does not make sure that safe navigation is being conducted and the ship complies with STCW requirements and International Regulations for Preventing Collisions at Sea 1972(COLREGs). This evidenced by the;

(1) Oroper bridge lookout not being maintained.

(2) Watchkeeper not adequately rested.

(3) Master had not provided updated standing instructions to navigating personnel.

66) The safety management system as implemented onboard does not make sure that;

(1) Ship operations are safe

(2) The ship is mantained

(3) Crew are familarised with critical safety copnay procedures.

67) The safety management system as implemented onboard does not make sure that the vessel can effectively respond to hazards, accidents and emergency situations as evidenced by ;

(1) Emergency fire pump unable to pressurise fire main, liferafts stowed inadequately.

(3) Second means of access to emergency fire pump secured on inside and not as required by SOLAS.

(4) Generator engine 1 and 2 turbo chargers not sufficiently lagged with not surfaces exposed.

(5) Generator engine fuel oil high pressure leak off tank drain valves in open position.

68) The safety management system as implemented onboard does not make sure that;

(1) The vessel crew and environment is safe critical shipboard operations are carried out effectively.

69) The safety management system does not make sure that procedures and instructions for key shipboard operations are effectively implimented in regards to the safety of personnel and the ship and environment, This evidenced by deficiencies related to ;

(1) Navigational safety

(2) Charts

(3) Fire safety

(4) Communication procedures

70) Safety management system as implemented onboard fails to satisfy the requirements of the ISM code related to :

(1) Shipboard operations

(2) Emergency preparedness

(3) Reports and analysis of accidents and non conformances

(4) Hazardous occurrences and the maintenance of ship and equipment

71) Safety management system as implemented onboard has not made sure that the

vessel is supplied with appropriate charts for the intended voyage.

72) The safety management system as implemented onboard does not make sure ;

(1) That shipboard operation are carried out effectively

(2) The Master exercises his responsibilities and authority.

73) Safety management system as implemented onboard fails to make sure elements 7, 8 and 10 of the ISM Code are implemented that relate to ;

(1) Critical shipboard operations

(2) Emergency preparedness

(3) Maintenance of ship and equipment

74) Safety management system onboard does not make sure elements 6, 8 and 10 of the ISM code are implemented that relate to ;

(1) Resources and personnel

(2) Emergency preparedness

(3) Maintenance of ship and equipment

75) The safety management system as implemented onboard does not make sure ;

(1) Safe navigation

(2) Deck officers are given proper familiarisation with their duties.

76) Safety management system does not ensure that company's established procedures are followed and crew familiarised with critical equipment affecting the safety of navigation.

77) Safety management system does not make sure resources are adequately available and critical equipment is maintained.

78) The safety management system does not ensure the vessel is supplied with appropriate official navigation charts and does not ensure that failures of critical equipment are reported to the RO or to port states. Deficiencies are objective evidence that rights to decent working and living conditions on baord ship and the seafarer rights to a safe and secure workplace(complying with safety standards) are not in compliance with the MLC convention 2006.

79) Safety management system has not ensured compliance with relevant rules and regulations with regards to crew hours of rest. Sewage treatment plant defective.

80) The safety mangement system has not ensured that charts for the vessels previous voyage were up to date and of an appropriate scale as required by the agreed voyage plan.
81) Safety management system fails to ensure emergency preparedness and fails to ensure appropriate review and evaluation as evidneced by numerous deficiencies related to hours of work and rest, MLC, watchkeeping, safe anvigational practice, general safety and lifesaving equipment.
82) Safety management system does not ensure compliance with critical shipboard operations; that the ship and equipment is maintained as required, that the company takes effective action in rectifying identified major non-conformities, there is no evidence that the bridge team have been familiarized with soon to be activated ECDIS.
83) The safety management system failed to ensure effective implementation of element 7 and 10 of ISM code relating to critical shipboard operations and mainenance of ship and equipment. Several booby hatches on deck not closing and not weathertight. No.1 and No.2 stbdside FO tank hatch lid on main deck defective and not closing weathertight.
84) Safety management system does not ensure that critical shipboard procedures covering the safety of the crew, safety of navigation or the vessel and operations of equipment were complied with.
85) The safety management system does not ensure that the vessel is supplied with appropriate official nautical chart for the completed and intended voyage.
86) Safety mangement system does not ensure compliance with procedures for critical shipboard operations and does not ensure effective maintenance of the ship and equipment in accord with regulation requirements. Company failed to imlement changes to the safety management system as evidenced by repeated deficiencies from PSC inspection in May 2016.
87) Safety management system as implemented does not ensure that critical shipboard operations ensure the safety of the crew and the vessel and the environment with respect to cargo loading and navigational safety.
88) The safety management system as implemented does not ensure that the vessel

can effectively respond to hazards and emergency situations as evidenced by deficiencies issued in respect of fire safety, loadline, life saving equipment, hours of work and rest and life saving equipment.

89) Safety management system has failed to ensure that the vessel can respond to an emergency; that the vessel comlies with the STCW code; that non-conformities are prevented from recurring and that the company carries out regular internal safety audits.

90) Safety Managerment system as implemented failed to ensure defective equipment was reported in a timely manner to relevant authorities and failed to ensure that ausiliary machiner is maintained in a fit state after survey.

91) Safety management system has not ensured effective maintenance of ship and its equipment. Lifeboat engine unable to turn propeller in either direction. Cargo tank dome (on deck) sealing arrangements defective. Evidence of cargo leakage at many places. (Vessel carrying petroleum products).

92) Port and stbd lifeboat release gear defective, aft hook release cable corroded.

93) Safety management system fails to ensure effective implementation of elements 7, 8 and 10 of the ISM code releating to critical shipboard operations, emergency preparedness with respect to fire safety systems, life saving equipment and cargo operations and maintenance of ship and equipment. Emergency fire pump unable to pressurise fire main.

94) The safety management system as implemented does not ensure effective implementation of procedures and instructions for key shipboard operations concerning the safe navigation of the ship and use or appropriate charts.

95) The safety management system as implemented on board fails to ensure the safety of navigation and compliance with mandatory rules and regulations. Emergency generator unable to automatically connect to emergency switchboard in the event of blackout.

96) Safety management system fails to ensure effective maintenance of ship and equipment and the operation of critical equipment with respect to fire safety systems, life saving equipment and cargo operations.

97) Safety management system as implemented does not ensure compiance with

procedures for critical shipboard operations and effective maintenance of the ship and equipment with respect to safe navigation practice, life saving equipment and electrical systems. Emergency generator defective.

98) Safety management systems as implemented fails to ensure appropriate resources and personnel and using old edition charts and small scale charts for navigating around Australian coast. 9 seafarers onboard in excess of 12 month limit prescribed in both the Safety management system and the SEA terms and conditions governinig employment, with no intention to relieve at this port. Insufficient quantities of fresh provisions onboard to last until next intended stores port.

99) Ballast tank air vents defective in numerous places including critical locations. Casing holed. The Safety Management System has not ensured effective maintenance of ship and its equipment as evidenced by the deficiencies issued.

100) The Safety Management System as implemented on board fails to ensure effective implementation of elements 7 of the ISM Code relating to critical shipboard operations.

101) Safety management system as implemented fails to ensure the maintenance of the ship and equipment in accordance with the regulations and compliance with procedrues for critical shipboard operations as evidenced by the non-reporting of the defective GMDSS batteries to relevant authorities.

102) Safety management system as implemented does not ensure that the vessel is prepared for a fire emergency.

103) Safety management system as implemented doesnot ensure compliance with procedures for critical shipboard operations, the maintenance of the ship and equipment and that the vessel is prepared for an emergency in accordance with the regulations.

104) Safety management system as implemented fails to ensure the crew are rested as per STCW requirements and the bridge officers monitor the vessels passage as stated in the voyage plan.

105) Deficiencies related to navigation and fire safety indicate that the safety management system as implemented fails to ensure reports of

non-conformities do not reoccur and that the vessel is appropriately resourced and operated and maintained.

106) Safety management system as implemented has failed to ensure that the vessel is supplied with appropriate official navigational charts for the voyages and vessel can safely carry out navigational operations.

107) The safety management system as implemented on board fails to ensure effective implementation of elements 7 & 8 of the ISM code relating to shipboard operations and emergency prepraredness.

108) Safety management system does not ensure the sewage treatment plant is operated in accordance with MARPOL Annex IV R11 or in accordance with manufacturer's instructions.

109) Safety management system does not ensure the sewage treatment plant is operated in accordance with MARPOL Annex IV R11 or in accordance with manufacturer's instructions.

110) All four engine room dampers defective. The hull plating, frames and longitudinals between frames 19-25 were found indented, tripped and cracked. The safety management system as implemented does not ensure effective maintenance of the ship and equipment in accordance with requirements.

111) The Safety management system as implemented on board failed to ensure safe navigation practice.

112) The safety management system failed to ensure the vessel is supplied with appropriate official navigational charts and publications for previous and intended voyages.

113) The safety management system does notensure effective implementation of procedures and instructions for key shipboard operations concerning the safety of personnel and the ship and environment. The safety management system does not ensure that NCN's, accidents and hazarous situations are reported, investigated and analysed to improve safety, and to ensure effective implementation of corrective action inculding measures to prevent recurrence.

114) The safety management system has not ensured that ciritical operations are planned and executed safely and effectively. Defective incinerator not reported to Administraion or recognised Organisation as required by SOLAS Ch1/R11©.

115) ISM failure. Vessel enterned GBRMP waters on 16 september but sewage was not directed to sewage treatment plant until 18 september. As evidenced by the deficiencies the sewage treatment plant is not set-up correctly and untreated sewage is being discharged overboard.

116) Safety management system as implemented does not ensure that crifical shipboard operations are implemented effectively.

117) Vessel has not been maintained between surveys in accordance with SOLAS ch I Reg. 11.

5.6 PSC CODE

11100 - LIFE-SAVING APPLIANCES
11101 - Lifeboats
11102 - Lifeboat inventory
11103 - Stowage and provision of lifeboats
11104 - Rescue boats
11105 - Rescue boat inventory
11106 - Fast Rescue Boats
11107 - Stowage of rescue boats
11108 - Inflatable liferafts
11109 - Rigid liferafts
11110 - Stowage and provision of liferafts
11111 - Marine Evacuation System
11112 - Launching arrangements for survival craft
11113 - Launching arrangements for rescue boats
11114 - Helicopter landing and pick-up area
11115 - Means of rescue
11116 - Distress flares
11117 - Lifebuoys including provision and disposition
11118 - Life jackets including provision and disposition
11119 - Immersion suits
11120 - Anti-exposure suits
11121 - Thermal Protective Aids
11122 - Radio life-saving appliances
11123 - Emergency equipment for 2-way communication
11124 - Embarkation arrangement survival craft
11125 - Embarkation arrangements rescue boats
11126 - Means of recovery of life-saving appliances
11127 - Buoyant apparatus
11128 - Line-throwing appliance
11129 - Operational readiness of life-saving appliances
11130 - Evaluation, testing and approval
11131 - On board training and instructions
11132 - Maintenance and inspections
11134 - Operation of life-saving appliances
11135 - Maintenance of life-saving appliances
11199 - Other (life-saving appliances)

12100 DANGEROUS GOODS
12101 - Stowage/segregation/packaging dangerous goods
12104 - Dangerous Goods Code
12105 - Temperature control
12106 - Instrumentation
12107 - Fire protection cargo deck area
12108 - Personal protection
12109 - Special requirement
12110 - Tank entry
12112 - Dangerous goods / harmful substances in packaged form
12199 - Other (dangerous goods)

13100 PROPULSION AND AUXILIARY MACHINERY
13101 - Propulsion main engine
13102 - Auxiliary engine
13103 - Gauges, thermometers, etc
13104 - Bilge pumping arrangements
13105 - UMS - Ship
13106 - Insulation wetted through (oil)
13108 - Operation of machinery
13199 - Other (propulsion and auxiliary machinery)

14100 POLLUTION PREVENTION - MARPOL Annex I
14101 - Control of discharge
14102 - Retention of oil on board
14103 - Segregation of oil and water ballast
14104 - Oil filtering equipment
14105 - Pumping, piping and discharge arrangements
14106 - Pump-room bottom protection
14107 - Oil discharge monitoring and control system
14108 - 15 PPM alarm arrangements
14109 - Oil/water interface detector
14110 - Standard discharge connection
14111 - SBT, CBT, COW
14112 - Cow operations and equipment manual
14113 - Double hull construction
14114 - Hydrostatically balanced loading
14115 - Condition assessment scheme
14116 - Pollution report-MARPOL Annex I
14117 - Ship type designation
14119 - Oil and oily mixtures from machinery spaces
14120 - Loading, unloading and cleaning procedures for cargo spaces of tankers
14121 - Suspected discharge violation
14122 - Oil fuel tank protection
14123 - Accidental oil outflow performance
14199 - Other (MARPOL Annex I)

14200 POLLUTION PREVENTION - MARPOL Annex II
14201 - Efficient stripping
14202 - Residue discharge systems
14203 - Tank-washing equipment
14204 - Prohibited discharge of NLS slops
14205 - Cargo heating systems - cat Y substances
14206 - Ventilation procedures/equipment
14207 - Pollution report-MARPOL Annex II
14208 - Ship type designation
14299 - Other (MARPOL Annex II)

14300 POLLUTION PREVENTION - MARPOL Annex III
14301 - Packaging
14302 - Marking and labelling
14303 - Documentation (MARPOL Annex III)
14304 - Stowage
14399 - Other (MARPOL Annex III)

14400 POLLUTION PREVENTION - MARPOL Annex IV
14402 - Sewage treatment plant
14403 - Sewage comminuting and disinfecting system
14404 - Sewage discharge connection
14499 - Other (MARPOL Annex IV)

14500 POLLUTION PREVENTION - MARPOL Annex V
14501 - Garbage
14502 - Placards
14503 - Garbage management plan
14599 - Other (MARPOL Annex V)

14600 POLLUTION PREVENTION - MARPOL Annex VI
14601 - Technical files and if applicable, monitoring manual
14602 - Record book of engine parameters
14603 - Approval for exhaust gas cleaning system
14604 - Bunker delivery notes
14605 - Type approval certificate of incinerator
14606 - Diesel engine relating to air pollution control
14607 - Quality of fuel oil
14608 - Incinerator incl. operations and operating manual
14609 - Volatile organic compounds in tankers
14610 - Operational procedures for engines or equipment
14611 - Ozone-depleting substances
14613 - Approved method
14614 - Sulphur oxides
14699 - Other (MARPOL Annex VI)

14700 POLLUTION PREVENTION - Anti Fouling
14701 - AFS supporting documentation
14702 - Logbook entries referring AFS
14703 - Paint condition
14799 - Other (anti fouling)

15100 ISM
15101 - Safety and environment policy
15102 - Company responsibility and authority
15103 - Designated person(s)
15104 - Masters responsibility and authority
15105 - Resources and personnel
15106 - Shipboard operations
15107 - Emergency preparedness
15108 - Reports of non-conformities, accidents and hazardous occurences
15109 - Maintenance of the ship and equipment
15110 - Documentation-ISM
15111 - Company verification, review and evaluation
15112 - Certification, verification and control
15199 - Other (ISM)

16100 ISPS
16101 Security-related defects

18100 LABOUR CONDITIONS - Minimum requirements for seafarers
18101 - Minimum age
18102 - Night working
18103 - Medical fitness
18104 - Recruitment and placement service
18199 - Other (minimum requirements for seafarers)

18200 LABOUR CONDITIONS - Conditions of employment
18201 - Fitness for duty - work and rest hours
18202 - Legal documentation on work and rest hours
18203 - Wages
18204 - Calculation and payment of wages
18205 - Measures to ensure transmission to seafarer's family
18299 - Other (conditions of employment)

18300 LABOUR CONDITIONS - Accommodation, recreational facilities, food and catering
18301 - Noise, vibration and other ambient factors
18302 - Sanitary Facilities
18303 - Drainage
18304 - Lighting (Accommodation)
18305 - Hospital accommodation (Sickbay)
18306 - Sleeping room, additional spaces
18307 - No direct openings into sleeping rooms cargo/mach
18308 - Furnishings
18309 - Berth dimensions, etc.
18310 - Minimum headroom
18311 - Messroom and recreational facilities
18312 - Galley, handling room (maintenance)
18313 - Cleanliness
18314 - Provisions quantity
18315 - Provisions quality and nutritional value
18316 - Water, pipes, tanks
18317 - Food personal hygiene
18318 - Food temperature
18319 - Food segregation
18320 - Record of inspection (food and catering)
18321 - Heating, air conditioning and ventilation
18322 - Insulation
18323 - Office
18324 - Cold room, cold room cleanliness, cold room temperature
18325 - Training and qualification of ship's cook
18326 - Laundry, Adequate Locker
18327 - Ventilation (Working spaces)
18328 - Record of inspection
18399 - Other (accommodation, recreational facilities, food and catering)

18400 LABOUR CONDITIONS - Health protection, medical care, social security
18401 - Medical Equipment, medical chest, medical guide
18402 - Access to on shore medical doctor or dentist
18403 - Standard medical report form
18404 - Medical doctor or person in charge of medical care
18405 - Medical advice by radio or satellite
18406 - Medical care on board or ashore free of charge
18407 - Lighting (Working spaces)
18408 - Electrical
18409 - Dangerous areas
18410 - Gas instruments
18411 - Emergency cleaning devices
18412 - Personal equipment
18413 - Warning notices
18414 - Protection machines/parts
18415 - Entry dangerous spaces
18416 - Ropes and wires
18417 - Anchoring devices
18418 - Winches & capstans
18419 - Adequate lighting - mooring arrangements
18420 - Cleanliness of engine room
18421 - Guards - fencing around dangerous machinery parts
18422 - Asbestos fibres
18423 - Preventative information
18424 - Steam pipes, pressure pipes, wires (insulation)
18425 - Access / structural features (ship)
18426 - Exposure to harmful levels of ambient factors
18427 - Ship's occupational safety and health policies and programmes
18428 - On board programme for the prevention of occupational injuries and diseases
18429 - Procedure for inspection, reporting and correcting unsafe conditions and for investigating and reporting on-board occupational accidents
18430 - Ship's safety committee
18431 - Investigation after accident
18432 - Risk evaluation, training and instruction to seafarers
18499 - Other (health protection, medical care, social security)

99100 - OTHER
99101 - Other (safety in general)
99102 - Other (SOLAS operational)
99103 - Other (MARPOL operational)

	Initial deficiency action code									
	30	49	48	46	18	17	16	15	99	10
New ISM deficiency[2]	Y				Y					
New non-ISM deficiency[3]	Y				Y	Y	Y	Y	Y	
New MLC deficiency[1]	Y				Y	Y	Y	Y	Y	

Previous deficiency action code	Next available deficiency action codes									
	30	49	48	46	18	17	16	15	99	10
30		Y[1]	Y[3]	Y	Y[2]				Y[3]	Y
49										Y
48										Y
46										Y
18										Y
17			Y				Y	Y	Y	Y
16										Y
15										Y
99										Y
10										

[1]only if MLC deficiency (code 18nnn)
[2]only if ISM deficiency (code 15nnn)
[3]only if non-ISM deficiency (not code 15nnn)
When codes 46, 48, 49, 99 are used, then additional explanations are required

5.6.1 PSC Deficiencies Action Code

1) Code 10 : Deficiency rectified
2) Code 15 : Rectify deficiency at next port
3) Code 16 : Rectify deficiency within 14 days
4) Code 17 : Rectify deficiency before departure
5) Code 18 : Rectify deficiency within 3 months
6) Code 30 : Detainable deficiency
7) Code 40 : Next port informed
8) Code 45 : Rectify detainable deficiency at next port
9) Code 55 : Flag state consulted
10) Code 70 : Recognized organization informed
11) Code 99 : Other

CHAPTER

6 주요 설비의 이해

6.1 전폐형 구명정의 부하이탈장치

6.1.1 On Load Release Gear의 작동 원리

구명정이 충분히 수면에 닿았을 때, hydrostatic interlock unit는 구명정 하부에 작용하는 수압에 의해 float를 위로 띄우고 이와 연결된 interlock cable을 통하여 interlock lever를 위로 밀어올려 release handle을 고정하고 있는 레버를 해제함으로써 release lever를 작동한다.

이와 반대로 구명정이 수면에 닿지 않았을 때는 hydrostatic interlock unit에 의하여 release handle을 고정함으로써 수동으로 interlock lever를 작동하지 않는 한 release lever가 작동할 수 없도록 방지한다.

즉, 구명정이 수면에 닿지않은 상태에서 구명정을 이탈시키기 위해서는 강제적으로 interlock lever용 cover를 열고 interlock lever를 위로 밀어올려 release lever와의 고정을 해제한 후 구명정을 이탈시킬 수 있다.

6.1.2 On Load Release Gear 요건

자유낙하형을 제외한 모든 구명정은 아래의 요건들을 갖춘 이탈장치를 갖추어야 한다.

1) 선수미 Hooks가 동시에 이탈되어야 한다.

2) 이탈 장치는 수상에 있거나 하중이 걸리지 않았을 때에도 이탈되어야 한다.

훅크에 하중이 걸려 있는 상태에서도 이탈될 수 있는 이탈능력은 정원과 의장품을 만재한 상태의 구명정 무게의 1.1배에 이르기까지 어떤 상태에서도 이탈 가능하도록 배치되어야 한다.

1) 이탈장치는 주위와 대조되는 색으로 선명하게 표시해야 한다.
2) 기계장치는 구명정 무게가 폴에 균등히 분배된다고 가정하여, 재질의 극한 강도가 6의 계수를 가지도록 설계되어져야한다.
3) 자유낙하형을 제외한 모든 구명정은 전방부근에 페인터를 고박할 수 있는 장치를 갖추어야 한다. 장치는 잔잔한 해역에서 5knot의 속도로 항진하기에 충분히 안전해야 하며, 내부에서 페인터를 이탈할 수 있어야 한다.

6.1.3 On load Release Gear 구조와 명칭

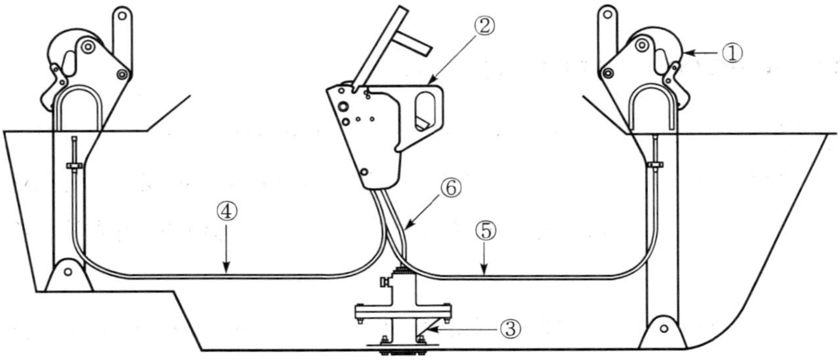

① Hook Assembly	② Release Handle Unit
③ Hydrostatic Unit	④ Aft Operating Cable
⑤ Forward Operating Cable	⑥ Hydrostatic Operating Cable

6.1.3.1 General Arrangement of Hydrostatic Unit

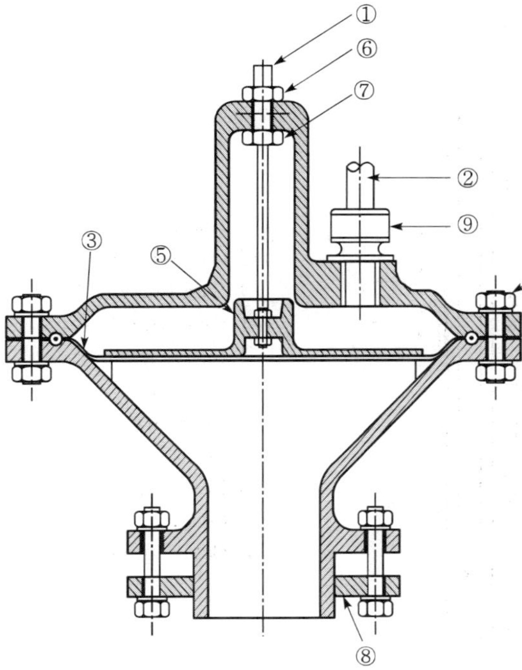

① Hydrostatic Unit Cable	② Vent Pipe	③ Diaphragm
④ Diaphragm Clamping Bolts	⑤ Piston Plate	⑥ Top Fixing Nut & Washer
⑦ Bottom Fixing Nut & Washer	⑧ Clench Plate	⑨ Vent Pipe Connector

6.1.3.2 Details of Hydrostatic Lock Engagement Position

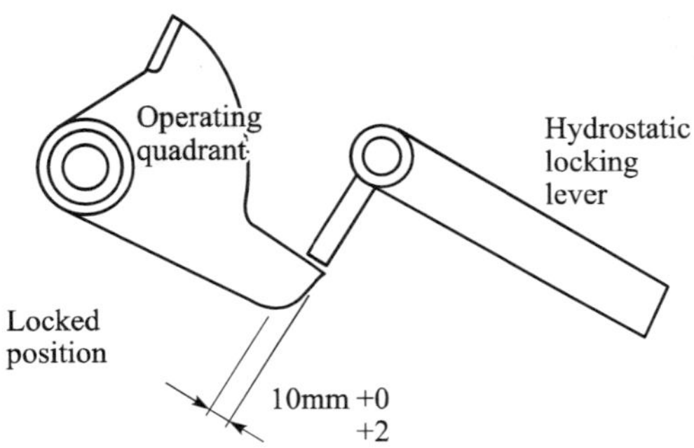

Relative positions - Boat out of water

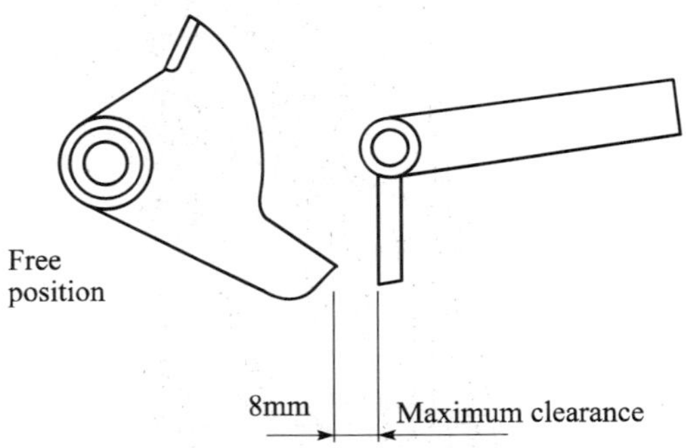

Relative positions - Boat in water

6.1.3.3 Hook Assembly

1) General Arrangement of Hook Assembly

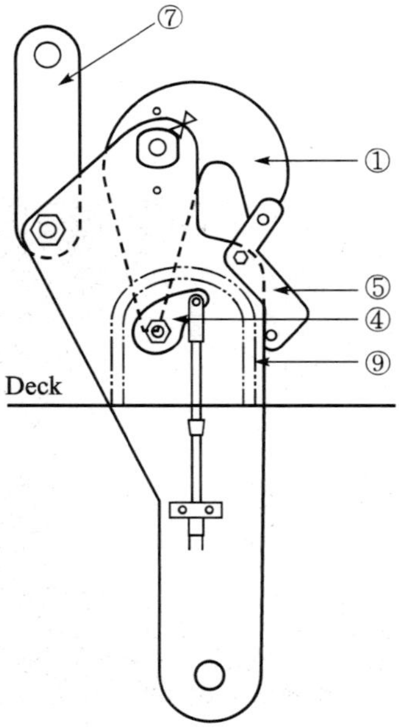

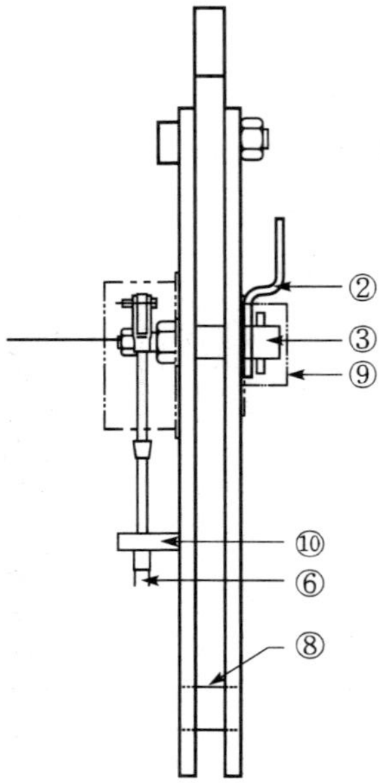

① Hook
② Cocking Lever
③ Cam Release Pin
④ Operating Lever
⑤ Mousing Plate
⑥ Operating Cable
⑦ Auxiliary Suspension Point
⑧ Keel Pin Spacer
⑨ Cover
⑩ Cable Clamp

2) General Arrangement of Hook Assembly

(1) Prospective of the hook unit

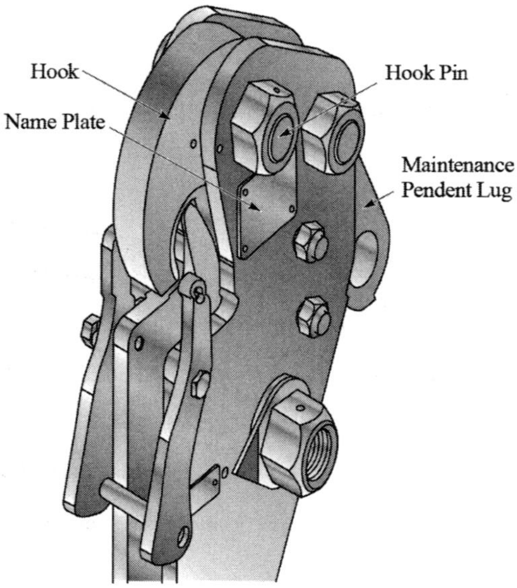

(2) Internal view of hook unit

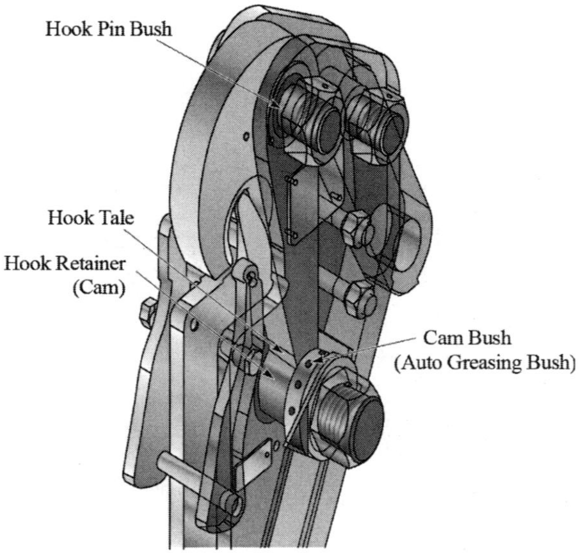

3) Initial release pin and hook relative setting

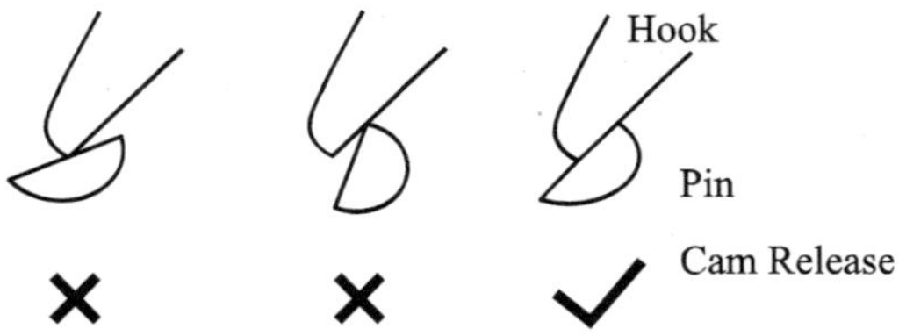

6.1.4 주요 검사 항목

1) On-load release gear의 정확한 운용 및 정비 상태
2) Release hook의 정확한 reset 상태 확인
3) Release lever의 정확한 reset 상태 확인
4) Interlock arrangement의 정확한 reset 상태 확인
5) Interlock lever용 spring 파손 여부 확인
6) 구명정 내부에서의 hook 지지부 부식 또는 마모 상태 확인
7) Operating cable의 습기에 따른 부식 및 손상 확인
8) Operating Cable clamp의 loose나 missing 여부 확인
9) 구명정내 구명정 진수절차 개시 및 선원의 숙지상태 확인

6.2 비상소화펌프 (Emergency Fire Pump)

6.2.1 VACUUM PUMP의 구조

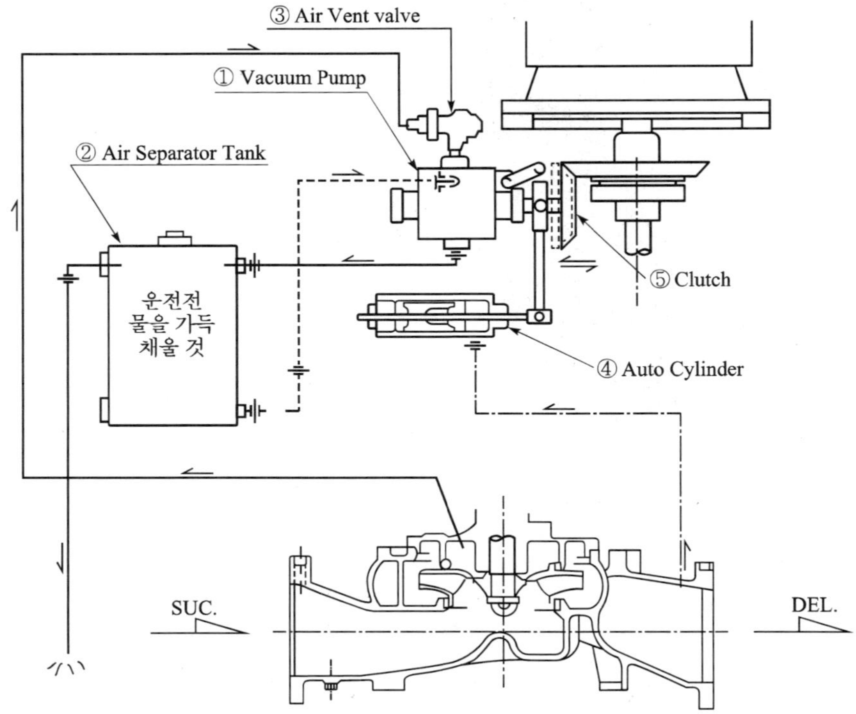

6.2.2 VACUUM PUMP의 작동 원리

1) 비상소화펌프 시동 전 Vacuum Pump용 Air Separator Tank내에 물을 가득 채운다.
2) Auto Cylinder 내부 Spring의 힘으로 Vacuum Pump의 Clutch와 Main Pump의 Clutch가 맞물리게 되어 Main Pump가 회전하게 되면 Vacuum Pump가 같이 회전하게 된다.
3) Vacuum Pump가 회전하면서 Air Separator Tank에 있는 물이 Vacuum Pump로 흡입되며, Main Pump의 Air가 Air Vent Valve를 거쳐 Vacuum Pump를 지나 Air Separator Tank로 유입된다.
4) 토출압력이 형성되면 토출압력이 Auto Cylinder를 작동시켜 Vacuum Pump의 Clutch를 Main Pump에서 떨어지게 한다.

6.3 긴급차단밸브 (Quick Closing Valve)

6.3.1 Quick Closing Valve의 구조

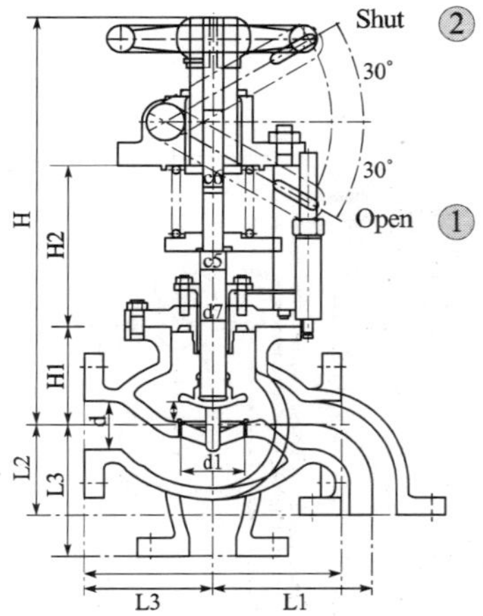

[Quick Closing Valve 외부구조]

상기 그림에서

1) Quick Closing Valve의 레버가 ①위치에 있으면 Open상태
2) Quick Closing Valve의 레버가 ②위치를 있으면 Close상태

6.3.2 Quick Closing Valve 정상복귀 방법

1) Close 되어 ②의 위치에 있는 Quick Closing Valve 레버를 손으로 누른다.
2) Valve 핸들을 오른쪽으로 돌려서 완전히 잠근다.
3) Quick Closing Valve 레버를 ①의 위치로 내린다.
4) Valve 핸들을 다시 정상상태까지 왼쪽으로 돌린다.

6.4 기름필터링장치 (15ppm Filtering Equipment)

6.4.1 일반사항

6.4.1.1 구조 및 명칭

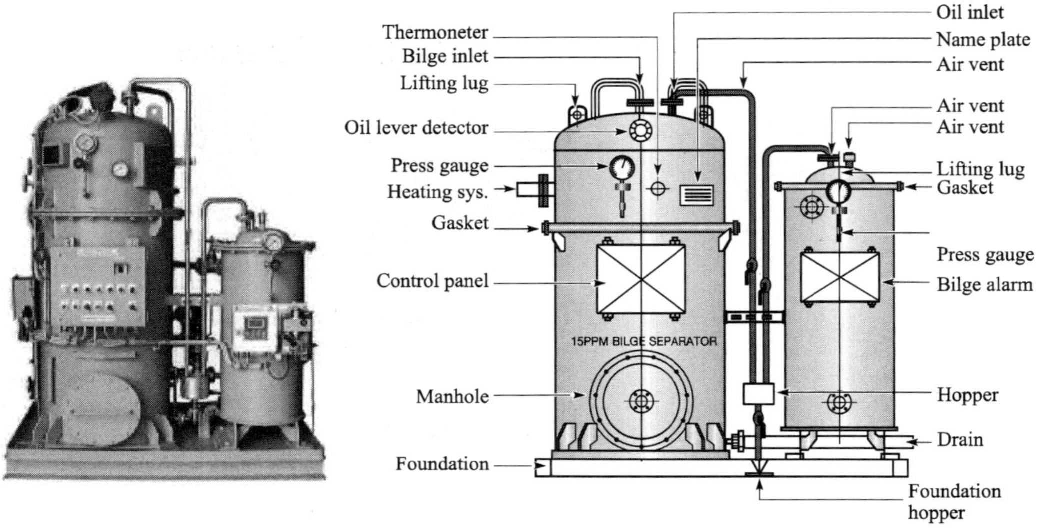

[15ppm Filtering Equipment 외부구조]

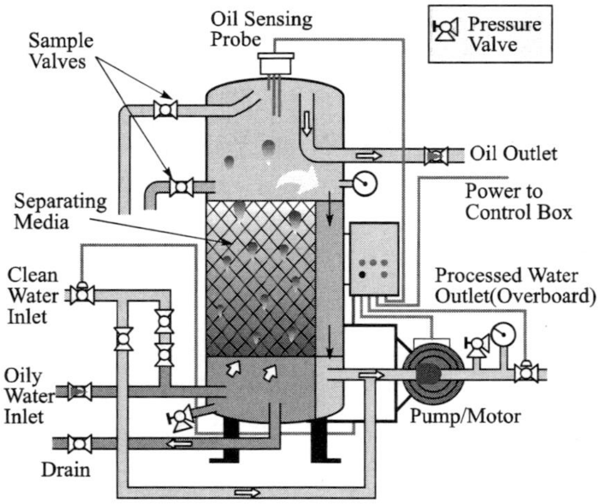

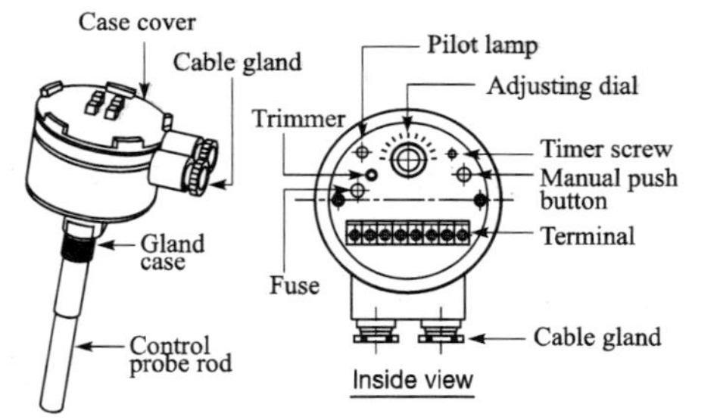

Coalescer Filter for 15ppm Bilge Separator

[15ppm Filtering Equipment 내부구조]

6.4.1.2 유수분리의 원리

1) **중력분리법** : 물과 기름은 비중차로 인하여 서로 혼합되어 있을 경우 비중이 낮은 기름은 상승하고 상대적으로 비중이 높은 물은 아래로 가라앉는 성질을 이용하는 분리법
2) **원심분리법** : 중력분리법의 보조방법으로 기름입자의 부상속도를 증가시키기 위해 노즐 분출을 통한 원심력을 이용하는 분리법
3) **콜아레져(Coalescer) 분리법** : 빌지중의 고형분을 사전에 제거하기 위해 필터 또는 전처리장치를 설치하여 기름입자의 합착에 의한 분리법

6.4.2 기관실 빌지 처리절차

1) 기관실 빌지를 처리하기 앞서 15ppm Filtering Equipment의 Backwashing Valve를 수동으로 조작하여 해수 및 청수를 Full로 채워 장치내를 5분정도 Flushing 한다.
2) 장치내 물을 채울때 Process unit 및 Oily Water Separator 상부의 air vent를 열어 air를 완전히 배출시킨다.
3) Air를 완전히 배출 후, 2-Way 또는 3-Way Valve을 작동시키기 위한 control air 압력이 적절한지 확인한다.
4) Oily Bilge Pump를 작동하여 기관실 빌지 또는 Bilge Holding Tank에 저장된 빌지를 Process unit로 보낸다.
5) Process Unit에서 물과 기름의 비중차에 의하여 유분이 검출되면 솔레노이드 밸브가 작동되어 Oily Bilge Tank로 Return되고 분리된 빌지는 유수분리기로 공급된다.
6) 유수분리기에서 다시 물과 기름의 비중차에 의하여 분리가 시작되고 부상유(Floated Oil) 및 응집유(Accumulated Oil)는 상부에 모이게 되고 미립자 유분은 콜아레져(Coalescer)를 통과하면서 입자크기가 증가하여 부상하게 되고 상부의 Oil Sensing Probe에 의하여 Oil이 감지가 되면 솔레노이드 밸브가 작동되어 Oily Bilge Tank로 Return된다. 반면 분리된 15ppm 미만의 빌지는 3-Way 밸브와 선외변을 통하여 선외로 배출된다.
7) 운전 중 또는 운전시작 및 정지후에는 해수밸브를 열어 5분정도 Flushing 하는 것이 중요한데 이것은 콜아레져(Coalescer) 필터 및 장치 내 오손을 막아 필터의 사용 수명을 연장하는 효과뿐만 아니라 항내 PSC 수검시 자주 지적되는 Discharge line상 유분이 검출되는 것을 방지하는 효과를 얻을 수 있다.

6.4.3 각 주요 Part의 주요기능

6.4.3.1 Process Unit 및 유수분리기

물과 기름의 비중차 및 노즐 분출에 의하여 물과 기름을 분리시키고 콜아레져(Coalescer) 필터를 통하여 기름이 외부로 배출되는 것을 방지한다.

6.4.3.2 유면검출기

유입된 빌지는 비중차에 의하여 물과 기름이 분리되고 분리된 기름을 유면감지기(Oil Level Detector)가 감지하면 동시에 솔레노이드 밸브를 작동하여 밸브가 열리면서 기름을 선내 빌지저장탱크로 보낸다.

6.4.3.3 빌지 알람 및 솔레노이드 밸브 (3-way valve)

15ppm Filtering Equipment를 통과한 빌지의 유분농도가 15ppm을 초과하게 되면 3-Way Valve의 개구방향을 선외쪽에서 빌지저장탱크쪽으로 변경하여 선외로 배출되는 것을 방지한다.

6.4.4 빌지 배출

6.4.4.1 작동 순서

1) 바닥에 고인 빌지를 빌지펌프를 통하여 Bilge holding tank에 모은다.
2) 빌지펌프를 가동하여 빌지를 기름필터링장치로 보낸다.
3) 기름필터링장치내에서 빌지는 물과 기름으로 분리된다.
4) 기름배출감시제어장치의 센서로 15ppm 미만으로 감지된 물은 3-Way valve를 거쳐 선외로 배출되고 15ppm 이상으로 감지된 빌지는 빌지저장 탱크로 회수 된다.

6.4.4.2 분리된 기름의 회수

기름필터링장치의 본체에 부착된 유면검출기(Oil Level Detector)에 의하여 기름이 감지되면 상부의 전자변(Solenoid valve)이 자동으로 열려 기름은 슬러지 탱크로 회수된다.

6.4.5 Oil Filtering Equipment의 점검항목

1) 기기 각부의 누설 확인

2) 빌지펌프 작동상태 확인
3) 챔버(Chamber)내 유분에 의한 오손 확인
4) 선외 배출관을 개방하여 유분에 의한 오염 여부 확인
5) 유수분리기 필터 오손 여부 확인
6) 유면검출기의 작동확인
7) 15ppm 장치의 작동 확인(총톤수 10,000톤 이상 선박의 경우)
8) 제어판/표시반 상태, 사용설명서 등 확인
9) 형식승인 여부 확인
10) 기름필터링장치 전방에 선외로 직접 배출되는 배관장치가 있는지 확인
11) 기관사관들이 기름필터링장치의 운용에 능숙한지 여부 확인

6.5 오수처리장치 (Sewage Treatment Plant)

6.5.1 분뇨의 처리방법

6.5.1.1 생물화학적 처리 방법

분뇨처리장치(Sewage Treatment Plant)를 이용하는 방법으로 분뇨를 생물화학적으로 분해하여 처리된 유출물이 고형물을 생성시키지 않고 변색을 유발하지 않게 하는 방법이다.

이와 같은 처리는 유출물 중 대장균의 수가 200마리/100ML 이하, 고형물의 크기가 150ML 보다 작아야 한다고 규정하고 있다.

6.5.1.2 마쇄 및 소독처리 방법

마쇄소독장치(Comminuter System)을 통하여 분뇨를 마쇄 및 소독 처리하는 방법이며, 육지로부터 4해리 미만인 해역에서의 해상배출을 금지하고 있다.

유출액 중 대장균의 수가 1000마리/100ml 이하이고 눈으로 볼 수 있는 고형분이 없어야 한다고 규정하고 있다.

6.5.1.3 분뇨저장탱크

분뇨를 항내에서 저장탱크에 저장하다가 육지로부터 12해리 이상 해역에서 배출하는 방식이다.

6.5.2 분뇨처리장치 종류별 특성

6.5.2.1 Maker : TAIKO KIKAI IND. CO., LTD.
Type : SBT SERIES

1) 구성

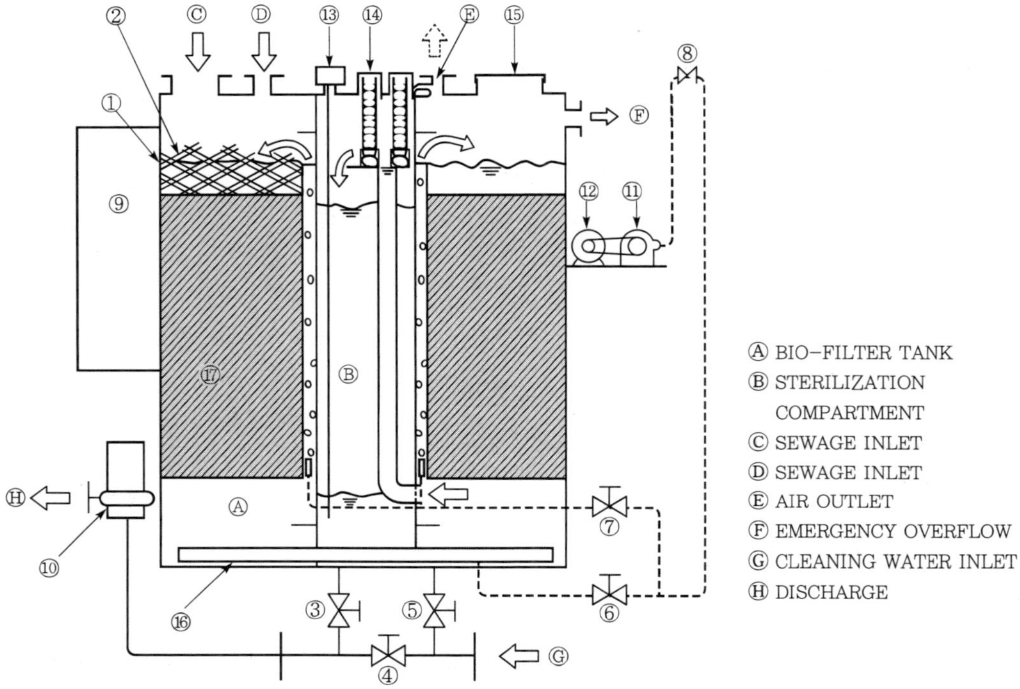

① TANK ② SCREEN ③ TREATMENT WATER OUTLET VALVE ④ STOP VALVE
⑤ DRAIN VALVE FOR BIO-FILTER TANK ⑥ AIR SCOUR VALVE ⑦ AIR LIFT VALVE
⑧ NON RETURN VALVE ⑨ CONTROL PANEL ⑩ DISCHARGE PUMP ⑪ AERATION BLOWER
⑫ MOTOR FOR BLOWER ⑬ LEVEL PROBE ⑭ STERILIZER ⑮ MANHOLE
⑯ AIR SCOUR PIPE ⑰ PACKING MEDIA

(1) BIO -FILTER Method

BIO- Filter Method는 생물학적 피막을 이용하여 오수를 처리하는 방법이다.

Packing Media는 탱크내에 있고, 오수는 블로어에 의하여 탱크내에서 순환하면서 생물학적 피막에 접촉한다. Packing Media의 표면에서 박테리아는 성장하고 유기물은 생화학적 산화에 의하여 처리된다.

(2) BIO FILTER TANK

변기로부터의 오수는 Bio Filter Tank로 유입되며 이물질은 스크린에 의하여 분리된다. 블로어로부터 방출되는 공기방울은 오수를 잘게 부수고 순환시키며 Packing Media에 부착된 미생물에게 산소를 공급한다.

(3) STERILIZATION COMPARTMENT(살균구역)

Bio Filter Tank에서 처리된 Sewage의 일부는 Sterilization Compartment(살균구역)으로 흘러 들어가 약품에 의하여 완전히 소독되고, 완전히 소독된 이물질은 Discharge Pump를 통하여 선외로 배출된다.

2) 작동

(1) 시동

(a) Control Panel의 Power Switch On

(b) Discharge Pump의 회전방향 확인

(c) Stop valve close, Drain valve(Bio Filter TK) on, Cleaning Water 주입

(d) Control Panel의 High Water. Level용 Indicator가 켜지면 Cleaning Water 주입을 중지

(e) Treatment Water. Outlet valve Open 및 Discharge Pump 스위치는 "AUTO"로 전환

(f) Discharge Pump의 자동기동 확인(water level indicator, auto pump stop)

(g) Airation Blower의 Oil Level을 확인

(h) Air Lift valve Open 및 Air Scour valve close 후 Aeration Blower 기동하여 회전방향 확인 후 스위치 RUN으로 전환

(i) Aeration Blower 작동 후 물이 흐르는 소리 확인

(j) Sterilizer내 소독 약품의 양 확인

(k) Sewage Inlet valve Open

(2) 운전시 유의사항

(a) Aeration Blower는 운전 중 정지 금지

(b) 변기 내에 이물질 투입 금지

(c) 변기 세척 시 사용한 화학약제는 직접 선외로 배출 금지

(3) 운전 정지

장치의 점검 또는 정비를 위한 운전 정지 시 절차

(a) 제한수역의 경우 변기 사용을 중지하고, 비제한수역일 경우 선외 배출변 Open

(b) Aeration Blower 정지

(c) Discharge Pump 정지

(d) Control Panel의 전원 OFF

6.5.2.2 MAKER: JONGHAP MACHINERY CO., LTD.
TYPE : AEROB 18

1) 개요

이 장치는 자연수에 존재하는 산소의 처리과정을 통한 생물학적 원리에 의하여 운전되는 장치로서, 분뇨에 미생물이 신속히 생성할 수 있도록 공기를 공급하면 분뇨중의 유기물은 미생물에 의하여 물과 이산화탄소로 전환되고 처리수에 남아있는 부유물질은 중력 청정법으로 제거한다.

2) 구성

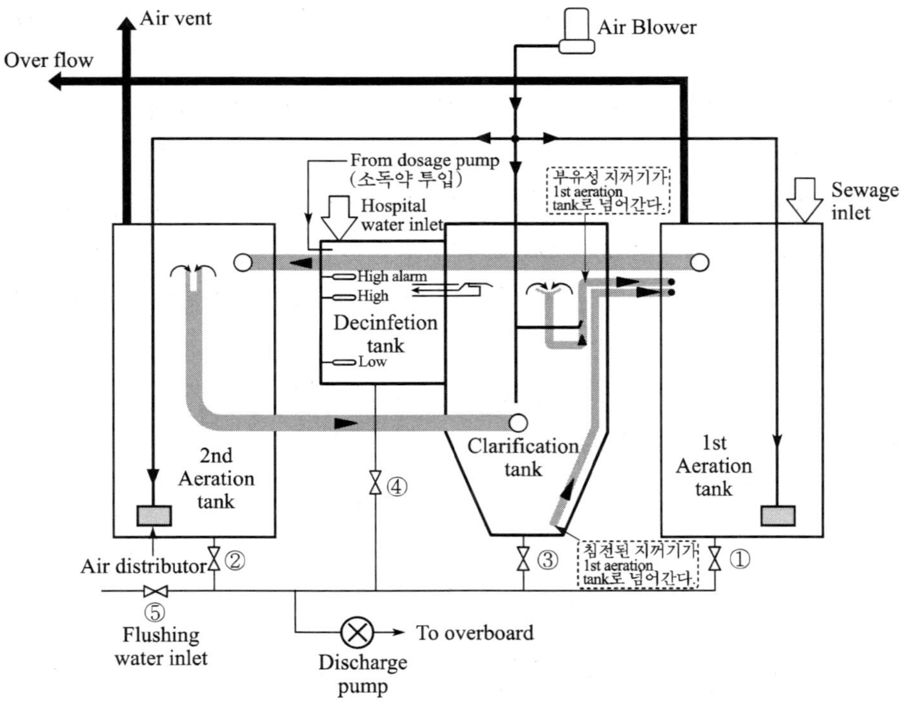

(1) 1ST AERATION TANK

Pipe Line을 통하여 분뇨가 이 Tank에 들어오면 Air에 의하여 부유물 및 고형분을 분쇄하고 유기물 및 Tank 내의 박테리아에 산소를 공급하여 박테리아가 충분히 배양되도록 한다.

Tank의 레벨이 상승하면 관을 통하여 2ND Aeration Tank로 Over Flow하며, 침전조(Clarification Tank) 상부 및 바닥에 있는 고형물이 Return되어 모이는 곳이다.

(2) 2ND AERATION TANK

1ST Aeration Tank와 동일한 과정을 한번 더 시행하여 분뇨중의 고형분의 양을 감소시키고, 일정 수위 이상이 되면 침전조(Clarification Tank)로 Over Flow 된다.

(3) 침전조 (Clarification Tank)

두 번에 걸친 오수의 배양 과정을 거치면서 슬러지가 발생하는데 최종적으로 분리하는 Tank 장치로서, Air Blower에 의해 공급된 공기에 의하여 바닥에 침전된 찌꺼기와 부유성 찌꺼기를 1ST Aeration Tank로 돌려보내고 정화된 오수는 소독조(Decinfection Tank)로 흘러 보낸다.

(4) 소독조 (Decinfection Tank)

정화된 오수를 소독하기 위한 적정량의 염소가 투입되며, 자동 운전시 Tank에 있는 Float Switch(Low, High, High Alarm)에 의하여 Discharge Pump가 자동적으로 작동된다.

(5) AIR BLOWER

1ST Aeration Tank, 2ND Aeration Tank 및 Clarification Tank에 Air를 공급하는 장치로서 15분 운전/15분 정지를 반복하며, 30분 이상 정지 시에는 박테리아가 죽을 수 있다.

(6) DISCHARGE PUMP

밸브의 조작으로 각 Tank 내부의 분뇨를 배출하는 Pump로서, 소독조(Decinfection Tank) 내부의 Float Switch에 의하여 자동으로 작동된다.

(7) DOSAGE PUMP

소독조(Decinfection Tank)내에 약품을 투입하는 Pump로서 Discharge Pump의 정지와 동시에 일정시간 동안 작동된다.

3) 운전

(1) 밸브 ①,②,③,⑤를 잠그고 ④를 연다.

최초 운전시에는 1ST & 2ND Aeration Tank에 청수를 주입하고 Clarification Tank에도 Decinfection Tank로 Over Flow하는 Pipe까지 물을 채운다. 이 상태에서 4~10일간 분뇨를 공급하면 배양을 위한 미생물이 생성된다.

(2) Control Panel의 각종 Select Switch(Air Blower, Discharge Pump, Dosage Pump용)를 자동으로 선택한다.
(3) Chemical Tank의 약품량 및 1일 소모량을 확인한다.
(4) 선외로 배출되는 소독된 오수의 상태를 확인한다.

4) 운전 시 유의사항

(1) 분해가 불가능한 물질의 유입 금지
(2) 금속, 목재, 고무 또는 광물성 기름 및 유지성분, 변기의 청소용 염산류 사용 금지
(3) 30분 이상 전원 차단 금지
(4) 30분 이상 Air Blower Stop 금지
(5) 비상시 장치내의 압축공기 공급압력은 1.5BAR 이하로 한다.

6.5.2.3 EVAC VACUUM TOILET SYSTEM

1) 개요

(1) EVAC VACUUM TOILET SYSTEM은 진공을 이용하여 변기의 분뇨를 Central Collecting Tank에 모으는 장치이다.
(2) 진공은 Collecting Tank내의 분뇨를 EVAC Discharging Pump로서 Ejector에 통과시켜 얻어지는데 Ejector는 Collecting Tank내에 설치되어 있다.
(3) EVAC Discharging Pump는 Collecting Tank의 Level Switch, 수동 또는 압력스위치에 의하여 작동되며 Pump의 작동이 중지되는 즉시 Ejector의 Check valve가 닫히기 때문에 Collecting Tank는 대기압하에 있게 되고 진공은 Piping System내에서만 유지하게 된다.
(4) 변기의 Button을 누르면 Discharging valve가 잠시 열려 분뇨와 Air가 System내로 빨려들어 가고, 동시에 Water valve가 열려 물이 공급되며 Discharging valve가 잠긴 후에도 물이 공급되어 변기에 채워진다.
(5) Ejector Pump는 Discharge Pump로도 사용되며, 배출은 수동 또는 자동으로 제어된다.
(6) Collecting Tank에는 Ejector, Ejector/Discharge Pump, Control Equipment, 2개의 Level Switch, 전기적으로 작동하는 Discharge valve가 설치되어 있다.

2) 운전 및 유지

(1) CONTROL MECHANISM

분뇨처리절차는 다음과 같다.

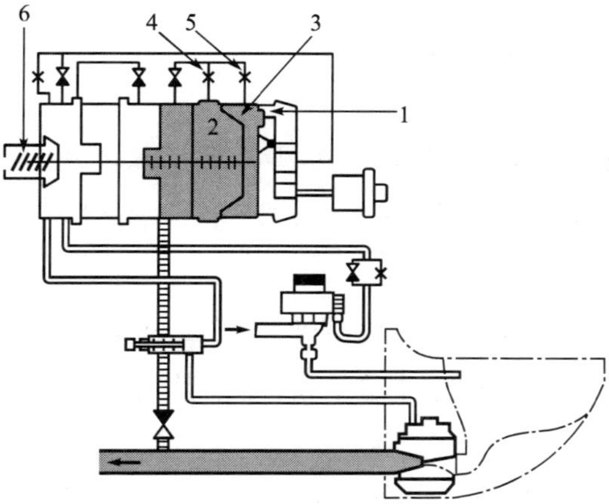

그림 6.1

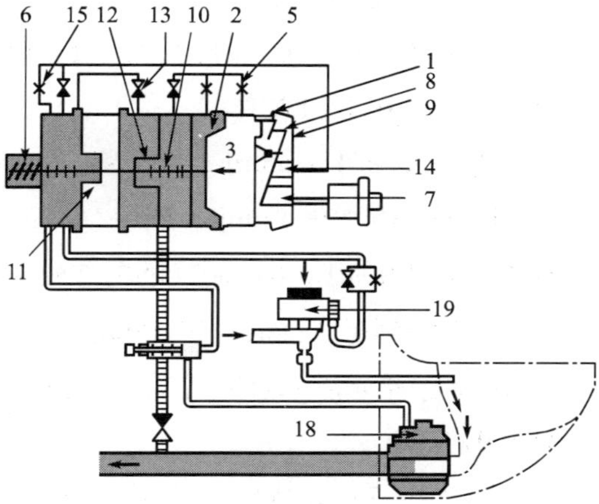

그림 6.2

그림 6.1은 Stand By 상태로

(1) Control v/v(1)은 close 상태이고

(2) Chamber (2 & 3) 내의 Vaccum은 동일하며

(3) Spring force(6)에 의하여 Mechaism은 작동하지 않는 상태이다.

그림 6.2는 분뇨배출 버튼을 눌렀을 때의 상태로

(1) Air 압력이 Chamber(7)로 들어가 Lever(8)쪽을 들어올려 Control v/v(1)를 통하여 Chamber(3)로 들어간다.

(2) Chamber(2)는 진공상태이므로 Chamber(3)과의 압력차에 의하여 Shaft(1)가 왼쪽으로 움직여 다음의 순서로 작동한다.

(a) Inlet v/v(11)는 닫히고

(b) Vaccum v/v(12)는 열려 진공상태로 되며 Check v/v(13), Chamber(A)가 진공상태가 되어 Discharge v/v(18) 및 Water v/v(19)가 진공의 영향으로 열리며, 분뇨의 배출 및 물의 공급이 행해진다.

(c) Chamber(A)가 진공상태이므로 Jet(15)를 통하여 Chamber(14) 내를 진공으로 만들어 Lever(8)를 당겨 v/v(1)가 닫힌다.

① Jet(5)를 통하여 Chamber(3)은 진공으로 되어 Chamber(2)와 압력이 같아진다.

② Shaft(10)은 다시 오른쪽으로 움직여 Inlet v/v(11)는 열려 대기상태로 되고 Vaccum v/v(12)도 닫혀 대기상태로 되고 Chamber(14)도 대기압상태로 된다.

③ Discharge v/v(18)는 닫히고 Water v/v(19)는 Jet(17)에 의하여 일정시간 후에 닫힌다.

④ 전체의 System은 다시 S/by 상태로(그림 6.1) 복귀한다.

(2) PRESSURE SWITCH

System내의 Vacuum Level은 Pressure Switch에 의하여 제어된다. 즉, 진공이 지정치 이하이면 Pump를 작동시키고 일정수준에 이르면 Pump를 정지 시킨다.

(3) ATMOSPHERE(COLLECTING) TANK

이 Tank에는 Ejector 및 Pump가 설치되어 있어 Piping내에 진공을 형성시키며, Tank는 분뇨를 저장하고 필요시 선외배출 이송을 할 수 있도록 되어 있다.

(4) EJECTOR

Ejector Pump에서 토출된 분뇨가 Nozzle을 통과하면서 Venturi 효과에 의하여 Pipe내에 진공이 형성되며 Ejector Pump가 정지하면 Check valve의 Rubber Flap이 닫혀 Pipe내의 진공이 유지된다.

(5) DISCHARGE VALVE

변기의 분뇨배출 버튼을 누르면 Vacuum Hose에 진공이 형성되어 valve는 열리며, 대기압 상태로 되면 다시 valve는 닫힌다.

6.5.3 저장탱크 (Holding tank)

6.5.3.1 탱크 요건

1) 탱크의 용량은 선박의 운항, 승선자수 및 기타 관련 요건을 고려하여 전 오수량을 저장하기에 충분하다고 인정하는 용량 이상이어야 한다.
2) 탱크에는 공기관이 부착되어야 한다.
3) 탱크에는 내용물의 양을 시각적으로 확인할 수 있는 측정 장치가 부착되어야 한다. 측정장치는 투시장치 또는 시각지시장치가 있으며 측심장치 또는 Dip Stick등은 시각적 지시장치로 인정되지 않는다.
4) 탱크의 재질은 충분한 강도를 가진 내식성의 재질이어야 한다.
5) 선내의 모든 오수는 이 탱크에 수집되도록 배관되어야 하며 선외 배출펌프가 설치되어야 한다.

CHAPTER

7 선급규칙 주요내용

한국선급의 선급 기술규칙은 선급 및 강선규칙/적용지침, 해양구조물규칙/적용지침 및 기타기술규칙 적용지침 및 기준으로 구분되어 각 분야별로 많은 규칙/적용지침과 기준들이 발행되어 있다.

본 장에서는 선급 기술규칙/적용지침 및 기준들의 구성형식 및 기술되어 있는 주요 내용들을 소개한다. 선급규칙/적용지침 및 기준들의 자세한 내용은 매우 방대한 관계로 해당 선급의 홈페이지에 있는 자료를 참고하기 바라며, 여기에서는 전체적인 구성 및 주요 내용의 파악을 위한 아래의 대표적인 규칙/적용지침 및 기준들에 대한 목차의 내용을 소개한다.

1) 선급 및 강선규칙/적용지침
   - 제1편 ~ 제14편
2) 해양구조물규칙/적용지침
   - 이동식 해양구조물규칙/적용지침
   - 해양작업지원선(OSV) 지침
3) 기타기술규칙 적용지침 및 기준
   - 강재부선규칙/적용지침
   - 고속경구조선규칙/적용지침
   - 자율운항선박 지침

7.1 선급 및 강선규칙/적용지침

7.1.1 제1편 선급등록 및 검사

제1장 선급등록

- 제1절 일반사항
- 제2절 선급부호
- 제3절 제조중등록검사
- 제4절 제조후등록검사
- 제5절 증서 및 보고서
- 제6절 검사신청
- 제7절 선박소유자의 협력의무
- 제8절 검사원의 권한 및 의무
- 제9절 선급정지, 탈급 및 재등록
- 제10절 수수료
- 제11절 불복신청
- 제12절 관련규칙 및 검사
- 제13절 기타의 장치 또는 설비의 등록
- 제14절 외부감사
- 제15절 기타

제2장 선급검사

- 제1절 일반사항
- 제2절 연차검사
- 제3절 중간검사
- 제4절 정기검사(선체, 의장 및 소방설비)
- 제 5-1절 정기검사(기관, 전기 및 추가설비)
- 제 5-2절 정기검사(선종별 추가요건)
- 제6절 입거검사
- 제7절 프로펠러축 및 선미관축 등의 검사
- 제8절 보일러검사
- 제9절 기관장치의 계속검사
- 제10절 임시검사
- 제11절 개조검사
- 제12절 위험물 기타 특수화물을 적재하는 선박
- 제13절 추가설비검사
- 제14절 일반건화물선의 선체검사
- 제15절 액화가스 산적운반선의 선체검사
- 제16절 로로선의 현측문 및 내측문 등에 대한 검사요건
- 제17절 추가요건
- 제18절 한국 선박안전법 또는 어선법 적용대상선박에 대한 특별규정

제3장 검사강화제도 적용대상선박의 선체검사

제1절 일반사항 | 제2절 산적화물선

제3절 유조선 | 제4절 케미컬탱커

제5절 이중선체 유조선 | 제6절 이중선체 산적화물선

7.1.2 제2편 재료 및 용접

제1장 재료

제1절 일반사항

101. 적용 102. 제조법 승인 및 제조관리

103. 화학성분 104. 시험 및 검사

105. 시험 및 검사의 시행 106. 재료의 확인

107. 시험증명서 등 108. 품질 및 결함의 보수

109. 합격재의 표시

제2절 일반사항

201. 일반사항 202. 시험편의 모양 및 치수

203. 시험방법

제3절 압연강재

301. 선체 구조용 압연강재 302. 보일러용 압연강판

303. 압력용기용 압연강판 304. 저온용 압연강재

305. 압연 스테인리스 강재 306. 체인용 봉강

307. 보일러용 압연봉강 308. 용접구조용 초고장력 압연강재

309. 스테인리스강 클래드 강판 310. 두께방향 특성에 관한 특별규정

311. YP47 강판

제4절 강관

401. 보일러 및 열교환기용 강관 402. 압력배관용 강관

403. 스테인리스 강관 404. 저온용 강관

405. 헤더용 재료

405. 필릿용접 이음시험 406. 재시험 및 인정시험 기록서
407. 승인된 용접절차 시방서의 허용범위
408. YP47 강판의 용접절차 인정시험
제5절 용접사 기량자격제도
501. 일반사항 502. 기량자격의 구분 및 인정범위
503. 기량자격시험 504. 기량자격의 유지 및 취소
제6절 일반사항
601. 일반사항
602. 연강, 고장력강 및 저온용강의 피복아크 용접봉
603. 연강, 고장력강 및 저온용강의 자동용접용재료
604. 연강, 고장력강 및 저온용강의 반자동 용접용재료
605. 일렉트로 슬래그 및 일렉트로 가스 용접용재료
606. 연강, 고장력강 및 저온용강의 일면 자동용접용 재료
607. 스테인리스강 용접용재료
608. 알루미늄합금재의 용접용재료
609. 용접구조용 초고장력강의 용접용재료

7.1.3 제3편 선체구조

제1장 총칙
제1절 정의 제2절 일반사항
제3절 도면 및 자료승인 제4절 재료
제5절 용접구조 제6절 치수
제7절 공작 제8절 방식도장

제2장 선수재 및 선미재
제1절 선수재 제2절 선미재

제3장 종강도
제1절 일반사항 제2절 굽힘강도

제3절 전단강도
제4절 좌굴강도

제4장 평판용골 및 외판

제1절 일반사항
제2절 평판용골
제3절 강력갑판하의 외판
제4절 외판에 대한 특별규정
제5절 선루측부의 외판
제6절 선루단 부분의 보강
제7절 외판의 국부보강

제5장 갑판

제1절 일반사항
제2절 강력갑판의 유효단면적
제3절 강갑판
제4절 목갑판 및 갑판 피복재료

제6장 단저구조

제1절 일반사항
제2절 중심선 내용골
제3절 측내용골
제4절 늑판

제7장 이중저구조

제1절 일반사항
제2절 중심선거더 및 측거더
제3절 실체늑판
제4절 종늑골
제5절 내저판, 마진판 및 선저외판
제6절 늑골브래킷
제7절 조립늑판
제8절 선수선저보강부의 구조

제8장 늑골

제1절 일반사항
제2절 늑골간격
제3절 선창내 횡늑골
제4절 선측 종늑골
제5절 갑판사이 늑골

제9장 특설늑골 및 선측스트링거

제1절 일반사항
제2절 특설늑골
제3절 선측 스트링거
제4절 선측 트랜스버스
제5절 외팔보(cantilever) 구조

제10장 갑판보 (beams)

제1절 일반사항 / 제2절 갑판하중
제3절 종갑판보 / 제4절 횡갑판보

제11장 갑판거더

제1절 일반사항 / 제2절 갑판 종거더
제3절 갑판 트랜스버스 / 제4절 탱크내의 갑판거더
제5절 창구측부의 갑판거더 / 제6절 창구단 횡거더

제12장 필러

제1절 일반사항 / 제2절 필러의 치수

제13장 선수미 보강구조

제1절 일반사항 / 제2절 선수격벽 전부구조
제3절 선미격벽 후부구조 / 제4절 선수미격벽 사이의 보강구조

제14장 수밀격벽

제1절 일반사항 / 제2절 수밀격벽의 배치
제3절 수밀격벽의 구조 / 제4절 수밀문

제15장 디프탱크

제1절 일반사항 / 제2절 디프탱크 격벽
제3절 디프탱크의 설비 / 제4절 파형격벽의 용접

제16장 선루

제1절 일반사항 / 제2절 선루단 격벽
제3절 선루단 격벽에 설치하는 출입구

제17장 갑판실

제1절 일반사항 / 제2절 갑판실 구조

제18장 기관실 및 기관실 위벽

제1절 일반사항 제2절 주기하부의 구조

제3절 보일러실의 구조

제4절 드러스트블록 지지대 및 그 하부구조

제5절 기관실 위벽

제19장 축로 및 축로리쎄스

제1절 일반사항

7.1.4 제4편 선체의장

제1장 타

제1절 일반사항 제2절 타력

제3절 타 토크 제4절 타의 강도 계산

제5절 타두재 제6절 타판, 타골재 및 타심재

제7절 타두재와 타심재의 커플링 제8절 핀틀

제9절 타두재 및 핀틀의 베어링 제10절 부속 장치

제11절 프로펠러 노즐

제2장 창구 및 기타 갑판개구

제1절 일반사항 제2절 설계하중

제3절 창구덮개의 강도기준 제4절 창구코밍의 강도기준

제5절 창구덮개의 상세-폐쇄장치, 이동방지장치, 지지대

제6절 이동식 창구덮개에 의해 폐쇄되고 타폴린과 배튼으로 비바람을 막는 창구

제7절 기타의 개구

제3장 선수문, 현문 및 선미문

제1절 선수문 및 내측문 제2절 현문 및 선미문

제4장 불워크, 방수구, 현창, 각창, 천창, 통풍통 및 상설 보행로

제1절 불워크 및 보호난간 제2절 방수구

제3절 현창, 각창 및 천창
제4절 통풍통
제5절 상설 보행로

제5장 마스트 및 데릭포스트

제6장 내장판

제7장 시멘트 및 페인트공사

제8장 의장수 및 의장품
제1절 일반사항
제2절 의장수
제3절 앵커
제4절 체인
제5절 와이어로프
제6절 섬유로프
제7절 창구 타폴린
제8절 현창
제9절 각창

제9장 선수갑판 작은 창구, 설비 및 의장품의 강도 및 잠금장치
제1절 적용 및 시행
제2절 선수부 노출갑판상 작은 창구의 강도 및 잠금장치
제3절 선수갑판의 설비 및 의장품에 대한 강도 요건

제10장 예인 및 계류관련 선체의장설비 및 선체지지구조
제1절 적용범위 및 정의
제2절 예인 및 계류

제11장 유조선 및 산적화물선 화물지역 내의 구역 및 전방으로의 접근
제1절 일반
제2절 접근설비에 대한 기술조항

7.1.5 제5편 기관장치

제1장 총칙
제1절 일반사항
제2절 승인도면 및 자료
제3절 시험 및 검사
제4절 예비품 및 공구 등

제2장 주기관 및 보조기관

제1절 일반사항
제2절 내연기관
제3절 증기터빈
제4절 가스터빈

제3장 추진축계 및 동력전달장치

제1절 일반사항
제2절 축계
제3절 프로펠러
제4절 동력전달장치

제4장 축계비틀림진동

제1절 일반사항
제2절 응력의 허용한도

제5장 보일러 및 압력용기

제1절 보일러
제2절 열매체유 가열기
제3절 압력용기
제4절 보일러 및 압력용기의 용접

제6장 보기 및 관장치

제1절 일반사항
제2절 공기관, 넘침관 및 측심장치
제3절 선체붙이밸브 및 선외배출
제4절 빌지 및 평형수장치
제5절 보일러의 급수 및 복수장치
제6절 증기관장치 및 배기관장치
제7절 냉각장치
제8절 윤활유장치
제9절 연료유장치
제10절 열매체유장치
제11절 압축공기장치
제12절 냉동장치
제13절 유압장치
제14절 시험 및 검사

제7장 조타장치

제1절 일반사항
제2절 조타장치의 성능 및 배치
제3절 제어장치
제4절 조타장치의 재료, 구조 및 강도
제5절 시험
제6절 총톤수 10,000톤 이상인 탱커 및 총톤수 70,000톤 이상인 선박에 대한 추가규정

제8장 윈들러스 및 무어링 윈치
제1절 일반사항 / 제2절 윈들러스
제3절 무어링 윈치

7.1.6 제6편 전기설비 및 제어시스템

제1장 전기설비
제1절 일반사항 / 제2절 시스템 설계
제3절 회전기계 / 제4절 배전반, 구전반 및 분전반
제5절 케이블 / 제6절 동력 및 조명용 변압기
제7절 전동기용 제어기 및 전자브레이크 / 제8절 퓨즈, 차단기 및 전자접촉기
제9절 방폭형 전기기기 / 제10절 조명기구, 전열기구 및 배선기구
제11절 선내 통신장치 / 제12절 반도체 정류장치
제13절 축전지 / 제14절 피뢰침
제15절 고전압 전기설비 / 제16절 전기추진설비
제17절 선내시험 / 제18절 예비품 및 일반 비품

제2장 제어설비
제1절 일반사항 / 제2절 시스템 및 제어
제3절 시험 / 제4절 컴퓨터기반시스템

7.1.7 제7편 전용선박

제1장 유조선
제1절 일반사항
제2절 창구, 상설보행로 및 방수설비
제3절 화물구역의 종늑골 및 종갑판보
제4절 화물구역의 종거더, 트랜스버스 및 크로스타이
제5절 화물구역의 격벽

제6절 현측탱크의 상대변형
제7절 용접
제8절 중심선에만 종격벽을 갖는 유조선에 대한 보완
제9절 선수부 현측탱크에 대한 특별규정
제10절 유조선의 관장치 및 벤트장치
제11절 유조선의 전기설비

제2장 광석운반선
제1절 일반사항
제2절 이중저구조
제3절 현측탱크 또는 보이드 스페이스
제4절 광석창내 횡격벽 및 스툴
제5절 현측탱크의 상대변형
제6절 갑판 및 기타구조
제7절 광석운반선 겸 유조선

제3장 산적화물선
제1절 일반사항
제2절 조화 선급부호 및 설계하중조건
제3절 이중저구조
제4절 호퍼탱크
제5절 톱사이드 탱크
제6절 횡격벽 및 스툴
제7절 선창내 늑골
제8절 갑판 및 외판
제9절 화물창의 창구덮개 및 창구코밍
제10절 산적화물선에 대한 침수상태에서의 종강도
제11절 화물창 침수를 고려한 산적화물선에 대한 화물창의 허용적재 하중
제12절 화물창 침수를 고려한 산적화물선의 파형 횡수밀격벽에 대한 구조치수
제13절 산적화물선, 광석운반선 및 겸용운반선에 대한 선수루의 설치
제14절 산적화물선 및 단일 화물창 화물선의 수위감지 경보장치 및 배수 펌핑장치
제15절 화물창에 액체를 적재하는 경우에 대한 추가규정
제16절 석탄운반선의 전기설비
제17절 단일 선측구조 산적화물선 및 OBO 운반선의 늑골 및 브래킷의 강재 교체 기준
제18절 창구덮개의 고박장치

제4장 컨테이너선
제1절 일반사항
제2절 종강도

제3절 이중저구조
제4절 이중선측구조
제5절 횡격벽
제6절 갑판구조
제7절 물결막이(breakwater)
제8절 예인보강구역(tug pushing area)
제9절 플레어가 큰 위치의 강도(strength at large flare location)
제10절 컨테이너 고박설비
제11절 용접

제5장 액화가스 산적운반선

제1절 일반사항

101. 적용
102. 도면승인
103. 동등효력
104. 정부규칙
105. 정의

제2절 선박의 생존능력 및 화물탱크의 위치

201. 일반사항
202. 건현 및 복원성
203. 손상가정
204. 화물탱크의 위치
205. 침수의 가상
206. 손상기준
207. 생존요건

제3절 선체배치

301. 화물지역의 거리
302. 거주구역, 업무구역, 기관구역 및 제어장소
303. 화물기기구역 및 터릿형 구획
304. 화물제어실
305. 화물지역 내에 있는 구역으로의 출입
306. 에어로크
307. 빌지, 평형수 및 연료유 장치
308. 선수미 하역설비

제4절 화물격납설비

401. 정의
402. 적용
403. 기능적 요건
404. 화물격납 안전원칙
405. 탱크형식에 따른 2차방벽
406. 2차방벽의 설계
407. 부분 2차방벽과 1차방벽의 소규모 누설에 대한 보호장치
408. 지지구조의 배치
409. 관련 구조 및 장치
410. 방열재
411. 설계하중-일반사항
412. 영구하중

413. 기능하중 414. 환경하중
415. 사고하중 416. 구조 건전성-일반사항
417. 구조해석 418. 설계조건
419. 재료 420. 제작
421. 독립형탱크 형식 A 422. 독립형탱크 형식 B
423. 독립형탱크 형식 C 424. 멤브레인탱크
425. 일체형탱크 426. 세미멤브레인탱크
427. 새로운 형태에 대한 한계상태설계
428. 제4절에 대한 지침

제5절 프로세스용 압력용기와 액체, 증기 및 압력관장치

501. 일반사항 502. 시스템 요건
503. 화물지역 외부에 위치한 화물관장치의 배치
504. 설계압력 505. 화물용 밸브
506. 화물 이송설비 507. 설치규정
508. 관의 조립 및 이음상세 509. 용접, 용접후 열처리 및 비파괴검사
510. 화물지역 외부의 화물관장치에 대한 설치요건
511. 관장치 구성품
512. 재료 513. 시험

제6절 구조재료 및 품질관리

601. 정의 602. 적용범위 및 일반사항
603. 일반시험요건 및 사양서 604. 금속재료
605. 금속재료의 용접 및 비파괴검사 606. 구조용 금속재료의 기타요건
607. 비금속재료

제7절 화물의 압력 및 온도제어

701. 제어방법 702. 시스템설계
703. 화물증기의 재액화장치 704. 화물증기의 연소
705. 축압시스템 706. 액체화물 냉각
707. 분리 708. 유효성

제8절 화물격납설비 벤트장치

801. 일반사항 802. 압력도출장치

803. 부압방지장치
804. 압력도출장치의 용량

제9절 화물격납설비 환경제어

901. 화물격납설비 내의 환경제어
902. 화물창구역 내의 환경제어(독립형탱크 형식 C를 제외한 화물격납설비)
903. 독립형탱크 형식 C의 주위구역의 환경제어
904. 불활성화
905. 선내에서의 불활성가스 생산

제10절 전기설비

1001. 정의
1002. 일반사항

제11절 방화 및 소화

1101. 화재의 안전성에 대한 요건
1102. 소화주관 및 소화전
1103. 물분무장치
1104. 드라이 케미컬 분말소화장치
1105. 화물취급장치를 포함하는 폐위구역
1106. 소방원장구

제12절 화물지역 내의 동력통풍장치

1201. 통상의 화물취급 작업 중 사람이 출입할 필요가 있는 구역
1202. 통상 사람이 출입하지 않는 구역

제13절 계기 및 자동화시스템

1301. 일반사항
1302. 화물탱크의 액면지시장치
1303. 넘침제어
1304. 압력감시장치
1305. 온도지시장치
1306. 가스탐지장치
1307. 2차방벽을 요구하는 격납설비에 대한 추가요건
1308. 자동화시스템
1309. 시스템 통합

제14절 인신보호

1401. 보호장구
1402. 응급장구
1403. 안전기구
1404. 개개의 화물에 대한 인신보호규정

제15절 화물탱크의 충전한도

1501. 정의
1502. 일반사항
1503. 기본충전한도
1504. 증가된 충전한도의 결정
1505. 최대적재한도
1506. 선장에게 제공하여야 할 정보

제16절 연료로서 화물의 사용

1601. 일반사항
1602. 연료로써 화물증기의 사용
1603. 가스소모장치가 설치된 구역의 배치
1604. 가스연료의 공급
1605. 가스연료설비 및 관련 저장탱크
1606. 주보일러의 특별요건
1607. 가스연료 내연기관의 특별요건
1608. 가스터빈의 특별요건
1609. 대체연료 및 기술

제17절 특별규정

1701. 일반사항
1702. 구조재료
1703. 독립형탱크
1704. 냉각장치
1705. 1G형의 선박을 요구하는 화물
1706. 증기 공간으로 부터의 공기의 제거
1707. 습도제어
1708. 중합방지
1709. 벤트 출구단의 플레임스크린
1710. 각 탱크의 최대허용화물량
1711. 화물펌프 및 하역설비
1712. 암모니아
1713. 염소
1714. 산화에틸렌
1715. 분리된 관장치
1716. 메틸 아세틸렌-프로파디엔 혼합물
1717. 질소
1718. 산화프로필렌 및 산화에틸렌/산화프로필렌 혼합물 (중량비 30% 이하의 산화에틸렌을 혼합한 것)
1719. 염화비닐
1720. C4 혼합물
1721. 이산화탄소: 고순도
1722. 이산화탄소: 재생품

제18절 작업규정

1801. 일반사항
1802. 화물 취급설명서
1803. 화물정보
1804. 운반에 대한 적합성
1805. 저온에서의 화물운반
1806. 화물이송작업
1807. 선원의 훈련
1808. 폐위구역의 출입
1809. 화물 시료채취
1810. 화물 비상차단(ESD)장치
1811. 화물격납설비 또는 근처에서의 열작업
1812. 추가의 작업규정

제19절 최저요건일람표

제6장 위험화학품 산적운반선

제1절 일반사항

101. 적용 102. 도면승인

103. 동등효력 104. 정부규칙

105. 위험성 106. 정의

제2절 선박의 생존능력 및 화물탱크의 배치

201. 일반사항 202. 건현 및 비손상시의 복원성

203. 건현갑판하의 선외배출관 204. 적하상태

205. 손상가정 206. 화물탱크의 위치

207. 침수의 가상 208. 손상기준

209. 생존요건

제3절 선체배치

301. 화물지역의 격리

302. 거주구역, 업무구역, 기관구역 및 제어장소

303. 화물펌프실 304. 화물지역 내에 있는 구역으로의 통행

305. 빌지 및 평형수설비 306. 펌프 및 관의 식별

307. 선수미 하역설비

제4절 화물격납설비

401. 정의 402. 각각의 화물에 대한 탱크형식의 요건

제5절 화물의 이송

501. 관의 치수 502. 관의 조립 및 이음상세

503. 플랜지이음 504. 관에 대한 시험요건

505. 배관 506. 화물이송 제어장치

507. 선박용 화물호스 508. 화물 및 평형수 통합 구동장치

제6절 구조재료

601. 일반사항

제7절 화물의 온도제어

701. 일반사항 702. 추가조건

제8절 화물탱크 벤트 및 가스프리장치

801. 적용 802. 화물탱크 벤트장치

803. 탱크 벤트장치의 형식　804. 각각의 화물에 대한 벤트요건
805. 화물탱크 퍼징　806. 화물탱크 가스프리

제9절 환경제어
901. 일반사항　902. 각각의 화물에 대한 환경제어 요건

제10절 전기설비
1001. 일반사항　1002. 접지
1003. 각각의 화물에 대한 전기요건

제11절 방화 및 소화
1101. 적용　1102. 화물펌프실
1103. 화물지역　1104. 특별요건

제12절 화물지역 내의 동력통풍장치
1201. 화물취급작업 중 통상 사람이 들어가는 구역
1202. 펌프실 및 통상 사람이 들어가는 기타의 폐위구역
1203. 통상 사람이 들어가지 않는 구역

제13절 계기
1301. 계측　1302. 증기검지

제14절 인신보호
1401. 보호장구　1402. 안전장구
1403. 비상장구

제15절 특별요건
1501. 일반사항　1502. 93% 이하의 질산암모늄 용액
1503. 이황화탄소　1504. 디에틸에테르
1505. 과산화수소용액　1506. 알킬납을 함유하는 앤티녹제
1507. 황색 인 또는 백색 인
1508. 산화프로필렌 및 중량농도 30% 이하의 산화에틸렌을 함유하는 산화에틸렌/산화프로필렌 혼합물
1509. 50% 이하의 염화나트륨 용액　1510. 용융유황
1511. 산　1512. 유독물질
1513. 첨가제에 의하여 보호된 화물
1514. 37.8°C에서 절대증기압이 0.1013 MPa 보다 높은 증기압을 가진 화물

1515. 발화온도가 낮은 화물 및 인화성 범위가 넓은 화물
1516. 화물의 혼합 1517. 강제통풍 요건
1518. 특별한 화물펌프실 요건 1519. 넘침제어
1520. 질산염 알킬(C7-C9) 및 이성체
1521. 온도감지기
제16절 작업규정
1601. 탱크당 최대 허용화물량 1602. 화물에 관한 자료
1603. 선원의 훈련 1604. 화물탱크의 개폐 및 출입
1605. 화물시료의 보관
1606. 과도한 열에 노출시켜서는 아니되는 화물
제17절 최저요건 일람표
제18절 IBC 코드를 적용받지 아니하는 화물 목록
제19절 산적운송화물 색인
제20절 액체화학품 폐기물의 운송
2001. 일반 2002. 정의
2003. 적용 2004. 허용적하
2005. 선내 비치서류 2006. 액체화학품 폐기물의 분류
2007. 액체화학품 폐기물의 운송 및 처리
제21절 IBC 코드에 있는 화물운송요건을 정하는 기준

제7장 카페리선 및 로로선
제1절 일반사항 제2절 종강도
제3절 갑판 제4절 자동차운반선의 전기설비

제8장 해상보급선 등
제1절 일반사항 제2절 종강도
제3절 외판 제4절 갑판
제5절 늑골 제6절 선루 및 갑판실
제7절 수밀격벽문 제8절 기관 배기구

제9장 예인선

제1절 일반사항 제2절 종강도

제3절 단저구조 제4절 팬팅부 및 선수선저보강부

제5절 기관실 위벽 제6절 예인장치

제7절 선측 방현재

제10장 이중선체 유조선

제1절 일반사항 제2절 격벽판

제3절 종늑골 및 휨보강재 제4절 거더

제5절 구조상세 제6절 부식에 대한 특별요건

제7절 선수부 현측탱크에 대한 특별규정

제8절 중간갑판(mid deck)을 갖는 선박에 대한 규정

제9절 창구 및 상설보행로에 대한 특별규정

제10절 용접

7.1.8 제8편 방화 및 소화

제1장 일반사항

제1절 일반사항

제2장 발화의 가능성

제1절 연료유, 윤활유 및 기타 가연성유 배치

제2절 본선 생활용 가스연료 배치 제3절 기타 발화원 및 가연성 물질

제4절 탱커 화물지역

제3장 화재 확산 가능성

제1절 구역 내 급기 제어 및 가연성 액체 제어

제2절 방화 재료

제4장 연기발생 가능성과 유독성

제1절 페인트, 광택재 및 기타 마감재 제2절 일차갑판피복재

제5장 화재탐지장치 및 화재경보장치

제1절 일반요건
제2절 기관구역의 보호
제3절 거주구역, 업무구역, 제어장소의 보호
제4절 여객선 화물구역의 보호
제5절 수동조작 콜포인트
제6절 여객선 화재 순찰
제7절 여객선 화재경보 신호장치
제8절 여객선 선실발코니 보호

제6장 연기확산제어

제1절 기관구역 외부의 제어장소 보호
제2절 기관구역의 연기 배출
제3절 통풍정지판
제4절 여객선 중앙홀의 연기배출장치

제7장 화재 차단

제1절 방열상 및 구조상 경계
제2절 내화구획 관통 및 열전달 방지
제3절 내화구획의 개구 보호
제4절 기관구역 경계의 개구 보호
제5절 화물구역 경계의 보호
제6절 통풍장치

제8장 소화

제1절 물공급장치
제2절 휴대식 소화기
제3절 고정식 소화장치
제4절 기관구역의 소화장치
제5절 제어장소, 거주구역, 업무구역의 소화장치
제6절 화물구역의 소화장치
제7절 화물탱크 보호
제8절 화물펌프실 보호
제9절 소방원장구

제9장 구조 보전

제1절 재료
제2절 구조
제3절 A류 기관구역
제4절 선외 부착품의 재료
제5절 탱커의 압력/진공으로부터 화물탱크구조 보호

제10장 탈출설비

제1절 선원 및 여객 통지
제2절 탈출설비

제11장 헬리콥터 설비

제1절 적용 / 제2절 구조
제3절 탈출설비 / 제4절 소화설비
제5절 배수설비 / 제6절 헬리콥터 연료보급 및 격납설비
제7절 작동지침서 및 소화 업무

제12장 위험물의 운송

제1절 일반요건 / 제2절 특별요건

제13장 차량구역 및 로로구역의 보호

제1절 일반요건
제2절 폐위된 차량구역 및 로로구역과 특수분류구역에서 가연성 증기의 발화 방지
제3절 탐지 및 경보 / 제4절 구조 보호
제5절 소화
제6절 자가 추진용으로 탱크에 압축수소 또는 압축천연가스를 채운 자동차를 화물로서 운송하는 차량운반선의 요건

제14장 여객선의 안전귀항 시스템 요건

제1절 일반사항

7.1.9 제9편 추가설비

제1장 냉장설비

제1절 일반사항 / 제2절 검사
제3절 냉동장치 / 제4절 암모니아 냉동장치에 대한 특별규정
제5절 냉장창 / 제6절 시험
제7절 적하검사

제2장 하역설비

제1절 일반사항 / 제2절 검사

제3절 데릭장치
제4절 크레인
제5절 하역부속장구
제6절 하역장구
제7절 기계장치, 전기설비 및 제어장치
제8절 하역리프트 및 하역램프
제9절 증서, 표시 및 문서

제3장 자동화설비
제1절 일반사항
제2절 자동화설비의 검사
제3절 주추진기관 등의 집중감시제어설비
제4절 기관구역의 무인화설비
제5절 제자동화설비

제4장 자동위치제어설비
제1절 일반사항
제2절 자동위치제어설비의 요건
제3절 시험 및 검사

제5장 항해선교설비
제1절 일반사항
제2절 항해선교설비의 검사
제3절 선교배치 및 작업환경
제4절 항해기기
제5절 사고예방시스템
제6절 선교작업지원시스템

제6장 선체감시장치
제1절 일반사항
제2절 감시장치의 요건
제3절 자료승인, 설치 및 설치검사
제4절 정기적 검사

제7장 잠수설비
제1절 선급등록
제2절 제조중등록검사
제3절 제조후등록검사
제4절 검사의 종류
제5절 검사의 시행
제6절 일반사항
제7절 감압 거주 챔버, 잠수벨 및 가스저장 실린더
제8절 배관, 밸브, 부착품, 호스 및 생명줄
제9절 압축기
제 10절 생명유지장치
제 11절 자동화, 통신 및 위치확인장치
제 12절 전기설비

제 13절 방화 및 소화 제 14절 조작, 이송 및 결합장치
제 15절 고압탈출장치 제 16절 위치 유지 설비

제8장 고전압 선외수전설비
제1절 일반사항 제2절 고전압 선외수전설비의 요건
제3절 시험 및 검사

제9장 화물증기 배출제어장치
제1절 일반사항 제2절 VEC1 부호 요건
제3절 VEC2 부호 요건 제4절 VECL 부호 요건
제5절 검사

제10장 평형수관리
제1절 일반사항 제2절 평형수교환장치
제3절 평형수처리장치

7.1.10 제10편 소형강선의 선체구조 및 의장

제1장 총칙
제1절 정의 제2절 일반사항
제3절 재료, 용접 및 구조

제2장 선수재 및 선미재
제1절 선수재 제2절 선미재

제3장 종강도
제1절 일반사항 제2절 굽힘강도
제3절 좌굴강도

제4장 평판용골 및 외판
제1절 일반사항 제2절 평판용골

제3절 선박중앙부의 외판
제4절 전후부의 외판
제5절 선루측부의 외판
제6절 외판의 국부보강

제5장 갑판

제1절 일반사항
제2절 강력갑판의 유효단면적
제3절 강갑판

제6장 단저구조

제1절 일반사항
제2절 중심선 내용골
제3절 측내용골
제4절 늑판
제5절 선저종늑골
제6절 선수선저부의 구조

제7장 이중저구조

제1절 일반사항
제2절 중심선 거더
제3절 측거더
제4절 실체늑판
제5절 종늑골
제6절 내저판 및 마진판
제7절 늑골브래킷
제8절 조립늑판
제9절 선수선저부의 구조

제8장 늑골

제1절 일반사항
제2절 늑골간격
제3절 화물창내 횡늑골
제4절 선측 종늑골
제5절 갑판사이 늑골
제6절 선수미창내 늑골

제9장 외팔보(cantilever) 구조

제1절 외팔보
제2절 특설늑골
제3절 외팔보와 특설늑골과의 고착

제10장 갑판보(beams)

제1절 일반사항
제2절 갑판하중
제3절 종갑판보
제4절 횡갑판보
제5절 격벽계단부 등의 보
제6절 디프탱크 정부의 보

제7절 특별히 무거운 중량을 지지하는 보
제8절 특별한 화물을 적재하는 갑판의 보

제11장 갑판 거더
제1절 일반사항
제2절 갑판 종거더
제3절 갑판 트랜스버스
제4절 탱크내의 갑판 거더
제5절 창구측부의 갑판 거더
제6절 창구단 보

제12장 필러
제1절 일반사항
제2절 필러의 치수

제13장 선수미 구조
제1절 일반사항
제2절 선수격벽 전부구조
제3절 선미격벽 후부구조

제14장 수밀격벽
제1절 수밀격벽의 배치
제2절 수밀격벽의 구조
제3절 수밀문

제15장 디프탱크
제1절 일반사항
제2절 디프탱크 격벽
제3절 디프탱크의 설비
제4절 파형격벽의 용접

제16장 선루 및 갑판실
제1절 일반사항
제2절 구조
제3절 선루단 격벽에 설치하는 출입구

제17장 기관구역 및 기관실 위벽
제1절 일반사항
제2절 주기하부의 구조
제3절 보일러실의 구조
제4절 드러스트블록 지지대 및 그 하부구조
제5절 기관실 위벽

제18장 축로 및 축로리쎄스

제1절 일반사항

제19장 창구 및 기타의 개구

제1절 일반사항 제2절 창구코밍

제3절 이동식 창구덮개에 의하여 패쇄되고 타폴린과 배튼으로 풍우밀이 확보되는 창구

제4절 개스킷과 클램핑 장치로 된 풍우밀 창구덮개

제5절 모래운반선 및 채취선의 창구덮개

제6절 승강구 및 기타 갑판구

제20장 선수문, 현문 및 선미문

제1절 선수문 및 내측문 제2절 현문 및 선미문

제21장 불워크, 방수구, 현창, 통풍통 및 상설보행로

제1절 불워크 제2절 방수구

제3절 현창 제4절 통풍통

제5절 상설보행로

제22장 의장수 및 의장품

제1절 일반사항 제2절 의장수

제3절 예인 및 계류관련 선체의장설비 및 선체지지구조

제23장 유조선

제1절 일반사항 제2절 창구 및 상설보행로 및 방수설비

제3절 화물구역의 종늑골 및 종갑판보 제4절 화물구역의 종거더 및 트랜스버스

제5절 트렁크 제6절 화물구역의 격벽

제24장 이중선체 유조선

제1절 일반사항 제2절 격벽판

제3절 늑골, 횡보강재 및 종갑판보 제4절 이중저내 구조부재

제5절 이중선측구조의 구조부재

제6절 화물유탱크 및 디프탱크에 설치하는 거더
제7절 선수선저부의 보강 제8절 구조상세
제9절 부식에 대한 특별요건
제10절 창구 및 상설보행로에 대한 특별규정

7.1.11 제11편 산적화물선 공통구조규칙

제1장 일반원칙
제1절 적용 제2절 적합성 검증
제3절 기능적 요건 제4절 기호 및 정의

제2장 일반배치설계
제1절 격벽배치 제2절 구획배치
제3절 접근설비

제3장 구조설계 원칙
제1절 재료 제2절 순 치수 방법
제3절 부식추가 제4절 한계상태
제5절 부식방지 제6절 구조배치 원칙

제4장 설계하중
제1절 일반사항 제2절 선체운동 및 가속도
제3절 선체거더하중 제4절 하중상태
제5절 외부압력 제6절 내부압력 및 힘
제7절 적재조건 제8절 적하지침서 및 적하지침기기
부록 1 화물질량곡선
부록 2 직접강도해석을 위한 표준적재조건
부록 3 피로해석을 위한 표준적재조건

제5장 선체거더강도

제1절 항복검토　　　　　　　　제2절 최종강도검토

부록 1 선체거더 최종강도

제6장 선체 부재치수

제1절 판부재　　　　　　　　제2절 일반보강재

제3절 일반보강재 및 보강패널의 좌굴 및 최종강도

제4절 1차 지지부재

부록 1 좌굴 및 최종강도

제7장 직접강도 해석

제1절 1차 지지부재의 직접강도 평가

제2절 화물창 구조의 전체 강도 유한요소 해석

제3절 상세응력평가

제4절 피로강도평가를 위한 핫스폿응력 해석

부록 1 유한요소 모델의 종 방향 범위

부록 2 유한요소 해석에 있어서 변위 기반 좌굴평가

제8장 구조상세의 피로검토

제1절 일반사항　　　　　　　　제2절 피로강도 평가

제3절 1차 부재의 응력평가　　　　　　　　제4절 보강재의 응력평가

제5절 해치코너의 응력평가

부록 1 비틀림에 대한 단면 특성

제9장 기타구조

제1절 선수부　　　　　　　　제2절 선미부

제3절 기관구역　　　　　　　　제4절 선루 및 갑판실

제5절 창구덮개　　　　　　　　제6절 선체 및 선루개구의 배치

제10장 선체의장

제1절 타 및 조종장치　　　　　　　　제2절 불워크 및 가드레일

제3절 의장

제11장 구조 및 시험

제1절 건조 / 제2절 용접

제3절 구획의 시험

제12장 부기부호

제1절 GRAB 부기부호

제13장 운항중인 선박의 신환기준

제1절 선급의 유지 / 제2절 두께계측과 승인기준

7.1.12 제12편 이중선체 유조선 공통구조규칙

제1장 서론

1 유조선 공통규칙의 소개

제2장 규칙의 원칙

1 서론 / 2 일반적인 가정

3 설계기초 / 4 설계원칙

5 원칙의 적용

제3장 규칙의 적용

1 부기부호 / 2 문서화, 도면 및 자료요건

3 승인 범위 / 4 동등절차

5 치수요건의 계산 및 평가

제4장 기본정보

1 정의 / 2 구조의 이상화

3 구조설계 상세

제5장 구조배치

1 일반 / 2 수밀구획

3 이중선체 배치 4 구역분리
5 접근설비

제6장 재료 및 용접
1 강재등급 2 도장을 포함한 방식 조치
3 부식추가 4 제작
5 용접설계와 치수

제7장 하중
1 서론 2 정적 하중 성분
3 동적 하중 성분 4 슬로싱 및 충격하중
5 사고하중 6 하중의 조합

제8장 치수요건
1 종강도 2 화물탱크 범위
3 전방화물탱크 전방의 구조 4 기관구역
5 선미구조 6 슬로싱 및 충격하중에 대한 구조평가
7 기타 구조에 대한 치수요건의 적용

제9장 설계검증
1 선체거더 최종강도 2 강도평가 (유한요소법)
3 피로강도

제10장 좌굴 및 최종강도
1 일반 2 강성 및 치수비
3 좌굴요건 규정 4 진보된 좌굴해석

제11장 일반요건
1 선체 개구 및 폐쇄 장치 2 선원의 보호
3 지지구조 및 구조적 부가물 4 의장
5 시험절차

제12장 운항선 신환 기준

1 선체구조에 대한 허용 두께 감소

부록 A 선체거더 최종강도

1 일반
2 선체거더 최종능력 계산
3 대안방법

부록 B 구조강도 평가

1 일반
2 화물탱크 구조강도 해석
3 국부 상세분할 구조강도 해석
4 피로해석을 위한 핫스폿 응력의 평가

부록 C 피로강도 평가

1 공칭응력 방법
2 유한요소 기반 핫스폿 방법

부록 D 좌굴강도 평가

1 진보된 좌굴해석
2 진보된 좌굴해석 방법
3 적용 및 구조 모델링 원칙
4 평가기준
5 강도평가 (유한 요소법) – 좌굴평가 절차
6 최종 선체거더 강도 평가

7.1.13 제13편 산적화물선 및 유조선 공통구조규칙

1 부 일반 선체 요건

제1장 규칙의 일반원칙

제1절 적용
제2절 규칙 원칙
제3절 적합성 검증
제4절 기호 및 정의
제5절 적하지침서 및 적하지침기기

제2장 일반배치설계

제1절 일반사항
제2절 격벽배치
제3절 구획배치
제4절 접근설비

제3장 구조배치설계

제1절 재료 / 제2절 순 치수 방법
제3절 부식추가 / 제4절 부식방지
제5절 한계상태 / 제6절 구조상세 원칙
제7절 구조의 이상화

제4장 하중

제1절 소개 / 제2절 동적하중상태
제3절 선박 운동 및 가속도 / 제4절 선체거더하중
제5절 외부하중 / 제6절 내부하중
제7절 설계하중 시나리오 / 제8절 적하상태
부록 1 화물질량곡선

제5장 선체거더강도

제1절 선체거더 항복강도 / 제2절 선체거더 최종강도
제3절 선체거더 잔존강도
부록 1 전단 흐름의 직접계산
부록 2 선체거더 최종능력

제6장 선체국부 구조치수

제1절 일반사항 / 제2절 하중적용
제3절 최소두께 / 제4절 판
제5절 보강재 / 제6절 1차 지지부재 및 기둥

제7장 직접강도 해석

제1절 강도평가 / 제2절 화물창 구조 강도해석
제3절 국부구조 강도해석

제8장 좌굴

제1절 일반사항 / 제2절 세장비 요건
제3절 규정 좌굴요건 / 제4절 직접강도해석에 대한 좌굴요건

제5절 좌굴능력

부록 1 참조응력을 기반으로 한 응력

제9장 피로

제1절 일반사항 제2절 구조상세의 평가

제3절 피로평가 제4절 간이 응력해석

제5절 유한요소 응력해석 제6절 상세설계 기준

제10장 기타구조

제1절 선수부 제2절 기관구역

제3절 선미부 제4절 슬로싱이 작용하는 탱크

제11장 선루, 갑판실 및 선체의장

제1절 선루, 갑판실 및 승강구 제2절 불워크 및 보호난간

제3절 의장설비 제4절 갑판설비에 대한 지지구조

제5절 작은창구

제12장 건조

제1절 건조 및 제작 제2절 용접시공

제3절 용접이음의 설계

제13장 운항-신환기준

제1절 기본원칙 및 검사요건 제2절 허용기준

7.1.14 제14편 컨테이너선 구조규칙

제1장 규칙의 일반원칙

제1절 적용 제2절 규칙 원칙

제3절 적합성 검증 제4절 기호 및 정의

제5절 적하지침서 및 적하지침기기

제2장 일반배치

제1절 일반사항 / 제2절 격벽배치

제3절 구획배치 / 제4절 접근설비

제3장 구조설계원칙

제1절 재료 / 제2절 순치수 방법

제3절 부식추가 / 제4절 부식방지

제5절 한계상태 / 제6절 구조상세원칙

제7절 구조의 이상화

제4장 하중

제1절 소개 / 제2절 동적하중상태

제3절 선박 운동 및 가속도 / 제4절 선체거더하중

제5절 외부하중 / 제6절 내부하중

제7절 설계하중 시나리오 / 제8절 적하상태

제5장 선체거더강도

제1절 선체거더 항복강도 / 제2절 선체거더 최종강도

부록 1 전단흐름의 직접계산

부록 2 선체거더 최종능력

부록 3 선체거더 비틀림계수 정의

제6장 선체국부 구조치수

제1절 일반사항 / 제2절 하중적용

제3절 최소두께 / 제4절 판

제5절 보강재 / 제6절 1차 지지부재 및 기둥

제7장 직접강도 해석

제1절 강도평가 / 제2절 화물창 구조 강도해석

제3절 국부구조 강도해석

제8장 좌굴

제1절 일반사항
제2절 세장비 요건
제3절 규정 좌굴요건
제4절 직접강도해석에 대한 좌굴요건
제5절 좌굴능력
제6절 참조응력을 기반으로 한 응력

제9장 피로

제1절 일반사항
제2절 구조상세의 평가
제3절 피로평가
제4절 간이 응력해석
제5절 유한요소 응력해석
제6절 상세설계 기준

제10장 기타구조

제1절 선수부
제2절 기관구역
제3절 선미부
제4절 슬로싱이 작용하는 탱크

제11장 선루,갑판실 및 선체의장

제1절 선루, 갑판실 및 승강구
제2절 불워크 및 보호난간
제3절 의장설비
제4절 갑판설비에 대한 지지구조
제5절 창구

제12장 건조

제1절 건조 및 제작
제2절 용접시공
제3절 용접이음의 설계
제4절 극후강판 적용

제13장 운항-신환기준

제1절 기본원칙 및 검사요건
제2절 허용기준

제14장 고박설비

제1절 고박설비

7.2 해양 구조물규칙/적용지침

7.2.1 이동식 해양구조물 규칙

제1장 총칙
- 제1절 일반사항
- 제2절 정의

제2장 선급등록 및 검사
- 제1절 일반사항
- 제2절 선급등록
- 제3절 검사

제3장 선체구조 및 의장
- 제1절 일반사항
- 제2절 재료
- 제3절 용접
- 제4절 대빙구조
- 제5절 방식대책
- 제6절 방화구조, 탈출설비 및 소방설비
- 제7절 보호난간 및 불워크
- 제8절 임시 또는 비상계류설비
- 제9절 접근설비
- 제 10절 예인설비
- 제 11절 전용 해수 평형수탱크의 보호
- 제 12절 방오시스템
- 제 13절 배수 및 침전물 관리

제4장 설계조건
- 제1절 설계하중
- 제2절 강도계산
- 제3절 전체강도해석
- 제4절 구조부재의 치수
- 제5절 헬리콥터 갑판
- 제6절 위치유지장치 및 구성품

제5장 구조물의 형식
- 제1절 갑판승강형 구조물
- 제2절 반잠수형 구조물
- 제3절 수상형 구조물

제6장 수밀성
- 제1절 수밀격벽
- 제2절 폐쇄장치

제7장 복원성

제1절 복원성 일반기준

제2절 바람에 대한 복원성기준

제8장 위험구역

제1절 일반사항

제2절 위험구역의 범위

제3절 통풍장치

제9장 방화구조, 탈출설비 및 소화장치

제1절 일반사항

제2절 방화구조 및 탈출설비

제3절 소화장치

제4절 헬리콥터 설비용 소화장치

제5절 가스실린더

제6절 거주용 해양구조물

제10장 기관장치 및 전기설비

제1절 구조물의 기관장치 및 전기설비

제2절 자항구조물의 기관장치 및 전기설비

제11장 특정 해양구조물

제1절 작업용 해양구조물

제2절 거주용 해양구조물

제3절 부양잔교

제4절 플랜트용 해양구조물

7.2.2 해양작업지원선(OSV) 지침

제1장 총칙

제1절 일반사항

제2절 정의

제2장 선급등록 및 검사

제1절 일반사항

제2절 선급등록

제3절 검사

제3장 구조 및 설비

제1절 복원성

제2절 선체구조

제3절 선체의장 　　　　　　제4절 기관장치
제5절 전기설비 　　　　　　제4절 방화 및 소화

제4장 해양보급선(offshore supply vessels)
제1절 일반사항 　　　　　　제2절 선체구조
제3절 화물 관장치 시스템 　　　　　　제4절 기관장치

제5장 양묘예인선(anchor handling and towing vessels)
제1절 일반사항 　　　　　　제2절 복원성
제3절 선체구조 　　　　　　제4절 선체의장
제5절 양묘예인 윈치 및 부속품 　　　　　　제6절 기관장치
제7절 방화 및 소화

제6장 중량물리프트선(heavy lift vessels)
제1절 일반사항 　　　　　　제2절 복원성
제3절 선체구조 　　　　　　제4절 선체의장
제5절 기관장치 　　　　　　제6절 위치 유지 설비

제7장 풍력터빈설치선(wind turbine installation, maintenance and repair vessels)
제1절 일반사항 　　　　　　제2절 복원성
제3절 선체구조 　　　　　　제4절 선체의장
제5절 기관장치 　　　　　　제6절 위치 유지 설비

제8장 소방선(fire fighting vessels)
제1절 일반사항 　　　　　　제2절 복원성
제3절 선체구조 　　　　　　제4절 타선소화설비
제5절 기관장치 　　　　　　제6절 방화 및 소화
제7절 위치 유지 설비

제9장 오염방제선(oil spill recovery vessels)
제1절 일반사항 　　　　　　제2절 정의
제3절 선체구조 　　　　　　제4절 선체의장

제5절 탱크배치
제6절 위험구역에 설치되는 기관장치 및 전기설비
제7절 방화 및 소화

7.3 기타 기술규칙/적용지침 및 기준

7.3.1 강재부선규칙/적용지침

제1장 일반사항
제1절 정의
제2절 일반사항
제3절 재료, 용접 및 구조

제2장 선급검사
제1절 일반사항
제2절 제조중등록검사
제3절 정기적 검사

제3장 선수재
제1절 선수재

제4장 종강도
제1절 일반사항
제2절 굽힘강도

제5장 평판용골 및 외판
제1절 일반사항
제2절 평판용골
제3절 부선 중앙부의 외판
제4절 전후부의 외판
제5절 선루측부의 외판
제6절 외판의 국부보강

제6장 갑판
제1절 일반사항
제2절 강력갑판의 유효단면적
제3절 강갑판

제7장 단저구조

제1절 일반사항 제2절 중심선 내용골
제3절 측 내용골 제4절 늑판
제5절 선저 종늑골 제6절 선수선저부의 구조

제8장 이중저구조

제1절 일반사항 제2절 중심선 거더
제3절 측거더 제4절 실체늑판
제5절 종늑골 제6절 내저판 및 마진판
제7절 늑골 브래킷 제8절 조립늑판
제9절 선수선저부의 구조

제9장 늑골

제1절 일반사항 제2절 늑골간격
제3절 화물창 내 횡늑골 제4절 선측 종늑골
제5절 선루늑골 제6절 선수미창 내 늑골

제10장 갑판보(beams)

제1절 일반사항 제2절 갑판하중
제3절 종갑판보 제4절 횡갑판보
제5절 격벽계단부 등의 보 제6절 디프탱크 정부의 보
제7절 특별히 무거운 중량물을 지지하는 보

제11장 갑판거더

제1절 일반사항 제2절 갑판 종거더
제3절 갑판 트랜스버스 제4절 탱크 내의 갑판거더
제5절 창구측부의 갑판거더 제6절 창구단 보

제12장 필러 및 트러스

제1절 일반사항 제2절 필러의 치수
제3절 트러스

제13장 선수미구조

제1절 일반사항
제2절 선수격벽 전부구조
제3절 선미격벽 후부구조

제14장 수밀격벽

제1절 수밀격벽의 배치
제2절 수밀격벽의 구조

제15장 디프탱크

제1절 일반사항
제2절 디프탱크 격벽
제3절 디프탱크의 설비

제16장 선루 및 갑판실

제1절 일반사항
제2절 구조
제3절 선루단 격벽에 설치하는 출입구

제17장 창구 및 기타의 개구

제1절 일반사항
제2절 창구코밍
제3절 창구덮개
제4절 승강구 및 기타 갑판구

제18장 불워크, 방수구, 통풍통 및 상설보행로

제1절 일반사항
제2절 불워크 및 보호난간
제3절 방수구
제4절 통풍통
제5절 상설보행로

제19장 의장수 및 의장품

제1절 일반사항
제2절 의장수

제20장 기관

제1절 일반사항
제2절 내연기관
제3절 보일러 및 압력용기
제4절 보기 및 관장치
제5절 전기설비
제6절 접지
제7절 전기설비의 보호장치
제8절 전원장치

제9절 케이블 제10절 배전
제11절 제어용기기 제12절 방폭형 전기기기
제13절 비상정지장치 제14절 액상화물을 운반하는 부선의 기관
제15절 예비품 제16절 시험

제21장 폰툰형 화물부선
제1절 일반사항 제2절 구조
제3절 선수미구조

제22장 탱크부선
제1절 일반사항
제2절 화물유를 적재하는 장소의 구조부재

제23장 항로를 제한하는 조건으로 등록하는 부선
제1절 일반사항
제2절 연해구역을 항해구역으로 하여 등록하는 부선
제3절 평수구역을 항해구역으로 하여 등록하는 부선

7.3.2 고속경구조선 규칙/적용지침

제1편 선급등록 및 검사

제1장 선급등록
제1절 일반사항 제2절 제조중 등록검사
제3절 제조후 등록검사

제2장 선급검사
제1절 일반사항

제2편 재료 및 용접

제1장 재료

제1절 일반사항

제2장 용접

제1절 일반사항
제2절 알루미늄 합금의 용접

제3편 선체구조

제1장 설계일반

제1절 정의
제2절 일반사항
제3절 도면 및 자료승인

제2장 설계하중

제1절 일반사항
제2절 가속도
제3절 파랑하중
제4절 선체거더의 하중

제3장 강재로 건조된 선박의 선체구조

제1절 일반사항
제2절 재료 및 용접
제3절 제조 및 검사
제4절 선체거더의 강도
제5절 판의 설계
제6절 휨보강재
제7절 트랜스버스 및 거더
제8절 필러

제4장 알루미늄 합금으로 건조되는 선박의 선체구조

제1절 일반사항
제2절 재료 및 용접
제3절 방식조치
제4절 선체거더의 강도
제5절 판의 설계
제6절 휨보강재
제7절 트랜스버스 및 거더
제8절 필러

제5장 FRP로 건조되는 선박의 선체구조

제1절 일반사항
제2절 재료
제3절 제조
제4절 선체거더의 강도

제5절 샌드위치패널의 국부강도 제6절 단판구조의 국부강도
제7절 트랜스버스 및 거더

제4편 선체의장

제1장 타

제1절 일반사항 제2절 타력
제3절 타토크 제4절 타의 강도계산
제5절 타두재 제6절 타 판, 타골재 및 타심재
제7절 타두재와 타심재의 커플링 제8절 타두재의 베어링
제9절 부속장치

제2장 선체부가물

제1절 일반사항 제2절 재료와 공작
제3절 선체 부가물의 배치 제4절 설계하중과 지지구조
제5절 러더포스트 재 6 절 샤프트브래킷
제7절 포일 제8절 워터제트

제3장 의장수 및 의장품

제1절 일반사항 제2절 계선장치에 대한 구조적 배치
제3절 의장수 제4절 앵커
제5절 앵커체인 제6절 와이어로프

제4장 창구, 창 및 제개구 등

제1절 창구 및 기타의 개구
제2절 불워크, 방수구, 현창, 통풍통 및 상설보행로
제3절 창

제5편 기관장치

제1장 총칙

제1절 일반사항

제2장 보기 및 관장치

제1절 일반사항
제2절 빌지관 및 배수관 장치
제3절 공기관, 측심관 및 주입관
제4절 선체붙이밸브 및 선외배출
제5절 연료유장치
제6절 윤활유장치
제7절 냉각장치
제8절 통풍장치

제3장 원동기, 동력전달장치 및 부양장치 등

제1절 일반사항

제6편 전기설비 및 제어설비

제1장 전기설비

제1절 일반사항
제2절 전기설비

제2장 제어설비

제1절 일반사항
제2절 자동제어 및 원격제어

제7편 방화구조 및 소방설비

제1장 방화구조

제1절 일반사항
제2절 방화구조
제3절 고속여객선의 추가요건
제4절 고속화물선의 추가요건
제5절 위험물을 운송하는 선박에 대한 추가요건

제2장 소방설비

제1절 일반사항
제2절 소방설비
제3절 고속여객선의 추가요건
제4절 고속화물선의 추가요건
제5절 위험물을 운송하는 선박에 대한 추가요건

7.3.3 자율운항선박 지침

제1장 일반사항

제1절 일반사항 제2절 운용계획서

제3절 사이버보안

제2장 자율화시스템 및 자율운항선박

제1절 자율화시스템의 구성 및 기능

제2절 자율화시스템 및 자율운항선박의 요건

제3절 자율운항선박 승인 절차

제3장 위험도기반 승인

제1절 일반사항

제2절 위험도기반 설계 승인 시 고려사항

제3절 위험 저감을 위한 대책

찾아보기

A-Z

참고문헌

- 선급 기술규칙, 한국선급(KR)
- 1966 만재흘수선 협약 (1966 ICLL)
- 해상에서의 인명 및 재산의 안전을 위한 협약 (SOLAS)
- 해양오염 방지 협약 (MARPOL)
- KR CON
- 법령집, 대한민국
- KSQS (Korean Shipbuilding Quality Standard), 한국조선공업협회
- Shipbuilding and Repair Quality Standard, IACS Recommendation No.47
- General Cargo Ship – Guidelines for Surveys, Assessment and Repair of Hull Structure, IACS Recommendation No.55
- Bulk Carriers – Guidelines for Surveys, Assessment and Repair of Hull Structure, IACS Recommendation No.76
- Container Ship – Guidelines for Surveys, Assessment and Repair of Hull Structure, IACS Recommendation No.84
- Welding inspection technology, AWS(American Welding Society), Second Edition 1995
- Shipbuilding and Repair Quality Standard, IACS REC. No.47, 2013
- Approval of consumables for welding normal and higher strength hull structural steels, IACS UR W17, 2005

저자 소개

계 현 승

경력/활동

- 신조선/운항선/수리선 컨설팅
- 선주대행 선박검사 및 평가
- 선박 관련기술 교육/강의 - 국내 및 해외 선사
- 국가기술자격시험〈기술사〉 출제/채점/면접 위원 - 한국산업인력공단
- '한국조선해양플랜트협회' 기술자문단
- '경남테크노파크' 제안서 평가위원
- 중소기업 녹색인증 컨설팅 전문가 - (재)경상남도 경제진흥원
- 선박설계도면/복원성자료/기술자료 검토 및 승인 - 한국선급(KR)
- 신조선/운항선/수리선 검사〈국내/해외〉 - 한국선급(KR)
- 대형 사고선박 검사〈화재/폭발/좌초/충돌〉 - 한국선급(KR)
- ISM/ISPS/MLC 심사〈국내/해외〉 - 한국선급(KR)
- 선박도면/선체구조/선박검사/손상/수리/용접/CAP/PSC 교육/강의 - 한국선급(KR)
- Oil Major, BP(영국)로부터 CAP Approval Certificate 획득
- 해양수산부, 선박사고 비상대책본부 기술지원
  - '허베이 스프리트', 서해안 기름유출사고
  - '세월호', 수색, 구조, 인양, 지원장비기술 TFT

연구/저술

- KR 규칙 전산화 프로그램(KR-TRAS) 개발
- KR 선박 현상 평가제도(KR-CAP) 개발
- '선박검사 아는 만큼 볼 수 있다' 출간

학력/자격증

- 인하대학교 공과대학 조선공학과 졸업
- 용산공업고등학교 기계과 졸업
- 조선설계기술사
- 선박건조기술사
- AWS-CWI (국제인증용접검사원)
- 조선기사 1급
- 정밀설계기능사
- 기계제도기능사

상훈/기타

- 장관 표창장〈제274호〉 - 제13회 바다의날, 국토해양부장관
- 발명특허〈제10-1593361〉 - '자동회전 날개형 파공부 봉쇄장치', 특허청

선박검사 – 아는만큼 볼 수 있다 정가 38,000원

저자 : 계현승

발행인 : 임정대
발행처 : 도서출판 구미서관

발행 : 2024년 1월 15일

등록 : 1979년 6월 29일 No.9–6호
주소 : 서울시 마포구 신촌로 2길 5-15 구미빌딩
전화 : 02-333-1101
팩스 : 02-335-2201
http://www.goomibook.com

ISBN 979-11-6257-271-9 (93530)